大学物理实验

主　编　李晓华

副主编　侯秀芳　王宝基　宋爱琴

本书资源使用说明

内 容 简 介

  本书是编者在多年大学物理实验教学实践和教学改革的基础上,根据教育部最新颁布的《理工科类大学物理实验课程教学基本要求》,在原有讲义和教材的基础上经过精炼和筛选而编写的.全书共四章,分别是物理实验的基本知识、测量的误差分析与数据处理方法、基础性实验和综合性实验.
  本书的编写由浅入深、循序渐进,注重培养学生的观测、研究能力和独立实验能力.本书适合作为高等学校理工科专业的大学物理实验教材.

前 言

本书是河南理工大学物理实验中心教师在多年大学物理实验教学实践和教学改革的基础上,根据教育部最新颁布的《理工科类大学物理实验课程教学基本要求》,在原有讲义和教材的基础上经过精炼和筛选而编写的适合高等学校理工科专业的大学物理实验教材.

近年来,为适应我国高等教育蓬勃发展的趋势,结合我校自身特色,河南理工大学物理实验中心打破了传统的力、热、光、电、近代物理实验的界限,将它们整合重组,建成了5个教学平台,即公共基础实验教学平台、综合性实验分类教学平台、应用物理实验教学平台、网络虚拟实验平台、拓展和创新科学实践平台.以培养学生的综合素质、实践能力和创新能力为主题,各平台之间协同发展、相互促进,形成了一个有机结合、运转有序的整体.考虑到不同专业的具体情况,河南理工大学物理实验中心依据学生的专业类别和培养目标,建立了专业大类分类培养教学体系.具体做法是将传统的力、热、光、电、近代物理实验整合在一起进行优化重组,合理配置教学资源,将大学物理实验分为若干适合不同专业大类的教学模块,从预备性、基础性实验模块到有针对性的分大类训练模块,使实验教学内容更好地体现分类培养的理念.

在本书编写过程中,注意内容选取的科学性和先进性,尽可能反映与内容有关的最新科技动态和发展水平.同时遵循由浅入深、循序渐进的原则,合理地将大学物理实验划分为基础性实验和综合性实验,形成了基础与现代科技相融合的分层次的课程体系.第一章的物理实验的基本知识、第二章的测量的误差分析与数据处理方法,以及第三章的9个基础性实验,着重阐述了物理实验的基本知识和实验方法.第四章的15个综合性实验涉及物理学更前沿和更广泛的领域,着重培养学生对综合性实验和前沿物理的把握能力.

本书是在河南理工大学物理实验中心使用多年的大学物理实验讲义和教材的基础上,通过补充新实验项目和改进原有实验项目而完成的.参加本书编写的有李晓华、侯秀芳、王宝基和宋爱琴.教材框架、实验项目及内容方案确定、统稿和定稿由李晓华完成.物理学科的全体教师对本书的编写提出了宝贵的修改意见,李明、曹国华、杜保立、汪舰等教授对书稿进行了认真的审读,曾政杰、邹杰、熊诗哲、戴陈成提供了版式和装帧设计方案,在此一并表示感谢.

本书的编写参阅了许多兄弟院校的教材,并吸收了国内外物理实验教材改革的经验,学校物理与电子信息学院、教务处和北京大学出版社对本书的出版给予了极大的关心和支持,在此表示衷心感谢.

由于我们的水平有限,书中难免存在不妥之处,敬请读者批评指正.

编者

2023 年 04 月

目 录

CONTENTS

绪论 ·· 1

第一章 物理实验的基本知识 ·· 5
1.1 物理实验的种类 ··· 7
1.2 物理实验的基本测量方法 ·· 7
1.3 物理实验中的基本调整和操作技术 ··· 10
1.4 力学实验的基本仪器 ··· 12
1.5 电磁学实验的基本仪器 ·· 14
1.6 光学实验的基本仪器 ··· 17

第二章 测量的误差分析与数据处理方法 ··· 21
2.1 测量与误差 ·· 23
2.2 有效数字及其运算法则 ·· 31
2.3 测量的不确定度和结果的表达 ·· 34
2.4 常用数据处理方法 ·· 39

第三章 基础性实验 ·· 47
实验 3.1 数字式多用表的使用 ··· 49
实验 3.2 示波器的使用 ··· 55
实验 3.3 表面张力系数的测定 ··· 62
实验 3.4 霍尔效应 ··· 68
实验 3.5 动态磁滞回线的测量 ··· 77
实验 3.6 地磁场的测量 ··· 86
实验 3.7 薄透镜焦距的测量 ·· 91

实验 3.8　等厚干涉——牛顿环 ·· 96
　　实验 3.9　等厚干涉——劈尖 ·· 103

第四章　综合性实验 ·· 107
　　实验 4.1　多普勒效应综合实验 ··· 109
　　实验 4.2　高速摄影动力学综合实验 ······································· 119
　　实验 4.3　拉伸法测杨氏模量——光杠杆 ································ 130
　　实验 4.4　拉伸法测杨氏模量——显微镜 ································ 136
　　实验 4.5　切变模量与转动惯量的测量 ··································· 139
　　实验 4.6　角动量守恒定律的验证 ·· 146
　　实验 4.7　稳态法测不良导体的导热系数 ································ 154
　　实验 4.8　弦振动的研究 ··· 159
　　实验 4.9　空气中声速的测定 ··· 165
　　实验 4.10　微波光学特性实验 ··· 171
　　实验 4.11　交流电路的研究 ·· 176
　　实验 4.12　迈克耳孙干涉仪 ·· 182
　　实验 4.13　太阳能电池的特性研究 ··· 187
　　实验 4.14　光电效应和普朗克常量的测定 ······························ 193
　　实验 4.15　pn 结的物理特性及玻尔兹曼常量测定 ··················· 201

附录 ··· 208
　　附录 A　中华人民共和国法定计量单位 ·································· 208
　　附录 B　基本物理常量 ··· 210

参考文献 ··· 212

绪　论

一、物理实验的地位和作用

物理学是研究物体的运动规律、物质的结构及其相互作用的学科,是自然科学中最基础、最活跃的学科之一.物理学的形成与发展是以实验为基础的.物理学的研究通常是在观察和实验的基础上,对物理现象进行分析、抽象、概括和总结,从而建立物理定律,进而形成物理理论,然后再回到实验中去接受检验.实验是物理学的基础,也是物理知识的源泉,加强物理实验训练是物理教学的时代特征,也是提高物理教学质量的先决条件.

在研究物理现象时,实验的任务不仅是观察物理现象,更重要的是找出各物理量之间的数量关系,以及它们的变化规律.任何一个物理定律的确定,都必须依据大量的实验材料.即使是已经确定的物理定律,如果出现了与该定律相违背的新的实验事实,那么便需要修正原有的物理定律或理论,因此物理实验是物理理论的基础,是物理理论正确与否的试金石.物理实验既为开拓新理论、新领域奠定基础,又为丰富和发展物理学应用提供支持.近几十年来,物理学和其他学科发展迅猛,尤其是核物理、激光、电子技术和计算机等现代化科学技术的发展,更是反映了物理实验技术发展的新水平.科学技术的发展越来越体现出物理实验技术的重要性,基于这方面的原因,人们逐渐认识到理工科及师范院校加强对学生进行物理实验训练的重要性.物理理论是进行物理实验必要的基础,在实验过程中,通过理论的运用与现象的观测分析,使理论与实验相互补充,从而达到加深和扩大学生物理知识的目的.

二、物理实验课程的任务

物理实验是一门独立的必修基础实验课程,是对高等学校理工科专业学生进行科学实验训练的一门基础课程,是理工科各专业后续实验课程的基础,是大学生从事科学实验工作的入门课程.它的主要任务如下.

(1) 通过实验方法和实验技能的基本训练,要求学生做到以下几点.

① 能够自行阅读实验教材和资料,概括实验原理和方法的要点,做好实验前的准备.

②能够借助教材或仪器说明书正确使用常用仪器,掌握基本物理量的测量方法和实验操作技能.

③能够运用物理理论对实验现象进行初步的分析判断.

④能够正确记录和处理实验数据、绘制实验曲线、分析实验结果、撰写合格的实验报告.

⑤能够完成简单的具有设计性内容的实验.

(2) 培养并逐步提高学生观察和分析实验现象的能力,以及理论联系实际的独立工作能力.通过对实验的观察、测量、分析和判断,加深学生对物理学相关概念和定律的理解.

(3) 培养学生文明实验的良好作风、严谨的科学实验素质、理论联系实际和实事求是的科学态度、爱护公物和遵守纪律的良好品德.

总之,实验教学以培养学生的科学实验能力和提高学生的科学实验素养为重点,使学生在获取知识的自学能力、运用知识的综合分析能力、动手实践能力、设计创新能力,以及严肃认真的作风、实事求是的科学态度等方面得到训练与提高.

三、物理实验课程的基本程序

物理实验需在教师和教材的指导下,由学生独立进行.为了达到物理实验课程的目的,完成物理实验课程的任务,必须充分发挥学生的主动性,调动学生的学习积极性,使学生自觉地、创造性地获得知识和技能.为此,应高度重视物理实验课程的三个基本教学环节,即课前预习、课堂操作和撰写实验报告.

1. 课前预习

课前预习是做好实验的关键.

一次实验课的时间有限,从熟悉仪器到测出数据,任务繁重.若课前不明确实验的目的、要求、原理和方法,不知道要测量哪些物理量、用什么仪器、怎样测量,不明确实验的思路和基本过程,不了解实验的重点,上课时就不可能做好实验.可以肯定地说,实验能否顺利进行,能否获得预期的结果,在很大程度上取决于课前预习是否充分.因此每次做实验之前必须认真预习.

预习时主要阅读实验教材,必要时还需参考其他资料,以求基本掌握实验的整体概况,明确实验目的,弄懂实验原理,了解实验内容与实验步骤.对实验中使用的仪器和装置,要阅读教材中有关仪器介绍部分,了解使用方法和注意事项.如果条件允许,在实验室预习才是最科学、最合理的方式.总之,要通过课前预习和思考,在脑海中形成一个初步的实验方案,并在此基础上撰写预习报告.预习报告的内容包括实验名称、实验目的、实验原理、实验仪器、实验内容和步骤,以及数据记录和处理表格.表格的设计要清晰、明确、简洁、规范.

2. 课堂操作

课堂操作是实验课的中心环节.

在动手实验之前,要先认识和清点所用仪器、装置和器具,了解其主要功能、量程、级别、操作方法和注意事项,不要急于测量.

实验时,要有目的、有计划地进行操作.

首先是布置、安装(或接线)和调试仪器.仪器的布局要合理,以方便操作和读数,特别要考虑到实验者和仪器的安全.合理选择仪器量程,严格遵守使用说明和操作规程,细致、耐心地将仪器调整到最佳工作状态.在电磁学实验中,接线完毕后,学生应自己先检查,再请指导教师复查,确认正确无误后才能接通电源.

仪器调试完毕后即可开始实验.起初可做探索性实验操作,粗略地观察一下实验过程,若无异常现象,便可正式进行实验.若有异常现象,则应立即停止实验,认真分析,仔细检查,并向指导教师反映,待找出原因、排除异常后再开始实验.

测量时要将原始数据整齐地记录在预习时已经准备好的数据记录和处理表格中,注意数据的有效数字和单位.不要用铅笔记录,也不要先草记在另外的纸上再誊写到数据记录和处理表格中,这样容易出错,而且不属于第一手的"原始记录"了.如果记录的数据有误,可用一斜线轻轻划掉,把正确的原始数据写在旁边,但不得涂改数据.要牢记原始数据是最珍贵的实验资料.

实验完毕后,暂时保持测试条件,请指导教师审阅实验记录.

最后,经指导教师确认并签字后,再复原整理仪器,离开实验室.

3. 撰写实验报告

实验报告是对所做实验的系统总结,是学生表达能力和信息交流能力的集中体现,也是交流实验成果的媒介.

实验报告应撰写在专用的实验报告纸上,要求层次分明、字迹清楚、文理通顺、简明扼要、图表规范、结论明确.撰写实验报告是培养学生分析、总结问题的能力,提高学生文化素养和综合素质的一个重要方面.

实验报告的内容一般包括如下几个方面.

(1) 实验名称.

(2) 实验目的.

(3) 实验仪器.

(4) 实验原理.在对实验原理充分理解的基础上,学生用自己的语言简要叙述有关的实验原理(包括电路图、光路图、理论基础和实验装置示意图),测量和计算所依据的主要公式,公式中各物理量的物理含义、单位,以及公式成立必须满足的实验条件等.

(5) 实验步骤.除简要写出实验进行的主要程序之外,还应包括实验中观察了哪些物理现象,测量了哪些物理量,调节的要领和技巧,以便必要时重复或检验已经完成的实验.

(6) 数据处理.在数据处理中要完成计算、作图、误差估算及结果表达等工作.要把原始数据按有效数字列成科学的表格,使阅读者能纵观全局、一目了然.在数据处理和误差估算中,应有主要过程,做到言之有据、结果可信.实验结果的表达,不仅要指出测量值的大小,而且必须按要求用误差范围的估算或不确定度来评定实验结果.

(7) 分析讨论.分析讨论的内容相当广泛,可以深入探讨实验现象或进一步进行误差分析,也可以对实验本身的设计思想、实验仪器、实验方法的改进写出自己的心得体会或建设性意见,甚至是根本不同的意见.通过对思考题的回答,还可以进一步深入理解物理实验的理论.分析讨论将为学生在更高层次上发挥自己的聪明才智提供一个自由思考的广阔空间.

四、实验室规则

为了能很好地完成物理实验课的任务,取得良好的学习效果,学生应认真遵守如下实验室规则.

(1) 上课时必须携带课前准备好的预习报告及数据记录与处理表格,经指导教师检查后方可进行实验.

(2) 遵守课堂纪律,保持安静的实验环境.

(3) 使用电源时,必须经指导教师检查线路并得到许可后才能接通电源.

(4) 爱护仪器,实验中按仪器说明书使用,违反使用说明造成仪器损坏的应照章赔偿,公用工具用完后应立即归还原处.

(5) 完成实验后,数据必须经指导教师审查签字,然后将仪器整理还原,将桌面和凳子收拾整齐,方可离开实验室.

(6) 实验报告应在下次实验时交给指导教师.

(7) 因故请假请履行请假和补课手续.

五、考核方法

(1) 物理实验课为公共必修课程,成绩分优秀、良好、中等、及格和不及格五个等级.

(2) 物理实验课采取督导型考核机制.认真做实验,并且完成实验报告优者,成绩为优良;实验操作及实验报告成绩综合评定不及格者需参加下年度重修.

(3) 无论任何原因造成实验报告缺失或未完成全部实验项目者,成绩为不及格,需参加下年度重修.

第一章

物理实验的基本知识

第一章 物理实验的基本知识

本章主要介绍物理实验的基本知识,包括物理实验的种类、基本测量方法的介绍,基本调整和操作技术的说明,以及各常用物理实验仪器的使用方法的详细介绍等内容. 在具体实验之前充分了解这些知识,有助于提高实验的效率和成功率,对正确理解后续章节中各实验项目的原理、完成具体实验操作有着非常重要的作用.

1.1 物理实验的种类

物理实验是以一定的物理现象、物理规律和物理学原理为依据,确立合适的物理模型,研究各物理量之间关系的科学实验. 物理实验的种类是多种多样的. 下面介绍几种常见的实验类型.

1.1.1 按研究问题的质和量划分 —— 定性实验、定量实验

(1) 定性实验:用以判定某因素是否存在,某些因素之间是否存在关系的实验,如电流的磁效应、光的直线传播等实验.

(2) 定量实验:用以测定某对象的数值,求出某些因素之间的数量关系,或者用数量关系去表明某些规律的实验,如密度的测量,研究加速度与力、质量之间的关系等实验.

1.1.2 按实验的直接目的划分 —— 探索性实验、验证性实验、判决性实验

(1) 探索性实验:人们从事开创性的研究工作时,为探寻自然事物或现象的性质及规律所进行的实践活动,如法拉第(Faraday)电磁感应定律的发现、平抛运动规律等实验.

(2) 验证性实验:当人们对研究对象有了一定的认识后,根据已知的理论和实验,对一些物理现象的存在、原因或规律做出推测、提出假说或形成新的理论时,为了检验它们正确与否而设计的实验,如验证角动量守恒定律、验证机械能守恒定律等实验.

(3) 判决性实验:为验证假说、理论或设想是否成立而设计的某种关键性实验,最后予以判决. 判决性实验的结果一般有肯定与否定两类. 肯定的实验为假说、理论或设想提供肯定的科学依据,使之变成科学理论或成为正确的设计方案. 否定的实验为假说、理论或设想提供否定的科学依据,从而推翻原来的假说、理论或设想,以便总结经验教训,提出新的假说、理论或设想,如迈克耳孙(Michelson)的光干涉实验否定了以太的存在.

1.2 物理实验的基本测量方法

物理实验的基本测量方法的分类有许多种. 按待测量获得方法来划分,可分为直接测量法、间接测量法和组合测量法;按测量过程是否随时间变化来划分,可分为静态测量法和动态测量法;按测量数据是否通过对基本量的测量而得到来划分,可分为绝对测量法和相对测量法;按测量技术来划分,可分为比较法、放大法、平衡法、补偿法、换测法、模拟法、干涉法等. 本节对按测量技术划分中常用的几种方法做一个概括介绍.

1.2.1 比较法

比较法是最普遍、最常用的测量方法.所谓比较法,就是将待测量与同类物理量的标准量具或标准仪器直接或间接地进行比较,测出待测量的量值.例如,用米尺、游标卡尺或螺旋测微器等测量长度,用秒表或数字毫秒计测量时间,用量杯测量液体体积等.其直接测出的读数也可看作直接比较的结果.要注意的是,采用直接比较法的量具及仪器必须是经过标定的.有些物理量难于直接比较,需要通过某种关系将待测量与某种标准量进行间接比较,求出其大小.例如,用物质的热膨胀与温度之间的关系做成的水银温度计就是一种采用间接比较法的仪器.

1.2.2 放大法

实验中有时需要测量一些微小物理量,由于其量值太小,以致无法被实验者或仪器直接感觉或反映,此时可设计相应的装置或采用某种方法将待测量放大,然后再进行测量.放大法有累积放大法、机械放大法、光学放大法、电子学放大法等.

在物理实验中经常会遇到对某些物理量进行单次测量(如测量单摆的周期、等厚干涉相邻明条纹的间隔、纸张的厚度等),可能会产生较大的误差,此时可将这些物理量累积放大若干倍后再进行测量,这就是累积放大法(叠加放大法).累积放大法的优点是在不改变测量性质的情况下,将待测量放大若干倍后再进行测量,从而增加测量结果的有效数字位数,减小测量的相对误差.

有些测量中利用机械部件之间的几何关系,使标准单位量在测量过程中得到放大,这就是机械放大法.游标卡尺与螺旋测微器都是利用机械放大法进行精密测量的典型例子.以螺旋测微器为例,套在螺杆上的微分筒被分成 50 格,微分筒每转动一周,螺杆移动 0.5 mm,于是微分筒每转动一格,螺杆移动 0.01 mm.如果微分筒的周长为 50 mm(即微分筒外径约为 16 mm),则微分筒上每一格的弧长相当于 1 mm,这相当于螺杆移动 0.01 mm 时,在微分筒上却变化了 1 mm,即放大了 100 倍.

测量长度微小变化的光杠杆是通过光学原理,把变化角度成倍放大,并利用光线形成一个很长的指针来测量的,这就是光学放大法.

在有些测量装置中则利用电子学原理来实现被测量的放大,如测量微弱电信号(电流、电压或功率)等,都需要用到电子学放大法,这种装置一般称为放大器.

1.2.3 换测法

由于许多物理量之间的属性关系无法用仪器直接测量,或者即使能够进行测量,但测量起来也很不方便,且准确性较差,因此常将这些物理量转换成其他能方便、准确测量的物理量来进行测量,之后再反求待测量,这种测量方法称为换测法.最常见的液体温度计,就利用了在一定范围内液体的热膨胀与温度之间的关系,将温度测量转换为长度测量.由上述转换法测量的定义可知,转换法测量有以下几类.

(1) 参量换测法.

利用物理量之间的某种变换关系,通过测量其他物理量以达到测量某一物理量的方法称为参量换测法.这种方法几乎贯穿整个物理实验.例如,实验中测量钢丝的杨氏模量 E,是利用应变与应力之间成线性变化的规律,将 E 的测量转换成对应力 F/S 和应变 $\Delta L/L$ 的测量得到的,即

$$E = \frac{F/S}{\Delta L/L}. \tag{1-2-1}$$

（2）能量换测法.

能量换测法是利用物理学中的能量守恒定律和能量形式上的相互转换规律进行转换测量的方法.实现能量转换的器件称为传感器,它是能量换测法的关键所在.例如,用热电偶测量温度,是利用材料的温差电动势原理,将温度测量转换成对热电偶的温差电动势的测量,它属于热电换测法.此外,实验中还常用到压电换测法（压力信号和电信号的转换,如话筒和扬声器）、光电换测法（光信号转换为电信号,如光电管、光电倍增管、光电池、光敏二极管等）、磁电换测法（磁信号转换为电信号,如霍尔（Hall）元件等）,具体原理可参考有关实验,这里不做介绍.

1.2.4 模拟法

人们在研究物质运动规律、各种自然现象,以及进行科学研究、解决工程技术问题时,常会遇到一些由于研究对象过于庞大、变化过程太迅速或太缓慢,以及所处环境太恶劣、太危险等情况,导致难以对这些研究对象进行直接研究或实地测量,因此人们以相似理论为基础,不直接研究自然现象或过程本身,而是在实验室中模拟实际情况,制造一与研究对象的物理现象或过程相似的模型,使现象重现、延缓或加速等来进行研究和测量,这种方法称为模拟法.模拟法可分为物理模拟法和数学模拟法两类.

1.2.5 干涉法

无论是声波、水波还是光波,只要满足相干条件,则相邻干涉条纹的光程差均等于相干波的波长.因此,通过计量干涉条纹的数目或条纹的改变量,可以实现对一些相关物理量的测量,这种方法称为干涉法.例如,测量物体的长度、位移与角度,薄膜的厚度,透镜的曲率半径,气体或液体的折射率,等等.当选用相干光波时,可实现对以上物理量的微米量级,甚至亚微米量级的精密测量.

在著名的牛顿（Newton）环实验中,通过对牛顿环等厚干涉条纹的测量,可求出平凸透镜的曲率半径.利用迈克耳孙干涉仪,通过对干涉条纹的计量,可准确地测定光的波长、透明介质的折射率、薄膜的厚度和微小位移等物理量.

测量振动频率的重要方法之一就是共振干涉法.将一未知振动施加于频率可调的已知振动系统,调节已知振动系统的频率,当两者发生共振时,已知振动系统的频率即是该未知振动的频率.振簧式频率计的工作原理就是共振干涉法.

驻波是由振幅、频率和传播速度都相同的两列相干波在同一直线上沿相反方向传播时叠加而形成的一种特殊形式的干涉现象.用驻波法测定声波波长的实验就是基于这一原理,通过改变反射面和发射面之间的距离,用压电陶瓷换能器将声波信号转换为电信号,通过示波器所呈现的李萨如（Lissajous）图形等来确定驻波的波节位置,从而测定声波的波长.

1.3 物理实验中的基本调整和操作技术

实验中的调整和操作技术十分重要.正确的调整和操作不仅可将误差减小到最低限度,而且对提高实验结果的准确度有直接影响.有关仪器设备的调整和操作技术的内容相当广泛,需要通过具体的实验训练逐步积累起来,熟练的实验技术和能力只能来源于实践.

在实验过程中必须养成良好的习惯.在进行任何测量前都要先调整好仪器,并且按正确的操作规程去做.任何正确的结果都来自仔细的调节、严谨的操作、认真的观测和合理的分析.这里只介绍一些最基本的、具有一定普遍意义的调整和操作技术,以及电学实验、光学实验的基本操作规程,其他有些问题将在具体的实验中介绍.

1.3.1 零位调节

绝大多数测量工具及仪表,如游标卡尺、螺旋测微器、电流表、电压表、多用表等都有零位(零点).在使用它们之前,必须检查或校正仪器零位.对于一些特殊的仪器或精度要求较高的实验,还必须在每次测量前校正仪器零位.

校正零位的方法一般有两种.一种是通过测量仪器本身带有的零位校正装置,如电表,可使用零位校正装置使仪器在测量前处于零位;另一种是仪器本身不能进行零位调节,如端点已经磨损的米尺、钳口已被磨损的游标卡尺等,对于这类仪器,则应先记下零位读数,然后对测量数据进行零位修正.

1.3.2 避免空程误差

对于由丝杆、螺母构成的传动与读数机构,由于螺母与丝杆之间有螺纹间隙,往往在测量刚开始或反向转动时,丝杆必须转过一定角度(可能达几十度)才能与螺母啮合.结果导致与丝杆连接在一起的鼓轮读数已有变化,而由螺母带动的机构尚未产生位移,造成虚假读数而产生空程误差.为避免产生空程误差,使用这类仪器(如测微目镜、读数显微镜等)时,必须待丝杆和螺母啮合后才能进行测量,且必须单方向旋转鼓轮,切勿忽正转忽反转.

1.3.3 水平或竖直调整

有些仪器和实验装置必须在水平或竖直状态下才能正常进行实验,如天平、气垫导轨、三线摆和一些光学仪器等.因此,在实验中经常遇到要对仪器和实验装置进行水平或竖直调整的情况.这种调整常借助水准仪或悬锤进行.凡是要进行水平或竖直调整的仪器和实验装置,在其底座上大多设有三个底脚螺钉(或一个固定脚、两个可调脚),通过调节底脚螺钉,同时借助水准仪或悬锤,可将仪器和实验装置调整到水平或竖直状态.

1.3.4 先定性、后定量原则

在测量某一物理量随另一物理量变化的关系时,为了避免测量的盲目性,应采用先定性、后定量的原则进行测量.即定量测量前,先对实验的全过程进行定性观察,在对实验数据的变化规律有初步了解的基础上,再进行定量测量.例如,测绘晶体二极管的伏安特性曲线时,对于电流 I 随电压 U 变化的情况,可先进行定性观察,然后在分配测量间隔时,采用不等间距测量.在电压增量 ΔU 相等的两点之间,如果电流 I 的变化较大,则应多测几个点.这样采用由不同间隔测得的数据来作图就比较合理.

1.3.5 逐次逼近调节

在物理实验中,仪器的调节大多不能一步到位.例如,电桥平衡状态的调节、电势差计补偿状态的调节、灵敏电流计零位的调节、分光计中望远镜光轴的调节等,都要经过反复多次调节才能完成.逐次逼近调节是一个能迅速、有效地达到调节要求的调节技巧.

依据一定的判断标准,逐次缩小调节范围,较快地获得所需状态的方法称为逐次逼近调节法.在不同的仪器中,是否达到调节要求的判断标准是不同的,例如,调节天平是观察其指针在标度前来回摆动时,左右两边的摆幅是否相等;平衡电桥是看检流计的指针是否指零.逐次逼近调节不仅在天平、电桥、电势差计等仪器的调节中用到,而且在光路的共轴调整、分光计的调节中也要用到,它是一种经常使用的调节方法.

1.3.6 消视差调节

测量时如果需要用眼睛判断空间前后分离的两条准线是否重合,则常会出现视差.例如,电表的指针和面板之间总是有一定的距离,因此当眼睛在不同位置观察时,读得的示值就会有差异,这就是视差.通常精度较高的电表在面板上装有平面镜,正确的读数方法应是视线垂直于面板,使指针与刻度槽下平面镜中的指针像重合.

实验中常用带有叉丝的测微目镜、望远镜和读数显微镜等.借助光学仪器对观测物进行非接触测量时,若观测物经物镜成像后落在叉丝所在平面内,则无视差,读数就正确.判断有无视差时,可通过人眼稍稍晃动,观察被测物和叉丝之间是否存在相对运动来判断,并可通过仔细调节目镜(连同叉丝)与物镜之间的距离,使被测物经物镜成像在叉丝所在的平面内,直至基本上无相对运动为止.

1.3.7 共轴调整

几乎所有的光学仪器,都要求仪器内部的各光学元件主光轴相互重合.为此,要对各光学元件进行共轴调整.共轴调整一般可分粗调和细调两步进行.

(1) 粗调主要靠目测来判断.将各光学元件和光源的中心大致调成等高,各光学元件所在平面基本上相互平行且与移动方向垂直.若各光学元件沿水平轨道滑动,可先将它们靠拢,再调成等高共轴,则可减小视觉判断的误差.

(2) 细调时,利用光学系统本身或借助其他光学仪器,根据光学基本规律来调整.例如,在薄透镜成像实验中,根据薄透镜的成像规律,由二次成像法调整、移动光学元件,使两次所成的像没有上下和左右移动.

1.4 力学实验的基本仪器

力学中的3个基本物理量是长度、质量和时间,力学实验中常用的仪器有游标卡尺、螺旋测微器、天平及秒表等.

1.4.1 游标卡尺

游标卡尺是比钢尺更精密的长度测量工具,它的精度比钢尺高出一个数量级,其结构如图1-4-1所示.游标卡尺在主尺上附加一个能够滑动的游标,游标可以帮助测量者比较准确地对主尺最小刻度后的读数进行估计.游标卡尺的外量爪用来测量厚度和外径,内量爪用来测量内径,深度尺用来测量槽的深度,紧固螺钉用来固定游标位置.

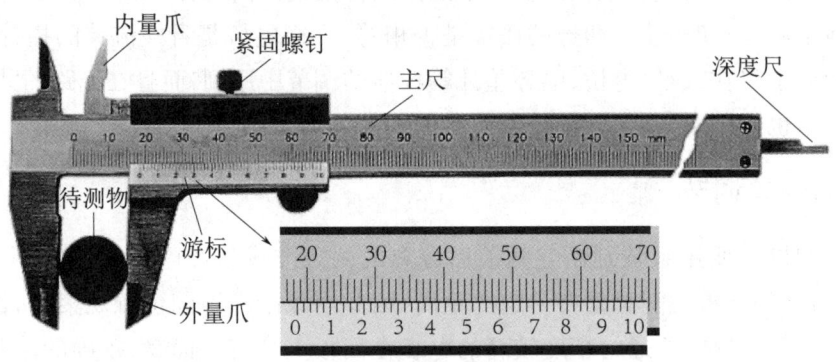

图1-4-1 游标卡尺结构示意图

游标卡尺的测量原理是游标上 n 个分度格的长度与主尺上 $n-1$ 个分度格的长度相等. 设主尺的最小分度值为 a,游标的最小分度值为 b,则有

$$nb = (n-1)a, \tag{1-4-1}$$

主尺、游标每个分度之差为

$$\delta = a - b = \frac{1}{n}a. \tag{1-4-2}$$

δ 也称为游标的精度,它是游标卡尺能读准的最小值,并刻在游标卡尺上,常用的有 0.1 mm,0.05 mm 和 0.02 mm 这3种. 在图1-4-1中,$n=50$,$a=1$ mm,其精度 $\delta=0.02$ mm.

图1-4-1中是精度为0.02 mm的游标卡尺,在测量过程中,首先读出游标零刻度线所对应的主尺刻度的值(从主尺上读出毫米以上的整数值),然后利用游标读出毫米以下的部分.若游标上第 K 条刻度线与主尺的某一条刻度线对齐,则游标部分的读数为 $K\delta$. 如图1-4-1所示,游标上第38条刻度线(不考虑零刻度线)与主尺的某一条刻度线对齐,因此整个读数应为

$$(18 + 38 \times 0.02)\text{mm} = 18.76 \text{ mm}.$$

1.4.2 螺旋测微器

螺旋测微器是比游标卡尺更精密的长度测量仪器. 实验室中常用的螺旋测微器如图 1-4-2 所示,它的主要结构是一个微动螺杆和与它配套的螺母套筒,螺杆旋转一周,可沿轴线前进或后退一个螺距(0.5 mm). 螺杆外部附有一个微分套筒,其圆周上刻有 50 分度,套筒每转一个分度,螺杆移动距离 0.5/50 mm = 0.01 mm,即螺旋测微器的分度值为 0.01 mm,然后再估读到 0.001 mm,因此螺旋测微器又称为千分尺.

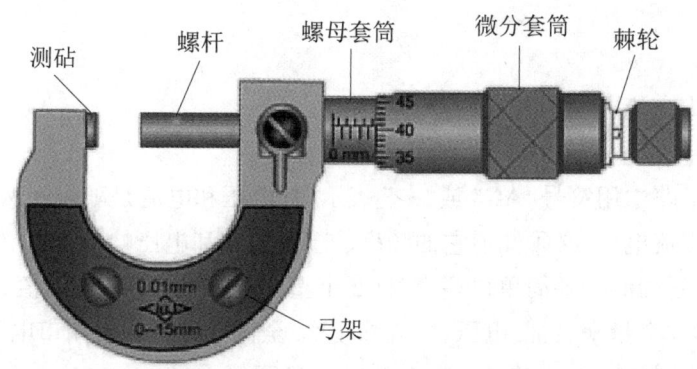

图 1-4-2 螺旋测微器结构示意图

螺旋测微器的使用方法如下.

(1) 测量前必须读取零位读数. 转动棘轮,使螺杆与测砧刚接触,并听到"咯、咯、咯"3 次响声时,即停止转动棘轮,读取螺母套筒上的横线在微分套筒上的示值,即为零位读数,如图 1-4-3(a)所示. 注意零位读数可正可负,图 1-4-3(a)中零位读数为 $h_0 = -0.010$ mm.

(2) 测量读数时由螺母套筒读出整刻度值,注意观察是否超过 0.5 mm 的刻度线. 图 1-4-3(b)中螺母套筒上的读数应为 5 mm. 0.5 mm 以下的部分由微分套筒读出,应估读到 0.001 mm. 图 1-4-3(b)中测量读数应为

$$h = (5 + 0.386) \text{ mm} = 5.386 \text{ mm},$$

其中,0.006 mm 为估读数位,最终测量值为

$$h_实 = h - h_0 = (5.386 + 0.010) \text{ mm} = 5.396 \text{ mm}.$$

图 1-4-3(c)中,螺母套筒上的读数应为 5.5 mm,最终测量值为

$$h_实 = h - h_0 = (5.886 + 0.010) \text{ mm} = 5.896 \text{ mm}.$$

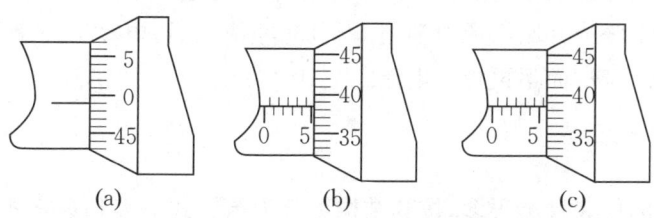

图 1-4-3 螺旋测微器的读数

(3) 用毕还原仪器时,应使测砧与螺杆之间留有空隙,以免热膨胀使螺杆变形.

在很多实验中,经常用到的光学测微目镜、读数显微镜等精密长度测量仪器,其读数刻

度的设计原理与螺旋测微器相同,可以按照相同的方法进行读数.

1.5 电磁学实验的基本仪器

电磁学实验中的常用基本仪器很多,包括电源、电表、电阻箱、电感器、电容器、示波器、信号发生器、频率计等.下面仅就其中几种常用的仪器做简单介绍.

1.5.1 电源

电源一般分为交流电源和直流电源.

1. 交流电源

交流电源在电路中用符号"AC"或"~"表示,其电压和电流是随时间做周期性变化的,要全面了解一个交流电压,必须知道它的频率、波形、初相和电压峰值.常见的交流电源是正弦交流电源,对于它的测量要简单得多,它有 2 个重要指标:频率和有效值.对于市电,即工频交流电,其常用 3 个量来表征:电压、电流和频率.全世界各国的常用市电频率有 50 Hz 与 60 Hz 这 2 种,民用交流电压分布由 100 V 至 380 V 不等.

全世界各国的市电有不同的电压标准,例如,我国一般为 220 V,日本为 110 V,美国为 110 V.

实验室用的电源主要是 50 Hz 的正弦交流电,输送到实验室来的一般是五线三相制 380 V 的动力电.这 5 根输电线中,一根与大地相连,称为地线.地线的作用是把家用电器的金属外壳与大地相连,以确保人身安全.另外 4 根输电线中有 3 根是相线,俗称火线.最后一根是零线.每一根相线与零线之间的电压为 220 V.常用的 220 V 交流电压就是一根相线与零线之间的电压.

2. 直流电源

直流电源在电路中用符号"DC"表示.目前实验室的直流电源普遍采用晶体管稳压电源和干电池.晶体管稳压电源的稳定性高、内阻小、输出连续可调、使用方便.晶体管稳压电源在 0~30 V 内连续可调,使用时要注意它的输出电压和允许的最大电流值,不要超载.干电池的体积小、重量轻、方便携带,但它的容量小,适用于耗电少的仪器.每节干电池的电动势为1.5 V,可由多节串联或并联组成电池组.干电池经使用后,电动势不断下降,内阻不断上升,最后由于内阻过大,从而不再提供电流.

1.5.2 电表

测量电磁学量的仪表种类很多,按其结构可分为指针式电表和数字式电表,目前常用的是数字式电表.

数字式电压表作为一种典型的功能齐全、精度高、性能稳定、灵敏度高、结构紧凑的仪表而被广泛使用.它显示直观,能做到小型化、智能化,并可以与计算机接口组成自动化测量系统.

对于数字式电压表来说,其配以其他各种适当转换电路(如交直流转换器、电流电压转换器、欧姆(Ohm)电压转换器、相位电压转换器等),可以进行除电压以外的其他电学量的测量,如电流、电阻、电容、频率、温度、晶体管参数及电路通断测试等,所以这种功能齐全的数字式电压表又称为数字式多用表.它可供实验室测量、工程设计、野外作业和工业生产维修等使用.

数字式电压表按显示位数可分为三位半、四位半、五位半、六位、八位等;按测量速度可分为高速和低速;按重量、体积可分为袖珍式、便携式和台式;按 A/D 变换方式可分为直接转型和间接转型.

数字式电压表的工作特性如下.

(1) 测量范围,由量程和显示倍数反映.数字式电压表有一个基本量程,是 1∶1 衰减量程.以它为基础可以扩展量程,并使量程步进分挡可调,下限至 $0.1\,\mu V$,上限可达 $1\,kV$.数字式电压表能完整显示的最小可测量值为其分辨率,如一个最小量程为 $200\,mV$ 的挡,满量程显示值为 200.00,其分辨率为 $10\,\mu V$.

(2) 位数,指数字式电压表能完整显示数字的最大位数.其能显示出 $0\sim9$ 这 10 个数字称为一个整位,不足的称为半位.例如,能显示"999999"时,称为六位;最大能显示"7999"或"1999"时,称为三位半,半位出现在最高位.

(3) 输入阻抗,由电阻 R 和电容 C 并联的形式表示.测量直流电压时,C 不予考虑.R 的值通常大于 $10\,M\Omega$,因此数字式电压表的内阻远远大于指针式电压表的内阻.测量交流电压时,对 C 会造成一些影响,但是由于现在数字式电压表的工作频率一般不超过 $10^5\,Hz$,因此 C 一般小于 $100\,pF$.另外,通常的数字式电压表的抗干扰能力大于 $60\,dB$.

电表的使用方法及注意事项如下.

(1) 注意正确连接电表.电流表必须串联在待测电路中,电压表则应与待测电压的电路并联.

(2) 注意电表的极性.使用直流电表时必须注意电表的正、负极,接线柱标有"+""—"极性,"+"应该接电路的高电势端,"—"应该接低电势端,切不可把极性接错,以免损坏电表.

(3) 选择合适的量程.量程过小或过大的电流、电压会将电表损坏.量程过大时,指针偏转量太小,读数不准确,测量误差大.若事先不知道待测量的大小,则应先选用大量程,然后根据量值大小选择合适的量程.

(4) 注意读出有效数字.

1.5.3 电阻箱

电阻箱是由若干个数值准确的固定电阻元件(用高稳定的锰-铜合金丝绕制)组合而成的,并借助转盘位置的变换来获得 $0.1\sim99\,999.9\,\Omega$ 的各阻值,如图 1-5-1 所示.

电阻箱的主要规格是总电阻、额定电流(或额定功率)和准确度等级.若电路中仅需"$0\sim0.9\,\Omega$"或"$0\sim9.9\,\Omega$",则分别由"0"与"0.9"或"0"与"9.9"两接线柱引出电阻即可.这样可以避免电阻箱其余部分的接触电阻、导线电阻所带来的误差.使用电阻箱时,为确保其安全,不得超过其额定功率.十进盘电阻箱各电阻盘的准确度等级如表 1-5-1 所示.

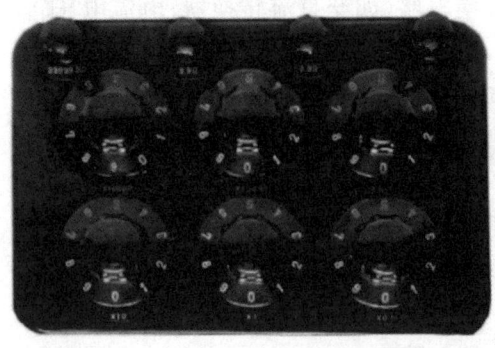 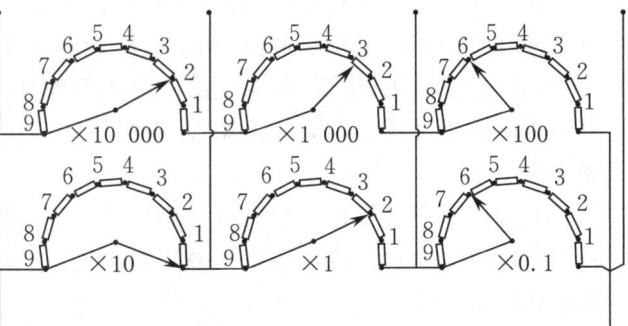

图 1-5-1　电阻箱面板及内部接线

表 1-5-1　十进盘电阻箱各电阻盘的准确度等级

电阻盘	×10 000	×1 000	×100	×10	×1	×0.1
准确度等级	0.1%	0.1%	0.5%	1%	2%	5%

在额定电流范围内,电阻箱的仪器误差为

$$\Delta_仪 = \sum_i \alpha_i R_i + 0.002m, \qquad (1-5-1)$$

其中,α_i 为电阻盘的准确度等级,R_i 为经调节后各电阻盘的阻值,m 为接入电路的电阻盘数. 例如,若一个电阻箱输出的阻值是 6 382.5 Ω,则在额定电流范围内,电阻箱的仪器误差为 $\Delta_仪 = (6\,000 \times 0.1\% + 300 \times 0.5\% + 80 \times 1\% + 2 \times 2\% + 0.5 \times 5\% + 0.002 \times 5)\,\Omega = 8.375\,\Omega$.

1.5.4　电磁学实验的操作注意事项

1. 注意安全

电磁学实验使用的电源通常是 220 V 的交流电源和 0～30 V 的直流电源,但有时实验使用的电压较高. 一般人体接触 36 V 以上的电压时就会有危险,所以在电磁学实验过程中要特别注意安全,谨防触电事故发生. 实验者应做到如下两点.

(1) 接、拆线路必须在断电情况下进行;

(2) 操作时,人体不能触摸仪器的高压带电部位(高压部位的接线柱或导线一般用红色标记,以示危险).

2. 正确接线、合理布局

看清并分析电路图中共有几个回路,一般从电源的正极开始,按从高电势到低电势的顺序接线. 如果有支路,则应把第一个回路完全接好后,再接其他回路,切勿乱接. 仪器布局要合理,要将需要经常控制、调节和读数的仪器置于操作者面前,开关一定要放在最易操作的地方. 各器件要处于正确使用状态. 例如,接通电源前,电源输出电压和分压器输出电压均置于最小位置,限流器的接入电阻部分阻值设为最大,电表要选择合理的量程,电阻箱的阻值不能为零等.

3. 检查线路

电路接完后,要仔细检查,确保无误,并经指导教师复查同意后,才能接通电源进行实验.合上电源开关时,要密切注意各仪表是否正常工作,若有异常应立即切断电源,排除故障,并报告指导教师.

4. 实验完毕要整理仪器

实验完毕要先切断电源,实验结果经指导教师认可后,方可拆除线路,并把各仪器、器件按要求放置整齐.

1.6 光学实验的基本仪器

光学实验是物理实验的一个重要部分,其主要特点是:实验课与理论课的联系比较密切,测量精度高,数据可重复性好,实验仪器比较精密、贵重、易损,调试要求严格,实验规律性强.因此在实验前应充分预习实验内容,了解实验的基本原理,熟悉仪器的基本构造、调整和使用方法;在实验中应正确操作仪器,仔细观察并分析仪器调整过程中出现的各种现象,掌握调整规律,正确记录和处理数据;在实验后应认真总结经验,不断提高实验技能.

光学仪器可以改善和扩展视觉观察,以弥补视觉的局限性.现代光学仪器的种类很多,但就光学系统而言,可粗略分为助视仪器、投影仪器和分光仪器.下面简要介绍一些常用的助视仪器和光学实验用光源.

1.6.1 望远镜

在物理实验中,望远镜一般用来远距离观察物体,或者用来测量和对准工具(如经纬仪、测角仪等).它是由长焦距的物镜和短焦距的目镜组成的,其物镜的像方焦点 F_1 与目镜的物方焦点 F_2 重合在一起,并且在它们的共同焦平面上安装有叉丝或分划板,以供观察或读数时当作基准使用,其光路如图 1-6-1 所示.望远镜的筒长约为物镜和目镜焦距之和.物镜的作用在于使远处的物体在其焦平面右侧形成一个缩小而倒立的实像 A_1B_1,眼睛通过目镜去观察这个由物镜形成的实像应是一个放大而倒立的虚像 A_2B_2.望远镜的放大倍数为

$$M = \frac{f_{物}}{f_{目}}. \tag{1-6-1}$$

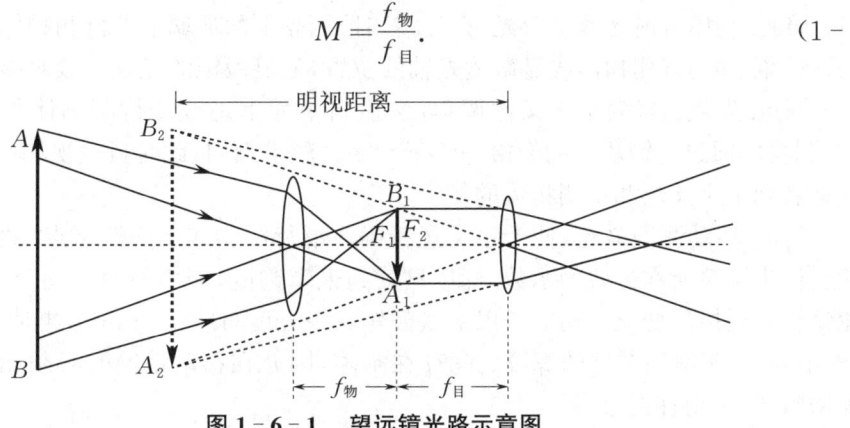

图 1-6-1 望远镜光路示意图

实验室调整望远镜时一般应按以下步骤进行.

(1) 使望远镜共轴对准待测物体(待测物体上应适当照明).

(2) 望远镜目镜对叉丝调焦,即改变目镜与物镜之间的距离,使得在目镜视场中能清晰地看到叉丝.

(3) 望远镜对物体调焦,即改变目镜与物镜之间的距离,使得在目镜视场中能清晰地看到待测物体,且无视差.

1.6.2 显微镜

与望远镜相反,显微镜用来观察近而细微的物体,它也由物镜和目镜组成,其光路如图 1-6-2 所示. 将微小物体 AB 放在物镜焦平面左侧很近的位置,这样可使物镜所成的实像 A_1B_1 尽量大. 该实像落在目镜焦平面右侧很近的位置,经目镜放大后在明视距离处形成一个放大的虚像 A_2B_2. 显微镜的放大倍数为

$$M = \frac{Sd}{f_物 f_目},\qquad(1-6-2)$$

其中,$S=25$ cm 为正常眼睛的明视距离,d 为物镜的物方焦点 F_1 到目镜的物方焦点 F_2 之间的距离.

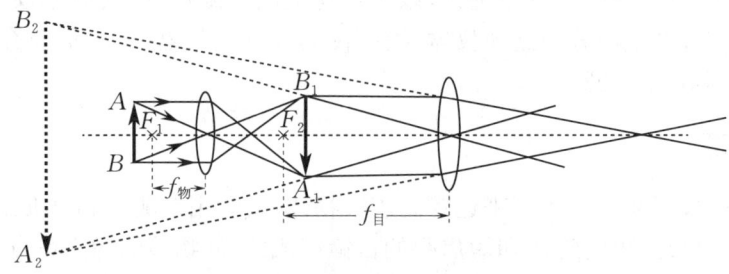

图 1-6-2　显微镜光路示意图

实验室中经常使用 JCD 型读数显微镜测量微小长度. 转动测微鼓轮,显微镜筒可在水平方向左右移动,其位置可从标尺及鼓轮上读出. 目镜中装有一个十字叉丝,作为读数时对准待测物体的标线. 具体的测量可按如下步骤进行.

(1) 照明. 利用直射光或反射光,充分均匀地照亮下面玻璃上的待测物体.

(2) 对准. 移动待测物体或显微镜光轴的位置,使显微镜的光轴大致对准待测物体.

(3) 调焦. 先使目镜对十字叉丝调焦,然后自下而上地改变待测物体与物镜之间的距离,使待测物体通过物镜所成的像恰好位于十字叉丝平面内,此时目镜视场中可同时清晰且无视差地看到十字叉丝和待测物体的像.

(4) 测量. 转动测微鼓轮,使十字叉丝精确对准待测物体上的测试点,然后从标尺和测微鼓轮上读出镜筒所在位置的示数. 标尺只读到毫米刻度,测微鼓轮一周分成 100 等份,测微鼓轮每转一周标尺变化 1 mm,所以测微鼓轮每一分度对应 0.01 mm,再估读一位,最后读到 0.001 mm. 由于测微装置的螺纹之间存在空隙,因此在移动镜筒时必须始终沿同一方向转动测微鼓轮,不得往返进退.

1.6.3 角游标

在许多光学仪器及角度测量仪中,常常用到角游标进行测量,如分光计. 角游标是一个

沿着圆刻度盘（弧形主尺）并与它同轴转动的小弧尺，如图 1-6-3 所示．主尺上分度值 θ 为 $0.5°$，即 $30'$．角游标上有 N 个分度格（一般为 30 个分度格），其总弧长与主尺上 $N-1$ 个分度格的弧长相等，因此角游标的最小分度值为 $\dfrac{\theta}{N}=1'$．

读数时，以角游标零线为准，读出主尺刻度盘上的读数，再以角游标盘与主尺刻度盘对齐的刻线为准读出角游标上的读数，两次读数之和即为测量值．在图 1-6-3 中，正确的读数为 $90.5°+14'=90°44'$．

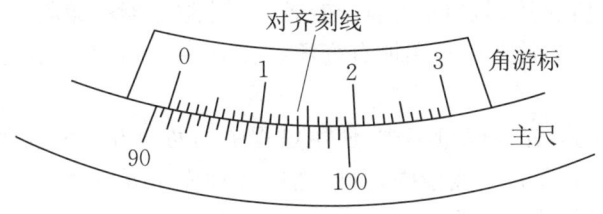

图 1-6-3　角游标示意图

1.6.4　钠灯和汞灯

钠灯和汞灯都是以金属蒸气在强电场中发生游离放电现象为基础的弧光放电灯．在额定电压 220 V 下，钠灯管壁温度升至约 260 ℃ 时，管内钠蒸气的气压约为 0.4 Pa，发出波长分别为 589.0 nm 和 589.6 nm 的 2 种单色黄光．在具体应用时，由于这 2 种单色黄光的波长较接近，一般不易区分，因此常以它们的平均值 589.3 nm 作为钠灯黄光的波长值．

汞灯有低压汞灯与高压汞灯之分，实验室中常用低压汞灯，其外形及使用与钠灯相同．低压汞灯正常点燃时发出青紫色光，主要包括 5 种单色光，它们的波长分别是：579.1 nm（黄光）、577.0 nm（黄光）、546.1 nm（绿光）、435.8 nm（蓝光）及 404.7 nm（紫光）．若在光路中配以不同的滤色片，则可获得纯度较高的单色光．钠（汞）灯结构及电路图如图 1-6-4 所示．电路中的镇流器在触发灯管点燃后起到限制电流的作用，保护灯管不被烧坏．为此，使用此类气体放电灯时，必须在电路中串联符合灯管参数要求的镇流器，才能接到交流市电上去，否则可能导致灯管烧坏等事件的发生．此外，2 种灯的灯管点燃后，一般要等待 10 min 左右，发光才能趋于稳定．灯管熄灭后，若要再次点燃，则必须等灯管冷却后才可进行．

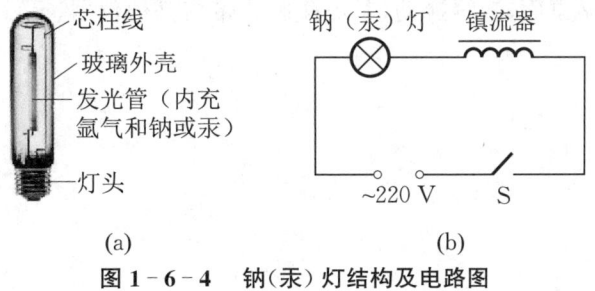

图 1-6-4　钠（汞）灯结构及电路图

1.6.5 氦氖激光器

氦氖激光器是一种以氖气为工作物质、氦气为辅助气体的激光器.氦气起产生激光的媒介和增加激光输出功率的作用,氖气起产生激光的作用.氦氖激光器在可见光区和红外光区可产生多种波长的激光谱线,主要包括波长为 632.8 nm 的红光.

实验室中常用氦氖激光器作为相干光源,其典型输出光是波长为 632.8 nm 的偏振光,氦氖激光器有非常好的方向性和相干性,其结构简单,寿命长,小巧价廉,频率稳定.氦氖激光器两端是由多层介质膜片组成的光学谐振腔,它是激光器的重要组成部分,必须保持清洁,防止灰尘和油污.由于激光管两端加有高压(1 200 ～ 8 000 V),因此操作时应严防触电,以免造成事故.

由于激光器射出的激光束能量集中,使用过程中切勿迎着光束直视激光,否则将造成人眼视网膜的永久性损伤.在光学实验中,可以利用各种光学元件对激光束进行分束、扩束或准直等,以满足不同实验的不同要求.

1.6.6 光学仪器操作注意事项

为了防止光学仪器出现故障或损坏,在使用和维护光学仪器时必须遵守如下规则.

(1) 注意保护光学元件的清洁,对于光学仪器和元件,应注意防尘,保持干燥以防发霉,不能用手或其他硬物碰擦光学元件的抛光表面,也不能对着它呼气.必要时可用擦镜纸或者蘸有酒精或乙醚的脱脂棉轻轻擦拭.光学元件必须轻拿轻放,严防跌落.

(2) 光学仪器的机械可动部分很精密,操作时动作要轻,用力要均匀平稳,不得强行扭动,也不要超过其行程范围,否则会大大降低其精度.

(3) 几乎所有的光学仪器,都要求其内部的各光学元件主光轴相互重合.为此,要对各光学元件进行共轴调整.

(4) 注意眼睛安全.

一方面,要了解光学仪器的性能,以保证正确、安全地使用仪器.另一方面,光学实验中用眼的情况很多,因此要注意对眼睛的保护.特别是对激光光源,绝对不允许用眼睛直视激光,以免灼伤眼球.

此外,在暗室中工作时应先放好并熟记各仪器、元件、样品的位置,操纵移动仪器、元件时,手应由外向里紧贴桌面,轻缓挪动,避免碰翻或带落其他仪器、元件.

第二章

测量的误差分析与数据处理方法

2.1 测量与误差

2.1.1 测量

所谓测量,就是将待测物理量与选作计量标准的同类物理量进行比较并求出其倍数关系的过程. 其中,倍数称为待测物理量的数值,选作计量标准的物理量称为单位. 一个物理量的测量值是由数值和单位两部分组成的. 为了使结果具有一定的意义,测量过程必须满足两个条件:(1) 预定的计量标准必须是为人们所公认的且已知精度的物理量;(2) 进行定量比较的仪器设备和程序必须能被证明是正确的.

测量的分类如下.

(1) 按获得测量值的方式,测量可分为直接测量、间接测量和组合测量三大类.

① 将待测物理量直接与测量仪器(或量具)进行比较,称为直接测量. 例如,用米尺测量待测物长度,用天平称待测物质量,用温度计测量温度,用秒表测量时间等都属于直接测量. 直接测量的优点是过程迅速、简单,而且结果直观,缺点是测量精度不容易做到很高.

② 有些待测物理量无法或不便于直接测量,则需按照一定的函数关系由一个或多个直接测量量计算出待测物理量的量值. 例如,要测量一根圆柱形导体的电阻率,根据公式 $\rho = \dfrac{\pi d^2 R}{4l}$,需要先测出导体横截面的直径、导体的长度和阻值,再计算出电阻率. 物理实验中的大多数测量都属于间接测量. 间接测量虽然比直接测量复杂,但是通过它可以获得比直接测量方法精度更高的结果.

③ 组合测量是先直接测量与待测物理量有一定函数关系的某些量,然后在一系列直接测量的基础上,通过求解联立方程组来获得测量结果的方法. 在进行组合测量时,一般需要改变测试条件进行多次测量,才能获得一联立方程组所需要的数据. 例如,测量一金属导线的电阻温度系数,已知电阻与温度之间的关系近似为 $R_T = R_0(1+\alpha_T T)$,可先测得该金属导线在不同温度 T_1, T_2 下的阻值 R_{T_1} 和 R_{T_2},然后求解联立方程组

$$\begin{cases} R_{T_1} = R_0(1+\alpha_T T_1), \\ R_{T_2} = R_0(1+\alpha_T T_2), \end{cases} \tag{2-1-1}$$

即可求得电阻温度系数 α_T.

(2) 按测量条件相同与否,测量可分为等精度测量和不等精度测量两大类.

① 等精度测量是指在测量条件(包括测量仪器、测量人员、测量方法及测量环境等)相同的情况下,对某一待测物理量进行多次测量.

② 不等精度测量是指在测量条件发生变化的情况下,对某一待测物理量进行多次测量. 例如,同一人员用不同的方法对同一样品的测定,不同人员用相同的方法对同一样品的测定,同一人员用相同的方法对同一样品在长时间间隔后的测定等,得到的测量结果的可靠程度不同,均属于不等精度测量.

不等精度测量的数据处理比较复杂,故一般情况下不会采用这种测量方法. 在物理实验

中,绝大部分实验采用的都是等精度测量.

2.1.2 误差

1. 误差的基本概念

(1) 真值.

真值是指一个特定物理量在特定条件下所具有的客观真实量值,它是一个理想概念,一般无法得到.所以人们在长期的实践和科学研究中归纳出以下几种真值的替代值.

① 理论真值:理论设计值、公理值或理论公式计算值.

② 计量约定真值:权威的计量组织或机构规定的各种基本常数值和基本单位标准值.

③ 标准器件相对真值:高一级的标准器件或仪表的示值可视为低一级器件或仪表的相对真值.

④ 算术平均值:多次测量的平均结果.当测量次数趋于无穷时,修正过的被测量的算术平均值趋于真值.

(2) 绝对误差与相对误差.

由于仪器的准确度、实验方法、实验者的测量技术等各种因素的限制,通过有限的实验手段得到的测量值与真值之间总有差别,这种差别称为测量误差,简称误差.误差可按其表示形式分为绝对误差和相对误差,分别定义为

$$\text{绝对误差} = \text{测量值} - \text{真值}, \quad (2-1-2)$$

$$\text{相对误差} = \frac{\text{绝对误差}}{\text{真值}} \times 100\%. \quad (2-1-3)$$

绝对误差表示测量值偏离真值的程度,但它还不能全面表示测量的准确程度.更准确地评价测量结果就要用到相对误差,即不仅要关注绝对误差的大小,还要关注待测物理量本身的大小.绝对误差和相对误差用数学表达式可分别表示为

$$\delta = x - x_0, \quad (2-1-4)$$

$$E = \frac{\delta}{x_0} \times 100\%, \quad (2-1-5)$$

其中,x_0 表示某一物理量的真值,x 表示该物理量的测量值,δ 和 E 分别表示绝对误差和相对误差.

由于测量总是存在一定的误差,因此必须分析测量中可能产生误差的各种因素,尽可能消除其影响,并对测量结果中未能消除的误差给予正确的评价.一个优秀的实验者,应该根据实验的具体要求和误差限度来确定合理的测量方案,以及合适的测量仪器,并能够在实验的要求下,以最低的代价来取得最佳的实验结果.

2. 误差的分类

根据产生的原因和性质,误差可分为系统误差、随机误差和粗大误差三大类.

(1) 系统误差.

系统误差是指在相同的测量条件下多次测量同一物理量时,测量值对真值的偏离总是相同的,即误差的大小和符号始终保持恒定或按照一定的规律变化,其特点是具有确定性.系统误差的来源有以下几个方面.

① 方法误差(又称为理论误差),是由于测量所依据的理论公式本身的近似性,或者测量条件不能达到理论公式所规定的条件和要求,或者实验方法本身不完善所带来的误差.例如,利用伏安法测电阻时没有考虑电表内阻对实验结果的影响而带来的误差.

② 仪器误差,是由于仪器本身的缺陷或没有按规定条件使用仪器而引起的误差,如等臂天平不等臂、容量仪器刻度不准、砝码质量不准、pH 计零位不准等.

③ 个人误差,是由于实验者个人感官和运动器官的反应或习惯不同而产生的误差(如斜视使读数总是偏大或偏小).

④ 环境误差,是测量所规定的环境发生变化而造成的误差(如室温升高、湿度加大等).

系统误差按掌握的程度又可分为已定系统误差和未定系统误差.已定系统误差是指误差的大小和符号已经确定的系统误差.未定系统误差是指误差的大小和符号未能确定的系统误差,但一般情况下可估计出它存在的大致范围,仪器误差就属于此类.

(2) 随机误差.

在相同的测量条件下对某一固定物理量进行一系列测量时,如果误差的大小和符号以不可预知的方式变化,但总体来说又服从一定的统计规律,则称这样的误差为随机误差,其特点是单个且具有随机性.随机误差来源于实验中各种偶然因素的微小而随机的变动,例如,测量过程中环境条件的微小变动,实验者在操作调整仪器设备和判断、估计读数上的微小变动,测量仪器指示数值的微小变动和被测对象自身的微小变动等.

(3) 粗大误差.

在测量时由于实验者不正确使用仪器、粗心大意、观察错误或记错数据,会引起不正确的结果,这种情况下出现的误差称为粗大误差.它实际上是一种测量错误,这种数据应当剔除.

总之,测量结果中的误差是由多种因素所引入的误差的总和.在消除粗大误差后,只有综合考虑系统误差和随机误差对结果的影响才是全面的.在任何一次测量中,系统误差和随机误差总是同时产生的.当测量结果中有显著的系统误差时,随机误差就处于次要地位,测量误差就呈现出"系统"的性质;反之,当测量结果中系统误差处于次要地位时,测量误差就呈现出"随机"的性质.系统误差和随机误差是两种不同性质的误差,但它们又有着内在的联系.在一定的测量条件下,它们有自己的内涵和界限,但当条件改变时,它们彼此又可能相互转化.由于系统误差在测量结果中具有积累的性质,对测量结果的影响尤其显著,因此在测量过程中需要采取各种办法削弱其影响,使其处于次要地位.研究随机误差占主导地位的测量数据的科学处理方法,是测量学科的重要课题之一.

3. 测量结果的评价

评价测量结果,反映测量误差的大小,常用到精密度、正确度和准确度三个概念.对测量结果做总体评定时,一般应把系统误差和随机误差联系起来考虑.

(1) 精密度.

精密度反映随机误差大小的程度,是指在一定条件下,采用某种方法对均匀样品多次测量结果的重现性,即一组测量值相互接近的程度,是描述重复性的.精密度高是指测量的重复性好,各次测量值的分布密集或接近,随机误差小.但是精密度不能反映系统误差的大小.

(2) 正确度.

正确度反映系统误差大小的程度,它表示测量值或实验结果接近真值的程度.正确度高是指测量值的算术平均值偏离真值较小,测量的系统误差小.但是正确度不能确定数据分散的情况,即不能反映随机误差的大小.

(3) 准确度.

准确度反映系统误差与随机误差综合大小的程度.准确度高是指测量结果既精密又正确,即随机误差与系统误差均小.

现在以打靶结果为例来形象说明三个"度"之间的区别,如图 2-1-1 所示.其中,图(a)表示精密度高而正确度低,图(b)表示正确度高而精密度低,图(c)表示准确度高.

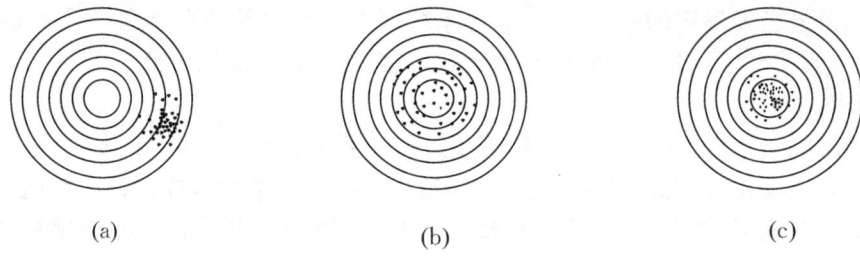

图 2-1-1　精密度、正确度和准确度

4. 系统误差的处理

(1) 系统误差的发现.

实验中的系统误差不能通过多次测量来消除,但因系统误差总是使测量结果朝一个方向偏离,故原则上是能够被发现的.通过长期的实践和经验总结,发现系统误差的办法可以归纳如下.

① 分析实验所依据的理论和实验方法是否有不完善的地方,检查理论公式所要求的条件是否满足、所用仪器是否存在缺陷,通过分析得到有关系统误差是否存在的信息.

② 采用不同的方法测量同一物理量,让不同的人员测量同一物理量或使用不同的仪器测量同一物理量,通过对比测量结果来判断是否存在系统误差.

③ 分析测量结果,若结果不服从统计分布,则说明存在系统误差.

(2) 系统误差的消除和修正.

在实验条件稳定且系统误差可以掌握时,常用三种方法消除已知系统误差,即测量结果加修正值、消去误差源或采用适当的测量方法.

① 由仪器、仪表不准确产生的误差,可以通过与更高级别的仪器、仪表做比较,从而得到相应的修正值;由理论上、公式上的近似性而产生的误差,可以通过理论分析导出修正公式.

② 消去误差源包括仪表使用前零位的校准、仪表使用环境温度的调节,以及保证仪器装置和测量环境满足规定的条件等.

③ 采用适当的测量方法对于消除实际测量中的系统误差具有重要的现实意义.常用的测量方法有异号法、交换法、替代法、对称法和半周期偶数观测法等.例如,天平横梁不等臂系统误差就可以用交换法来消除:用天平测量被测物的质量时,将被测物和砝码交换位置进行两次测量,设 m_1 和 m_2 分别为两次测量得到的质量,则取物体的质量为 $m=\sqrt{m_1 m_2}$,就可

以消除由于天平不等臂而产生的系统误差.

5. 随机误差的处理

由于随机误差的产生不能预料、不可控制、无法消除,因此随机误差不能用修正或采取某种技术措施的办法来消除,但可通过多次测量使其减小,并能用统计的方法对其大小进行估算.

(1) 随机误差的分布.

在一定的测量条件下,设某一物理量的真值为 x_0,多次重复测量值分别为 $x_1, x_2, \cdots, x_n$,则各次测量的随机误差可表示为

$$\delta_i = x_i - x_0 \quad (i = 1, 2, \cdots, n). \tag{2-1-6}$$

大量的实验证明,只要测量次数足够多,随机误差 δ 就服从正态分布(又称为高斯(Gauss)分布)规律,正态分布曲线如图 2-1-2 所示,它满足的概率密度分布函数为

$$f(\delta) = \frac{1}{\sqrt{2\pi}\sigma} e^{-\frac{\delta^2}{2\sigma^2}}. \tag{2-1-7}$$

式(2-1-6)与式(2-1-7)中,

$$x_0 = \lim_{n \to \infty} \frac{\sum_{i=1}^{n} x_i}{n}, \quad \sigma = \lim_{n \to \infty} \sqrt{\frac{\sum_{i=1}^{n} (x_i - x_0)^2}{n}}. \tag{2-1-8}$$

由式(2-1-8)可知,x_0 为无限次测量值的算术平均值,即真值;σ 为标准误差,又称为方均根误差.

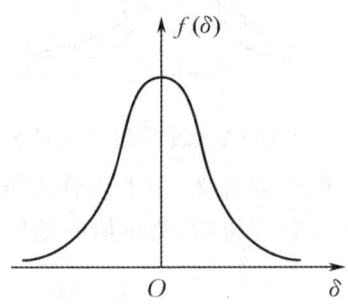

图 2-1-2 正态分布曲线

服从正态分布的随机误差具有下列特点.

① 由 $f(\delta) > 0, f(\delta) = f(-\delta)$ 可知,随机误差具有对称性,即绝对值相等的正误差与负误差出现的概率相等.

② 当 $\delta = 0$ 时,有 $f_{\max}(\delta) = f(0)$,即 $f(\delta) < f(0)(\delta \neq 0)$,由此可知,绝对值小的误差比绝对值大的误差出现的次数多,这称为误差的单峰性.

③ 虽然函数 $f(\delta)$ 的存在区间是 $(-\infty, +\infty)$,但实际上,误差 δ 只出现在一个有限的区间 $[-k\sigma, k\sigma]$ 内,即绝对值很大的误差出现的概率趋于零,误差的绝对值通常不会超过某个界限,这称为误差的有界性.

④ 当测量次数非常多时,正误差和负误差相互抵消,即误差的算术平均值随着测量次数的增加而趋于零,亦即 $\lim_{n \to \infty} \frac{1}{n} \sum_{i=1}^{n} \delta_i = 0$,这称为误差的补偿性.

按照概率理论,随机误差出现在区间$(-\infty,+\infty)$范围内是必然的,即概率为100%,所以分布曲线下的总面积表示各种随机误差值可能出现的总概率,即

$$P=\int_{-\infty}^{+\infty}f(\delta)\mathrm{d}\delta=1. \tag{2-1-9}$$

(2) 标准误差.

由式(2-1-7)可知,当$\delta=0$时,$f(0)=\dfrac{1}{\sqrt{2\pi}\sigma}$,因此$\sigma$值越小,$f(0)$值越大.由于分布曲线与横坐标轴包围的面积恒等于1,因此正态分布曲线的形状取决于σ值的大小.如图2-1-3所示,σ值越小,分布曲线越陡,说明绝对值越小的随机误差出现的概率越大,测量值的重复性越好,即随机误差的离散程度越小.反之,σ值越大,分布曲线越平坦,说明测量值的重复性越差,即随机误差的离散程度越大.由此可知,标准误差σ反映了测量值的离散程度.标准误差σ与各测量值的随机误差δ有着完全不同的含义.δ是实在的随机误差值,而σ并不是一个具体的随机误差值,它只反映在一定的条件下等精度测量列随机误差的概率分布情况,只有统计性质的意义,是一个统计特征值.

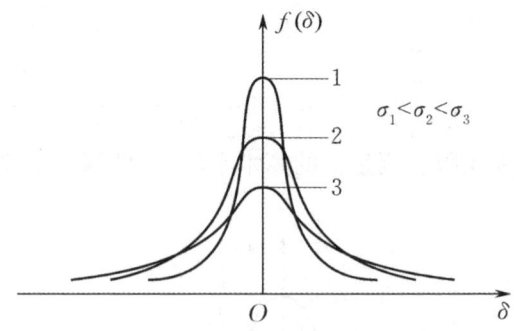

图 2-1-3 正态分布曲线的形状与 σ 值之间的关系

还可以从另一个角度理解σ的物理意义.由上述分析可知,测量值的随机误差在δ至$\delta+\mathrm{d}\delta$区域内的概率为$f(\delta)\mathrm{d}\delta$,经计算可知,测量值的随机误差出现在区间$(-\sigma,\sigma)$内的概率为

$$P_1(-\sigma,\sigma)=\int_{-\sigma}^{\sigma}f(\delta)\mathrm{d}\delta=\int_{-\sigma}^{\sigma}\frac{1}{\sqrt{2\pi}\sigma}\mathrm{e}^{-\frac{\delta^2}{2\sigma^2}}\mathrm{d}\delta=68.3\%, \tag{2-1-10}$$

即在所测得的全部数据中,将有68.3%的数据的随机误差落在区间$(-\sigma,\sigma)$内,或者说,在所测得的全部数据中,任一数据x_i的随机误差δ_i落在区间$(-\sigma,\sigma)$内的概率都为68.3%.当然,在区间$(x_0-\sigma,x_0+\sigma)$内包含真值的概率也为68.3%,这就提供了一个用概率来表达测量随机误差的方法.区间$(x_0-\sigma,x_0+\sigma)$称为置信区间,在给定置信区间内包含真值的概率$P=68.3\%$称为置信概率.由此可见,标准误差具有统计性质.

扩大置信区间,在相同条件下对某一物理量进行多次测量,同样可以计算出其任意一次测量值的随机误差落在区间$(-2\sigma,2\sigma)$和$(-3\sigma,3\sigma)$内的概率分别为

$$P_2(-2\sigma,2\sigma)=\int_{-2\sigma}^{2\sigma}f(\delta)\mathrm{d}\delta=\int_{-2\sigma}^{2\sigma}\frac{1}{\sqrt{2\pi}\sigma}\mathrm{e}^{-\frac{\delta^2}{2\sigma^2}}\mathrm{d}\delta=95.4\%, \tag{2-1-11}$$

$$P_3(-3\sigma, 3\sigma) = \int_{-3\sigma}^{3\sigma} f(\delta) \mathrm{d}\delta = \int_{-3\sigma}^{3\sigma} \frac{1}{\sqrt{2\pi}\sigma} \mathrm{e}^{-\frac{\delta^2}{2\sigma^2}} \mathrm{d}\delta = 99.7\%, \quad (2-1-12)$$

即在置信区间$(x_0-2\sigma, x_0+2\sigma)$和$(x_0-3\sigma, x_0+3\sigma)$内包含真值的概率（置信概率）分别为95.4%和99.7%.

式(2-1-12)表明，测量值的随机误差超过$\pm 3\sigma$范围的情况几乎不会出现，所以我们把$\pm 3\sigma$称为极限误差.

(3) 标准偏差.

在实际测量中，测量次数n总是有限的，而且真值也不可知，因此标准误差只有理论上的价值，对标准误差σ的实际处理只能进行估算. 估算标准误差的方法有很多，最常用的是贝塞尔(Bessel)法.

对于一组测量值$x_1, x_2, \cdots, x_n$（n为有限值），其算术平均值$\overline{x} = \frac{1}{n}\sum_{i=1}^{n} x_i$虽不是真值，但却是真值$x_0$的最佳估计值，实际中总是用算术平均值代替真值. 为了与误差进行区分，将测量值x_i与算术平均值$\overline{x}$的差值称为偏差v_i，即

$$v_i = x_i - \overline{x} \quad (i=1,2,\cdots,n). \quad (2-1-13)$$

利用数理统计理论，可以得到对偏差进行估计的公式为

$$S_x = \sqrt{\frac{\sum_{i=1}^{n} v_i^2}{n-1}} = \sqrt{\frac{\sum_{i=1}^{n} (x_i - \overline{x})^2}{n-1}}, \quad (2-1-14)$$

式(2-1-14)称为贝塞尔公式，S_x称为单次测量的标准偏差或测量列的标准偏差. 如同$\overline{x}$是x_0的最佳估计值一样，S_x是σ的最佳估计值.

(4) 算术平均值的标准偏差.

如果在相同的条件下，对同一物理量做多组重复的系列测量，则每一组系列测量都有一个算术平均值. 由于随机误差的存在，各个测量列的算术平均值也不相同，它们围绕着被测量的真值有一定的分散，此分散说明了算术平均值的不可靠性. 为了评定算术平均值的离散性，需引入算术平均值的标准偏差（又称为测量列的算术平均值的标准偏差）$S_{\overline{x}}$，误差理论给出的算术平均值的标准偏差公式为

$$S_{\overline{x}} = \frac{S_x}{\sqrt{n}} = \sqrt{\frac{\sum_{i=1}^{n}(x_i-\overline{x})^2}{n(n-1)}}. \quad (2-1-15)$$

由式(2-1-15)可见，算术平均值的标准偏差$S_{\overline{x}}$要比任意一次测量的标准偏差S_x减小$\sqrt{n}$倍. 随着测量次数n的不断增加，$S_{\overline{x}}$值将不断减小，即测量结果的精密度升高. 但也不是测量次数越多越好，因为n的增加只对随机误差的减小有作用，对系统误差则无影响，而测量误差是系统误差和随机误差的综合，所以增加测量次数对减小误差的价值是有限的；并且，$S_{\overline{x}}$与测量次数n的平方根成反比，当$n > 10$以后，$S_{\overline{x}}$随测量次数的增加而减小得很缓慢. 另外，测量次数过多，实验者会出现疲劳，测量条件也可能不稳定，因而有可能出现增大随机误差的趋势. 图2-1-4表示算术平均值的标准偏差$S_{\overline{x}}$随测量次数n的变化情况，可以

看出,当测量次数$n > 10$以后,$S_{\bar{x}}$的减小极慢.所以在实际测量中测量次数不必过多,在科学研究中一般取$10 \sim 20$次,而在物理实验中一般取$5 \sim 10$次.

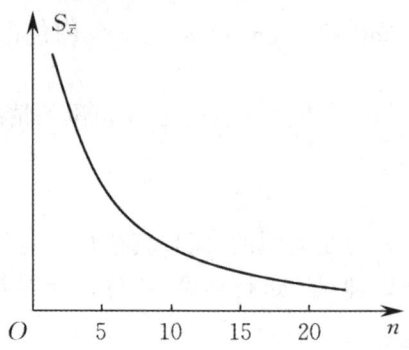

图2-1-4 算术平均值的标准偏差与测量次数之间的关系

(5) t分布.

根据误差理论,当测量次数很少(如少于10次)时,测量值的误差分布将明显偏离正态分布,这时测量值的误差将遵从t分布.这个分布是1908年由戈塞特(Gosset)首先提出的,由于发表时使用了笔名"Student",故又称为学生分布.t分布曲线与正态分布曲线类似,两者的主要区别是t分布的峰值低于正态分布,而且上部较窄、下部较宽,如图2-1-5所示.在有限次测量的情况下,应将随机误差的估算值取大一些,即在贝塞尔公式的基础上再乘以一个t_P因子,t_P因子与测量次数n有关,也与置信概率P有关.表2-1-1给出了t_P因子与测量次数n、置信概率P的对应关系,供查用.

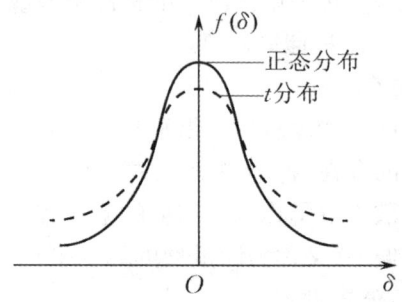

图2-1-5 t分布曲线与正态分布曲线的比较

表2-1-1 t_P因子与测量次数n、置信概率P的对应关系

测量次数n	2	3	4	5	6	7	8	9	10	20	...	∞
$t_P(P=0.683)$	1.84	1.32	1.20	1.14	1.11	1.09	1.08	1.07	1.06	1.03	...	1.00
$t_P(P=0.954)$	12.71	4.30	3.18	2.78	2.57	2.45	2.36	2.31	2.26	2.09	...	1.96
$t_P(P=0.997)$	63.66	9.92	5.84	4.60	4.03	3.71	3.50	3.36	3.25	2.86	...	2.58

由表2-1-1可见,当置信概率$P = 68.3\%$时,t_P因子随测量次数增加而趋于1,当$n \geq 6$以后,t_P与1的偏离并不大,故在进行误差估算时,$n \geq 6$时置信概率取68.3%,可以不加修正.

2.2　有效数字及其运算法则

测量结果一般用包含误差的一组数据进行表示. 在表示测量结果时, 究竟取几位数字呢? 显然, 数据的位数过少将会降低测量结果的准确度; 反之, 数据的位数过多会导致超出测量所能达到的准确度, 会因数据的多余位数造成虚假的准确度, 这样容易在评定结果时产生错误理解. 因此记录测量数据、计算及表示测量结果时, 对数据的位数需要严格要求, 它应能大概反映测量误差或不确定度的大小.

2.2.1　有效数字的概念

有效数字是指能够代表一定物理量的数字, 即所有实际能测得的可靠数字再加上一位可疑数字. 也就是说, 在测量结果的数字表示中, 由若干位可靠数字加上一位可疑数字便组成了有效数字. 例如, 用 500 mm 长的毫米分度直尺测量某长度时, 正确的读法是除了确切地读出有刻线的位数之外, 还应估读一位, 即读到 0.1 mm. 假设测得某长度为 56.8 mm, 表明 "56" 是根据直尺刻度读出的, 是准确和可靠的, 因此称为可靠数字; 而最后的 "8" 是估读数字, 不是十分准确和可靠, 因此称为可疑数字, 但它又是有意义的, 不能舍去. 可靠数字和可疑数字都是有效数字, 所以该长度的测量结果 56.8 mm 为三位有效数字. 若记为 56.80 mm 则是错误的, 这种记法是把数字 "0" 当作估读数字, 不符合测量仪器实际的准确度. 同理, 若用该直尺测得某长度正好是 64 mm, 则应记为 64.0 mm, 因为 64 是可靠数字, 而读数最小分度值后的估读(可疑)数字是 "0".

有效数字表示时, 需要注意以下几点.

(1) 数字 "0" 的有效性.

在数字中间和末位出现的 "0" 都是有效数字, 例如, 32.07 mm, 24.90 mm^2, 5.000 A 的有效数字都是四位.

既然末位的 "0" 是有效的, 那么就不能在数字的末位后任意加 "0" 或减 "0", 否则其物理意义将发生变化. 实际上, 一个被测量的数值与数学上的一个数的意义是不同的. 在数学上, 3.26 cm=3.260 cm=3.260 0 cm, 而对于被测量, 3.26 cm ≠ 3.260 cm ≠ 3.260 0 cm, 这是因为它们的误差所在位不一样, 也就是说, 它们的准确度不同. 如果用 "0" 来表示小数点的位置, 则第一个非零数字之前的 "0" 不算有效数字, 例如, 45.6 mm = 0.045 6 m = 0.000 045 6 km, 它们都是三位有效数字. 由此可知, 有效数字的位数与小数点的位置无关, 移动小数点的位置转换单位时, 有效数字的位数不变.

(2) 使用科学记数法.

当一个数的值很大而有效数字位数又不多时, 数字的大小与有效数字的表示将会发生矛盾. 例如, 测量一电阻时, 其阻值大约为 300 000 Ω, 但是有效数字却只有三位, 为了正确表示其有效数字和数量级, 应采用科学记数法, 即表示成 3.00×10^5 Ω. 当然, 0.000 794 mm 也可表示成 7.94×10^{-4} mm.

2.2.2 测量数据的有效数字

对于测量数据有效数字的确定,实际上就是如何在测量仪器上对直接测量量进行读数的问题.

仪器的读数规则如下.

(1) 对于游标类量具,有效数字最后一位为游标分度值.

(2) 对于数字式仪表,直接读取其数显值.

(3) 对于具有步进式标度盘的仪表,一般应直接读取其示值.

(4) 对于米尺、螺旋测微器、指针式仪表等刻度式仪器,要根据实验条件和实验者的判别能力进行估读,一般要估读到最小分度值的 $\frac{1}{2} \sim \frac{1}{10}$(不能估读到 0.1 分度以下).

2.2.3 测量结果的有效数字

1. 测量结果的不确定度的有效数字

在测量结果的表示中,最终测量结果的不确定度的有效数字最多不超过两位. 当保留两位有效数字时,按"不为零即进位"原则进行取舍;当保留一位有效数字时,按 $\frac{1}{3}$ 法则进行取舍,即:

(1) 若舍去部分的数值大于保留末位的 $\frac{1}{3}$,则末位加 1;

(2) 若舍去部分的数值小于保留末位的 $\frac{1}{3}$,则末位不变.

例如,计算出合成不确定度 Δ 为 0.723 mm,若保留两位有效数字,则按上述"不为零即进位"原则,结果为 $\Delta = 0.73$ mm;若保留一位有效数字,则保留末位为 0.1,舍去部分为 $0.023 < \frac{0.1}{3}$,故末位不变,结果为 $\Delta = 0.7$ mm.

但是作为中间计算结果,直接测量量的不确定度可以取三位有效数字或者不加取舍,以避免积累舍入误差.

2. 测量结果的有效数字

测量结果的有效数字是根据其最后一位和不确定度的末位对齐的原则确定的. 多余的数字按"四舍六入五凑偶"规则进行取舍,即如果保留数字末位以后部分的第一个数小于 5 则舍,如果大于 5 则入,如果等于 5 则把保留数字的末位凑为偶数(加 1 或不变). 例如,6.855 4 取四位有效数字是 6.855,取三位有效数字是 6.86,取两位有效数字是 6.8. 又如,由测量值算出圆柱体的体积 $V = 6\ 738.250\ 1\ \text{mm}^3$,合成不确定度 $\Delta = 4.2\ \text{mm}^3$,将 V 取为最后一位与 Δ 值的最后一位对齐的值,即得 $V = 6\ 738.2\ \text{mm}^3$.

2.2.4 有效数字的运算法则

物理实验中所进行的测量大多是间接测量,因此需要通过一系列数学运算才能得到最终的测量结果,原则上任何测量数据的数学运算结果都应由有效数字组成,仍然满足有效数字的定义.

1. 有效数字的四则运算法则

(1) 加减运算.

加减运算结果的有效数字的最后一位,与参加运算的各数据中末位数位数最高的那一位一致. 例如,

$$22.8 + 3.741 = 26.5$$

$$\begin{array}{r} 22.\underline{8} \\ +3.7\underline{41} \\ \hline 26.\underline{541} \end{array}$$

算式上加了下画线的数字是可疑数字.

(2) 乘除运算.

在乘除运算中,结果的有效数字位数应比参与运算的各数据中有效数字位数最少的数据的有效数字位数相同. 但是在乘法运算中,如果相乘的两个数据的最高位相乘的积大于或等于 10,则其积的有效数字位数应比参与运算的数据中有效数字位数最少的数据的有效数字位数多一位;在除法运算中,如果被除数的有效数字位数小于或等于除数的有效数字位数,并且它的最高位的数小于除数的最高位的数,则商的有效数字位数应比被除数少一位.

2. 有效数字的乘方和开方运算法则

乘方和开方运算结果的有效数字位数与它们的底的有效数字位数相同. 例如,$100^2 = 1.00 \times 10^4$,$\sqrt{100} = 10.0$.

3. 有效数字的函数运算法则

(1) 三角函数.

通常,三角函数运算结果的有效数字位数由角度的有效数字位数决定. 当角度精确至 $1'$ 时,三角函数可以取五位有效数字;当角度精确至 $1''$ 时,三角函数可以取六位有效数字;当角度精确至 $0.1''$ 时,三角函数可以取七位有效数字;当角度精确至 $0.01''$ 时,三角函数可以取八位有效数字;以此类推.

(2) 指数函数.

指数函数运算结果的有效数字位数与该指数小数点后的位数相同(包括小数点后的零). 例如,$10^{3.26} = 1.8 \times 10^3$,$e^{0.0032} = 1.003$.

(3) 对数函数.

x 的常用对数为 $\lg x$,其运算结果的有效数字位数确定的方法是:其小数点后数值(尾数)的位数与 x(真数)的有效数字位数相同,例如,$\lg 4.712 = 0.6732$;x 的自然对数 $\ln x$ 的运算结果的有效数字位数与 x(真数)的有效数字位数相同,例如,$\ln 3.478 = 1.246$.

4. 自然数与常量

对于运算公式中的常数(如 π, g, e 等)和系数(如纯数 2),可以认为其有效数字位数是无限多的. 在运算过程中,它们所取的有效数字位数不能少于参与运算的所有数据中有效数字位数最少的数据的有效数字位数,一般应多取一位或取相同位数. 例如,利用公式 $L = 2\pi r$ 求圆周长,当半径的测量结果 $r = 3.46 \times 10^{-2}$ m 时,π 应取 3.142 或 3.14;当 $r = 4.762 \times 10^{-2}$ m 时,π 应取 3.1416 或 3.142.

2.3 测量的不确定度和结果的表达

科学、技术和工程等各个领域都需要使用测量结果及其可信度的数据.以往人们习惯于用误差来表示测量结果的可信度.根据定义,误差是指测量值与真值之差,由于真值是不可知的,因此误差也是不可知的,从而使得这种表示方法受到质疑.而不确定度是表征被测量的真值在某个量值范围内的一个评定,因此用它取代误差来评定测量结果的质量,显得更科学、合理.早在20世纪70年代初,国际上就有越来越多的计量学者认识到使用不确定度代替误差更为科学,从此,不确定度这个术语逐渐在测量领域内被广泛应用.1993年制定的《测量不确定度表示指南》得到了国际计量局、国际电工委员会、国际纯粹与应用物理联合会、国际纯粹与应用化学联合会等国际组织的批准,由国际标准化组织出版,是国际组织的重要权威文献.我国也于1999年颁布了与之兼容的测量不确定度评定与表示计量技术的规范.在物理实验课中,也将用不确定度的形式来表示测量结果,只不过将问题进行理想化与简单化处理,使初学者有一个基本概念,为以后的学习和应用打下一个良好的基础.

2.3.1 不确定度的基本概念

测量结果不确定度也称为实验不确定度,简称不确定度,它表示由于存在测量误差而使测量结果不确定或不能肯定的程度,也就是不可信度,它是测量准确度的表征,表示测量结果与被测量(真)值之间的接近程度.不确定度越小,标志着误差的可能值越小,测量的可信度越高;不确定度越大,标志着误差的可能值越大,测量的可信度越低.

2.3.2 不确定度的分类及其性质

测量结果与很多量有关,所以测量结果的不确定度来源于若干因素,这些因素对测量结果形成若干不确定度的分量.按评定方法,不确定度分量一般分为两大类:一类是用统计方法评定的不确定度,称为不确定度的 A 类分量 Δ_A,简称 A 类不确定度;另一类是用非统计方法评定的不确定度,称为不确定度的 B 类分量 Δ_B,简称 B 类不确定度.用不确定度来评定测量结果,是将测量结果中可修正的已定系统误差修正以后,再将剩余的误差划分为可以用统计方法计算的 A 类不确定度和可以用非统计方法估算的 B 类不确定度来表示.

1. A 类不确定度 Δ_A 的估算

在实际中,一般只能进行有限次的测量,这时,测量误差不完全服从正态分布规律,而是服从 t 分布规律.在这种情况下,对测量误差的估计,就要在算术平均值的标准偏差的基础上再乘以一个 t_P 因子.在相同条件下,对同一被测量做 n 次测量,则总不确定度 Δ 的 A 类分量为

$$\Delta_A = t_P S_{\bar{x}} = t_P \sqrt{\frac{\sum_{i=1}^{n}(x_i - \bar{x})^2}{n(n-1)}}, \qquad (2-3-1)$$

其中,t_P 的值可以从表 2-1-1 中查到.

2. B类不确定度 Δ_B 的估算

B类不确定度 Δ_B 是用不同于统计方法的其他方法计算的. 在物理实验中, B类不确定度常用误差限来计算. 误差限可以通过下面几种方法来计算.

(1) 根据实际条件估算误差限. 例如: 在杨氏模量测量实验中, 光杠杆镜面到标尺的距离的最大误差（误差限）需要由钢卷尺的最大允许误差、实验中光杠杆镜面和标尺的对准情况、钢卷尺的弯曲程度等条件来估计. 一般说来, 这个误差远大于钢卷尺本身的仪器误差限.

(2) 根据理论公式或实验确定误差限. 例如, 在直流电桥测电阻实验中, 可以这样来估计检流计因灵敏度局限而引入的最大误差: 当电桥平衡时, 可调臂电阻改变 20 Ω, 引起检流计指针偏转 1.8 格（左右偏转取平均值）, 由此可以得到检流计指针每偏转 1 格可调臂电阻的改变量为 $\frac{20}{1.8}$ Ω = 11.1 Ω. 一般情况下将检流计指针偏转 0.1 格时可调臂电阻的改变量作为考虑检流计灵敏度局限而引起的待测电阻的最大误差, 这时得到的误差限为 1.11 Ω.

(3) 计量部门、制造厂或其他资料提供的误差限. 例如, 由仪器说明书给出的最大允许误差确定误差限.

B类不确定度 Δ_B 在许多场合是以仪器误差限 $\Delta_仪$ 的形式出现的, 与仪器误差限 $\Delta_仪$ 对应的B类不确定度 Δ_B 可用下式估算:

$$\Delta_B = \frac{\Delta_仪}{c}, \quad (2\text{-}3\text{-}2)$$

其中, c 是置信系数, 其值因分布不同而异. 对于正态分布, $c = 3$; 对于均匀分布, $c = \sqrt{3}$; 对于其他分布, 可以查找有关书籍获得其值.

在本课程中, 评价测量结果的置信概率取为 0.954, 为了简化处理, 我们约定B类不确定度可简单地取为仪器误差限, 即

$$\Delta_B = \Delta_仪. \quad (2\text{-}3\text{-}3)$$

不确定度评定是以统一的观点来处理误差的, A类不确定度和B类不确定度只是按计算方法不同来分类, 并不与随机误差、系统误差相对应. 不能把A类不确定度理解为对随机误差的描述, 也不能把B类不确定度理解为对系统误差的描述.

2.3.3 不确定度的合成

一个测量结果在一般情况下总是存在不同性质的A类不确定度和B类不确定度, 它们的评定方法虽然不同, 但都具有概率特性, 且具有相同的置信概率, 所以可以直接合成.

在大学物理实验中, 我们采用方和根合成法, 即合成不确定度为

$$\Delta = \sqrt{\Delta_A^2 + \Delta_B^2}. \quad (2\text{-}3\text{-}4)$$

1. 直接测量的合成不确定度

(1) 单次测量的合成不确定度.

对于单次测量, 不存在利用统计方法计算的A类不确定度. 因此单次测量的合成不确定度就等于B类不确定度.

(2) 多次测量的合成不确定度.

对于 A 类不确定度,主要讨论多次等精度测量条件下,读数分散所对应的不确定度,并且用式(2-3-1)计算;对于 B 类不确定度,主要讨论仪器误差限所对应的不确定度,可用式(2-3-3)计算;多次直接测量的合成不确定度用式(2-3-4)计算.

2. 间接测量的合成不确定度

间接测量的最佳估计值和合成不确定度是由直接测量结果通过函数式计算出来的. 设间接测量的函数式为

$$N = F(x, y, z, \cdots), \tag{2-3-5}$$

其中,

$$x = \bar{x} \pm \Delta_x, \quad y = \bar{y} \pm \Delta_y, \quad z = \bar{z} \pm \Delta_z, \quad \cdots, \tag{2-3-6}$$

则间接测量量 $N = F(x, y, z, \cdots)$ 的最佳估计值为

$$\overline{N} = F(\bar{x}, \bar{y}, \bar{z}, \cdots), \tag{2-3-7}$$

相应的合成不确定度为

$$\Delta_N = \sqrt{\left(\frac{\partial F}{\partial x}\right)^2 \Delta_x^2 + \left(\frac{\partial F}{\partial y}\right)^2 \Delta_y^2 + \left(\frac{\partial F}{\partial z}\right)^2 \Delta_z^2 + \cdots}. \tag{2-3-8}$$

当间接测量的函数式为积商形式(或含和差的积商形式)时,其相对不确定度为

$$E = \frac{\Delta_N}{\overline{N}} = \sqrt{\left(\frac{\partial \ln F}{\partial x}\right)^2 \Delta_x^2 + \left(\frac{\partial \ln F}{\partial y}\right)^2 \Delta_y^2 + \left(\frac{\partial \ln F}{\partial z}\right)^2 \Delta_z^2 + \cdots}, \tag{2-3-9}$$

则

$$\Delta_N = E\overline{N}. \tag{2-3-10}$$

常用函数的不确定度传递公式如表 2-3-1 所示.

表 2-3-1 常用函数的不确定度传递公式

函数式	不确定度传递公式
$N = x \pm y$	$\Delta_N = \sqrt{\Delta_x^2 + \Delta_y^2}$
$N = ax + by + cz$	$\Delta_N = \sqrt{a^2 \Delta_x^2 + b^2 \Delta_y^2 + c^2 \Delta_z^2}$
$N = xy$	$\frac{\Delta_N}{\overline{N}} = \sqrt{\left(\frac{\Delta_x}{\bar{x}}\right)^2 + \left(\frac{\Delta_y}{\bar{y}}\right)^2}$
$N = \dfrac{x}{y}$	$\frac{\Delta_N}{\overline{N}} = \sqrt{\left(\frac{\Delta_x}{\bar{x}}\right)^2 + \left(\frac{\Delta_y}{\bar{y}}\right)^2}$
$N = x^a y^b z^{-c}$	$\frac{\Delta_N}{\overline{N}} = \sqrt{a^2 \left(\frac{\Delta_x}{\bar{x}}\right)^2 + b^2 \left(\frac{\Delta_y}{\bar{y}}\right)^2 + c^2 \left(\frac{\Delta_z}{\bar{z}}\right)^2}$
$N = \sin x$	$\Delta_N = |\cos \bar{x}| \Delta_x$
$N = \ln x$	$\Delta_N = \dfrac{\Delta_x}{\bar{x}}$

2.3.4 有关不确定度的数据处理过程与实例

1. 单次直接测量的数据处理

在实际测量过程中,有的被测量是随时间变化的,无法对其进行重复测量,只能进行单

次测量.还有些被测量的测量精度要求不高,只要对其进行单次测量就可以了.

在单次测量中,用单次测量值 $x_{测}$ 作为被测量的最佳估计值.测量值的不确定度与所用测量仪器的精度、测量者的估读能力及测量条件等很多因素有关,因此它的合理估计是比较复杂的.在一般情况下,对随机误差很小的测量,可以只估计 B 类不确定度,用仪器误差限 $\Delta_{仪}$ 作为 $x_{测}$ 的总不确定度,测量结果可表示为

$$x = x_{测} \pm \Delta_{仪}, \quad E = \frac{\Delta_{仪}}{x_{测}} \times 100\%.$$

2. 多次直接测量的数据处理

对多次直接测量的数据 $x_1, x_2, \cdots, x_n$ 进行处理的一般步骤如下.

(1) 计算被测量的算术平均值 $\overline{x} = \dfrac{1}{n}\sum\limits_{i=1}^{n} x_i$,把 $\overline{x}$ 作为被测量的最佳估计值.

(2) 求出各测量值的偏差 $v_i = x_i - \overline{x}(i = 1, 2, \cdots, n)$.

(3) 求出 A 类不确定度 $\Delta_A = t_P S_{\overline{x}} = t_P \sqrt{\dfrac{\sum\limits_{i=1}^{n}(x_i - \overline{x})^2}{n(n-1)}}$.

(4) 求出 B 类不确定度 $\Delta_B = \Delta_{仪}$.

(5) 求出总不确定度 $\Delta = \sqrt{\Delta_A^2 + \Delta_B^2}$.

(6) 将测量结果表示为 $x = \overline{x} \pm \Delta, E = \dfrac{\Delta}{\overline{x}} \times 100\%$.

例 1 用量程为 $0 \sim 25$ mm 的一级螺旋测微器 ($\Delta_{仪} = 0.004$ mm) 对一铁板的厚度进行了多次直接测量,以 mm 为单位,测量数据分别为 $3.785, 3.784, 3.787, 3.780, 3.778, 3.783, 3.785, 3.779$,求测量结果.

解
$$\overline{L} = \frac{\sum\limits_{i=1}^{8} L_i}{8} = \frac{3.785 + 3.784 + \cdots + 3.779}{8} \text{mm} = 3.783 \text{ mm},$$

$$v_1 = L_1 - \overline{L} = (3.785 - 3.783) \text{mm} = 0.002 \text{ mm},$$

$$v_2 = L_2 - \overline{L} = (3.784 - 3.783) \text{mm} = 0.001 \text{ mm},$$

$$\cdots$$

$$v_8 = L_8 - \overline{L} = (3.779 - 3.783) \text{mm} = -0.004 \text{ mm}.$$

A 类不确定度

$$\Delta_A = t_P \sqrt{\frac{\sum\limits_{i=1}^{8}(L_i - \overline{L})^2}{8 \times (8-1)}} = 2.36 \times \sqrt{\frac{0.002^2 + 0.001^2 + \cdots + (-0.004)^2}{8 \times (8-1)}} \text{ mm}$$

$$= 0.0027 \text{ mm} \quad (P = 0.954).$$

B 类不确定度
$$\Delta_B = \Delta_{仪} = 0.004 \text{ mm}.$$

总不确定度
$$\Delta_L = \sqrt{\Delta_A^2 + \Delta_B^2} = \sqrt{0.0027^2 + 0.004^2} \text{ mm} = 0.005 \text{ mm}.$$

测量结果为
$$L = (3.783 \pm 0.005)\,\text{mm},$$
$$E = \frac{0.005}{3.783} \times 100\% = 0.13\%.$$

3. 间接测量的数据处理

间接测量的数据处理步骤如下.

(1) 按照直接测量的数据处理程序求出各直接测量量的结果：
$$x = \bar{x} \pm \Delta_x, \quad y = \bar{y} \pm \Delta_y, \quad z = \bar{z} \pm \Delta_z, \quad \cdots.$$

(2) 将各直接测量量的最佳估计值代入函数式中,求得间接测量量的最佳估计值
$$\bar{N} = F(\bar{x}, \bar{y}, \bar{z}, \cdots).$$

(3) 求出间接测量不确定度的方和根合成公式：

① 对函数式求全微分（和差形式）或先取对数再求全微分（积商形式）；

② 合并同一微分变量的系数；

③ 将微分符号变成不确定度符号,并将各独立项求方和根.

(4) 求出间接测量量的不确定度.

(5) 将测量结果表示为
$$N = \bar{N} \pm \Delta_N, \quad E = \frac{\Delta_N}{N} \times 100\%.$$

例 2 用流体静力称衡法测固体密度的公式为 $\rho = \dfrac{m}{m - m_1}\rho_0$,测得
$$m = (2.886 \pm 0.002) \times 10\,\text{g}, \quad m_1 = (1.636 \pm 0.002) \times 10\,\text{g},$$
$$\rho_0 = (9.997 \pm 0.003) \times 10^{-1}\,\text{g/cm}^3.$$

求固体密度的测量结果.

解 由已知条件得
$$\bar{\rho} = \frac{\bar{m}}{\bar{m} - \bar{m}_1}\bar{\rho}_0 = \frac{2.886}{2.886 - 1.636} \times 9.997 \times 10^{-1}\,\text{g/cm}^3 = 2.308\,\text{g/cm}^3.$$

再求 $\bar{\rho}$ 的不确定度. 对函数式 $\rho = \dfrac{m}{m - m_1}\rho_0$ 先取对数再求全微分：
$$\ln \rho = \ln m - \ln(m - m_1) + \ln \rho_0,$$
$$\frac{\text{d}\rho}{\rho} = \frac{\text{d}m}{m} - \frac{\text{d}m - \text{d}m_1}{m - m_1} + \frac{\text{d}\rho_0}{\rho_0},$$

合并同一微分变量的系数：
$$\frac{\text{d}\rho}{\rho} = -\frac{m_1}{m(m - m_1)}\text{d}m + \frac{1}{m - m_1}\text{d}m_1 + \frac{\text{d}\rho_0}{\rho_0}.$$

用不确定度替代微分,再求方和根：
$$\frac{\Delta_\rho}{\rho} = \sqrt{\left[\frac{\bar{m}_1}{\bar{m}(\bar{m} - \bar{m}_1)}\right]^2 \Delta_m^2 + \left(\frac{1}{\bar{m} - \bar{m}_1}\right)^2 \Delta_{m_1}^2 + \left(\frac{1}{\bar{\rho}_0}\right)^2 \Delta_{\rho_0}^2},$$

代入已知条件可得,相对不确定度为

$$E = \frac{\Delta_\rho}{\bar{\rho}} \times 100\%$$
$$= \sqrt{\left[\frac{1.636}{2.886\times(2.886-1.636)}\right]^2 \times 0.002^2 + \left(\frac{1}{2.886-1.636}\right)^2 \times 0.002^2 + \left(\frac{1}{9.997}\right)^2 \times 0.003^2}$$
$$= 0.19\%.$$

总不确定度为

$$\Delta_\rho = \bar{\rho} \times E = 2.308 \times 0.19\% \text{ g/cm}^3 = 0.004 \text{ g/cm}^3.$$

测量结果为

$$\rho = (2.308 \pm 0.004) \text{ g/cm}^3,$$
$$E = 0.19\%.$$

2.4 常用数据处理方法

数据处理是指对原始数据进行加工而得到实验结果的过程.它包括记录、整理、计算、分析等步骤,用简明而严格的方法把实验数据所代表的事物的内在规律提炼出来.数据处理是对实验中测量的数据进行去粗取精、去伪存真,并从中得到最终结论且找出实验规律的过程.它是实验工作中不可缺少的一个重要环节.常用的实验数据处理方法有列表法、作图法、图解法、逐差法和最小二乘法等.本节分别对这几种方法进行逐一介绍.

2.4.1 列表法

列表法是将实验数据按一定规律用列表的方式表达出来,是记录和处理实验数据最常用的方法(见表2-4-1).列表法的作用有两种:一是记录实验数据,二是显示出物理量之间的对应关系.其优点是:能对大量杂乱无章的实验数据进行归纳整理,使之既有条不紊,又简明醒目;可以简单且明确地表示出有关物理量之间的对应关系,求出经验公式;易于参考和比较测量结果,便于及时发现问题和分析问题,减少或避免测量错误.同时,列表法也为作图法等数据处理方法奠定了基础.

表 2-4-1 铜丝电阻与温度之间关系的数据记录表

温度 T/℃	10.0	20.0	30.0	40.0	50.0	60.0	70.0
铜丝电阻 R/Ω	10.4	10.7	10.9	11.3	11.8	11.9	12.3

用列表法记录和处理数据是一种良好的科学工作习惯,要设计出一个栏目清楚、行列分明的表格,需要在实验中不断训练,逐步掌握、熟练,并形成习惯.表格没有统一的格式,但要能充分反映上述优点,一般来讲,应满足如下要求:

(1) 表格的设计要合理、简单、明了,栏目条理清楚,能完整记录原始数据,便于反映有关物理量之间的函数关系.

(2) 表格中的项目应给出有关物理量的名称和符号,并标明单位,单位应写在项目栏中,不要重复写在每个数据后面.

(3) 表格中的数据应能正确反映测量结果的有效数字,同一列数值的小数点应上下对齐.

(4) 实验数据表应包括各种要求的计算量、平均值和误差.

2.4.2 作图法

作图法是指在坐标纸上将一系列实验数据之间的关系或变化情况用图线直观地表示出来的一种数据处理方法,是物理实验中常用的数据处理方法之一. 作图法的目的是揭示和研究实验中各物理量之间的变化规律,找出对应的函数关系,或者从中求出实验结果,获得经验公式. 作图法具有如下优点.

(1) 可直观、形象地将物理量之间的对应关系用图线清楚地表示出来.

(2) 在一定条件下,通过内插和外延,还能在图线上直接得出实验测量范围以内和以外的除由测量得到的数据以外的其他数据.

(3) 有助于发现实验中个别测试点测量结果的错误,并可对系统误差进行分析.

根据列表法表格中的数据,制作一幅完整而正确的图线,应遵循如下规则和步骤.

(1) 选择合适的坐标纸.

作图一定要用坐标纸. 决定了作图的参量后,应根据实际情况选用合适的坐标纸. 常用的坐标纸有直角坐标纸、对数坐标纸、极坐标纸等.

(2) 选轴及定标度.

通常以横轴代表自变量,纵轴代表因变量,并用两条粗线来表示它们. 在轴的末端近旁注明其所代表的物理量及单位. 要适当地选取横轴和纵轴的比例,以及坐标起点,使图线居中,并布满坐标纸的 70%~80%. 定标度时,应注意所定标度应能反映出由实验所得数据的有效数字位数,原则上应将坐标纸上的最小格对应于有效数字的最后一位准确数字. 还应当注意,标度的划分要得当,以不用计算就能直接读出图线上每一点的坐标为宜. 凡主线间分为十等份的直角坐标纸,各标度线间的距离以 1,2,4,5 等几种最为方便,而 3,6,7,9 等应避免,一般情况下,应该用整数而不用小数或分数来标分度值. 此外,还应当注意,标度值的零位不一定在坐标轴的原点,以便调整图线的大小和位置. 如果数据特别大或特别小,可以提出乘积因子,如 10^6,10^{-6} 等,放在坐标轴最大值的一端.

(3) 描点和连线.

根据测量获得的实验数据,用铅笔将其画到坐标纸上的相应点. 描点时,常以该点为中心,选取 +,-,×,○,△,□ 等符号中的一种来标明. 同一条图线上的各点采用同一种符号,不同的图线则采用不同的符号. 要绘制一条与标出的实验点基本相符的图线,连线时要用直尺或曲线板等作图工具,根据不同的情况将实验点连成直线或光滑的曲线,如图 2-4-1 所示. 图线并不一定要通过所有的实验点,但是要尽可能多地通过实验点,应尽量使实验点均匀地分布在图线的两侧. 但是,对于校准曲线,相邻两点之间一律用直线连接,如图 2-4-2 所示.

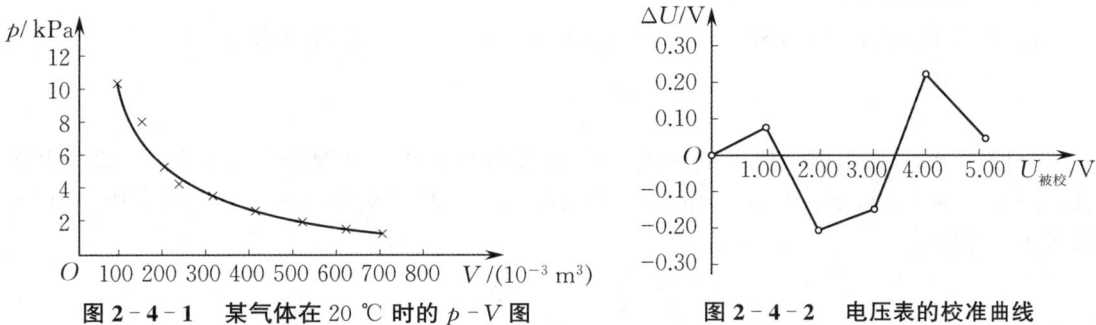

图 2-4-1 某气体在 20 ℃ 时的 p-V 图　　　图 2-4-2 电压表的校准曲线

（4）注解和说明.

作完图后,在图的明显位置标明图名,如图顶部附近空白的位置. 图名中一般将纵轴代表的物理量写在前面,横轴代表的物理量写在后面,中间用"-"连接,如图 2-4-3 所示的伏安法测电阻的 I-U 曲线. 必要时还要附上简单的说明,如实验条件等,使读者能一目了然.

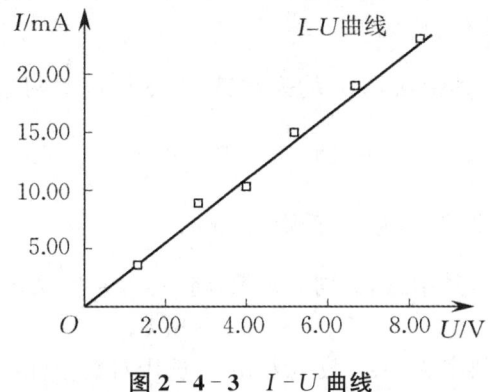

图 2-4-3 I-U 曲线

2.4.3 图解法

图解法是指在作图法的基础上,利用已经作好的图线,从图线所表示的函数关系定量地求出待测量、某些参数或经验公式的方法. 其中,最简单的例子是通过图示的直线关系确定该直线的参数 —— 截距和斜率. 由于在很多情况下,曲线能变换成直线,而且不少经验公式的参数也是通过曲线化直后再由图解法求得的,因此图解法在数据处理中占有相当重要的地位.

绘制直线不仅方便,而且其所确定的函数关系也很简单. 对于非线性关系的情况,应在初步分析、把握其关系特征的基础上,通过变量变换的方法将原来的非线性关系化为新变量的线性关系,即将曲线化直,然后再使用图解法.

下面仅就直线 $y = kx + b$ 的情况简单介绍图解法的一般步骤.

(1) 在图线(直线)上选取两点 $A(x_1,y_1)$ 和 $B(x_2,y_2)$(不要用原来测量的点).为了减小误差,A,B 两点应相隔远一些,但仍要在实验范围之内.用与表示实验点不同的符号将 A,B 两点在直线上标出,并在旁边标明其坐标值.

(2) 求斜率和截距.

将 A,B 两点的坐标值分别代入直线方程 $y=kx+b$,可求得斜率为

$$k=\frac{y_2-y_1}{x_2-x_1}. \qquad (2-4-1)$$

一般情况下,如果横坐标 x 的原点为零,则直线延长线和纵轴交点的纵坐标 y 即为截距(即 $x=0$,$y=b$);否则,在图线上再取一点 $C(x_3,y_3)$,将其坐标代入 $y=kx+b$ 中,利用点斜式求得截距为

$$b=y_3-\frac{y_2-y_1}{x_2-x_1}x_3. \qquad (2-4-2)$$

确定直线的斜率和截距以后,再根据斜率或截距求出所含的参量,从而得出测量结果.

(3) 根据图线求出经验公式.

如果实验中被测量之间的函数关系不是简单的直线关系,则可以由解析几何的知识来判断图形是哪种图线,然后将复杂的曲线化直.曲线化直以后,求出其斜率和截距,便可得出图线所对应的物理量之间的函数关系.这里有一步比较重要,即将函数的形式经过适当变换使之成为线性关系,把曲线化直.

例1 曲线 $y=ax^{\frac{b}{c}}$,其中,a,b,c 均为常量,将 $y=ax^{\frac{b}{c}}$ 两边取自然对数可得

$$\ln y=\frac{b}{c}\ln x+\ln a, \qquad (2-4-3)$$

则 $\ln y$ 为 $\ln x$ 的线性函数,斜率为 $\frac{b}{c}$,截距为 $\ln a$.

例2 曲线 $y=ke^{-ax}$,其中,k,a 均为常量,将 $y=ke^{-ax}$ 两边取自然对数可得

$$\ln y=-ax+\ln k, \qquad (2-4-4)$$

则 $\ln y$ 为 x 的线性函数,斜率为 $-a$,截距为 $\ln k$,选用对数坐标纸作图可得一条直线.如果在直角坐标纸上作图,则需将 y 值取对数以后再进行作图.

2.4.4 逐差法

由于随机误差具有补偿性,对于多次测量的结果,常用平均值来估计最佳值,以消除随机误差的影响.但是,当自变量与因变量呈线性关系时,对于自变量等间距变化的多次测量,如果用求差值的平均值的方法计算因变量的平均增量,就会使中间测量数据两两抵消,失去利用多次测量求平均值的意义.例如,在拉伸法测杨氏模量的实验中,当荷重均匀增加时,标尺位置读数依次为 $x_0,x_1,x_2,x_3,x_4,x_5,x_6,x_7,x_8,x_9$,如果求相邻位置改变的平均值,则有

$$\begin{aligned}\overline{\Delta x}=\frac{1}{9}[&(x_9-x_8)+(x_8-x_7)+(x_7-x_6)+(x_6-x_5)+(x_5-x_4)\\&+(x_4-x_3)+(x_3-x_2)+(x_2-x_1)+(x_1-x_0)]\end{aligned}$$

$$= \frac{1}{9}(x_9 - x_0), \qquad (2-4-5)$$

即中间的测量数据对 $\overline{\Delta x}$ 的计算值不起作用. 为了避免这种情况下中间数据的丢失,可以用逐差法处理数据.

逐差法是物理实验中常用的一种数据处理方法,特别是当自变量与因变量呈线性关系,而且自变量为等间距变化时,更有其独特的优点. 逐差法是将测量得到的数据按自变量的大小顺序排列后平分为前后两组,先求出两组中对应项的差值(即求逐差),然后取其平均值.

例如,在物理实验中测得一组相关数据 $(x_1, y_1), (x_2, y_2), \cdots, (x_k, y_k)$. 设 y 和 x 之间存在线性函数关系 $y = a + bx$, 而且数据个数 k 为偶数 $(k = 2n)$, 现将数组分成两组:

$$x_1, x_2, \cdots, x_n, x_{n+1}, x_{n+2}, \cdots, x_{2n};$$
$$y_1, y_2, \cdots, y_n, y_{n+1}, y_{n+2}, \cdots, y_{2n}.$$

利用关系式 $y_i = a + bx_i$, 将数组前后对应项相减, 则有

$$y_{n+1} - y_1 = bx_{n+1} - bx_1, \quad y_{n+2} - y_2 = bx_{n+2} - bx_2, \quad \cdots, \quad y_{2n} - y_n = bx_{2n} - bx_n,$$

再将各等式两边相加,并提出公因子 b, 可得

$$b = \frac{1}{n} \sum_{i=1}^{n} \frac{y_{n+i} - y_i}{x_{n+i} - x_i}. \qquad (2-4-6)$$

如果 x 的变化是等间距的, 即

$$x_{n+1} - x_1 = x_{n+2} - x_2 = \cdots = x_{2n} - x_n = \Delta,$$

则有

$$b = \frac{1}{n\Delta} \sum_{i=1}^{n} (y_{n+i} - y_i). \qquad (2-4-7)$$

由 $\sum_{i=1}^{2n} y_i = 2na + b \sum_{i=1}^{2n} x_i$ 可求出

$$a = \frac{1}{2n} \left(\sum_{i=1}^{2n} y_i - b \sum_{i=1}^{2n} x_i \right). \qquad (2-4-8)$$

逐差法对于等间距的线性变化测量数据处理,可以充分利用测量的所有数据,用测量平均的效应减小随机误差.

2.4.5 最小二乘法

通过实验获得测量数据后,可确定假定函数关系中的各项系数,这一过程就是求解有关物理量之间关系的经验公式. 从几何上看,就是要选择一条曲线,使之与所获得的实验数据更好地吻合. 因此,求经验公式的过程也是曲线拟合的过程.

那么,怎样才能获得正确的与实验数据吻合的最佳曲线呢? 常用的方法有两类:一是图估计法,二是最小二乘法. 图估计法是凭眼力估测图线的位置,使图线两侧的数据均匀分布,其优点是简单、直观、作图快,缺点是图线不唯一、准确性较差,有一定的主观随意性. 前面所述的图解法、逐差法都属于这一类,是曲线拟合的粗略方法.

最小二乘法是以严格的统计理论为基础,是一种科学而可靠的曲线拟合方法. 此外,它还是方差分析、变量筛选、数字滤波、回归分析的数学基础. 在此仅简单介绍其原理和对一元

线性拟合的应用.

设已知函数的形式为

$$y = kx + b, \quad (2-4-9)$$

其中，k 和 b 为两个待定的常数，称为回归系数. 由于只有一个自变量 x，因此称其为一元线性回归. 现在的问题就是如何确定 k 和 b 的值.

(1) 回归系数的确定.

实验中得到的一组数据为

$$x = x_1, x_2, \cdots, x_n, \quad y = y_1, y_2, \cdots, y_n.$$

如果在实验过程中测量的数据没有误差，则把数据代入相应的函数式(2-4-9)时，方程式左右两边应该相等. 由于在实验过程中总是有误差存在，为简化问题，假定在 x 和 y 的直接测量值中，只有 y 存在明显的随机误差，x 的误差小到可以忽略不计. 把这些不一致归结为 y 的测量偏差，以 $v_1, v_2, \cdots, v_n$ 表示. 这样，把实验数据 $(x_1, y_1), (x_2, y_2), \cdots, (x_n, y_n)$ 代入式(2-4-9)后得

$$y_i - (b + kx_i) = v_i \quad (i = 1, 2, \cdots, n). \quad (2-4-10)$$

式(2-4-10)称为误差方程组.

根据最小二乘法原理可知，当

$$\sum_{i=1}^{n} v_i^2 = \sum_{i=1}^{n} [y_i - (b + kx_i)]^2 \quad (2-4-11)$$

最小时，解出的常数 k 和 b 为最佳估计值. 要使 $\sum_{i=1}^{n} v_i^2$ 最小，必须满足下列条件：

$$\begin{cases} \dfrac{\partial (\sum_{i=1}^{n} v_i^2)}{\partial k} = 0, \\ \dfrac{\partial (\sum_{i=1}^{n} v_i^2)}{\partial b} = 0. \end{cases} \quad (2-4-12)$$

由此可以得到回归系数 k 和 b 的最佳估计值分别为

$$k = \frac{\overline{xy} - \overline{x} \cdot \overline{y}}{\overline{x^2} - \overline{x}^2}, \quad (2-4-13)$$

$$b = \overline{y} - k\overline{x}, \quad (2-4-14)$$

其中，$\overline{x} = \dfrac{1}{n}\sum_{i=1}^{n} x_i, \overline{y} = \dfrac{1}{n}\sum_{i=1}^{n} y_i, \overline{x^2} = \dfrac{1}{n}\sum_{i=1}^{n} x_i^2, \overline{xy} = \dfrac{1}{n}\sum_{i=1}^{n} x_i y_i.$

(2) 各参量的标准偏差.

测量值 y 的标准偏差为

$$\delta(y) = \sqrt{\frac{\sum_{i=1}^{n} v_i^2}{n-m}}, \quad (2-4-15)$$

其中，n 为测量的次数，m 为未知量的个数. 回归方程中有 k 和 b 两个未知量，因此 $m=2$.

k 的标准偏差为

$$\delta(k) = \frac{\delta(y)}{\sqrt{\overline{x^2} - \overline{x}^2}}, \qquad (2-4-16)$$

b 的标准偏差为

$$\delta(b) = \sqrt{\overline{x^2}} \cdot \delta(k). \qquad (2-4-17)$$

(3) 相关系数的确定.

对于任何一组测量值 $(x_i, y_i)(i=1,2,\cdots,n)$,不管 x 与 y 之间是否为线性关系,将其代入式(2-4-13)和式(2-4-14)都可以求出 k 和 b. 为了判断测量点与拟合直线之间符合的程度,以及所做的线性回归结果是否合理,需要引入线性回归相关系数的概念,相关系数以 r 表示,定义式为

$$r = \frac{\overline{xy} - \overline{x} \cdot \overline{y}}{\sqrt{(\overline{x^2} - \overline{x}^2)(\overline{y^2} - \overline{y}^2)}}. \qquad (2-4-18)$$

相关系数 r 的取值范围为 $-1 \leqslant r \leqslant 1$,当 $r > 0$ 时,回归直线的斜率为正值,称为正相关;当 $r < 0$ 时,回归直线的斜率为负值,称为负相关. $|r|$ 越接近 1 说明测量数据点越靠近回归直线,即所设定的回归方程越合理. $|r|$ 越接近零说明数据点越分散、杂乱无章,即所设定的回归方程越不合理,必须改用其他函数方程重新进行回归分析.

第三章

基础性实验

实验 3.1 数字式多用表的使用

数字式多用表是将测量的电压、电阻、电流和电容等值直接用数字显示出来的多功能测量仪表.另外,它还具有检测电路通断、测试二极管及三极管等功能,具有测量精度高、输入阻抗高、分辨力高及测量速度快、抗干扰能力强等优点,是一种多功能的精密测量工具.

【实验目的】

1. 了解数字式多用表的工作原理,掌握其使用方法.
2. 会用数字式多用表进行电压、电流、电阻和电容的测量,以及进行二极管、三极管的测试和电路通断的检测.

VICTOR8245 型数字式多用表、数字式直流稳压电源、直流分压箱、小低频电源变压器、元件盒.

1. 数字式多用表的基本构成

数字式多用表由数字式电压表、转换电路、转换开关及插孔等组成.

数字式多用表的核心是数字式电压表.数字式电压表主要由集成芯片和数字显示屏构成,在集成芯片上集成有 A/D(模/数)转换器,以及能够直接驱动数字显示屏的显示逻辑电路,在集成芯片周围配有相关的电阻器和电容器等外围元件.

A/D 转换器是数字式电压表的核心,它决定了数字式多用表的基本技术性能,不同的 A/D 转换器构成了不同原理的数字式多用表.数字式多用表通常采用的是双积分式 A/D 转换器,双积分式属于间接转换型,它把输入的模拟电压与参考电压进行比较,通过两次积分过程转换为两个时间间隔的比较,由此将模拟电压转换为与其平均值成正比的时间间隔,然后用时钟脉冲计数器测量这一时间间隔,所得的数值即为 A/D 转换的结果.

因为数字式多用表测量的基本量是直流电压,所以交流量及 R,C 等参数的测量首先要通过转换电路转换成直流电压后,再送入数字式电压表进行测量.数字式多用表的转换电路一般采用有源器件组成的网络电路来实现,具有较高的线性度和准确度.

数字式多用表的面板右侧有"COM""VΩ""mA"和"10 A"插孔,均为测量表笔的插孔,其中,"COM"插孔是公用端(模拟地端),为黑表笔插孔;当测量电压、电阻时,红表笔应插入"VΩ"插孔;而当测量毫安量级小电流时,红表笔应插入"mA"插孔,当测量安培(Ampère)量级大电流时,红表笔应插入"10 A"插孔.另外,有些多用表还设有测量电容,以及测试二极管和三极管的专用插孔.

2. "××位多用表"的含义

通常用"××位"来说明数字式多用表完整显示数字位数的多少.显示位数是多用表的技术性能的重要指标之一,通常以多用表所能显示的位数表示其性能的高低.

数字式多用表的显示位数通常为 $3\frac{1}{2}$ 位、$3\frac{2}{3}$ 位、$3\frac{3}{4}$ 位、$4\frac{1}{2}$ 位、$4\frac{3}{4}$ 位、$5\frac{1}{2}$ 位、$6\frac{1}{2}$ 位、$7\frac{1}{2}$ 位和 $8\frac{1}{2}$ 位9种,其中,显示位数为 $3\frac{1}{2}$ 位、$4\frac{1}{2}$ 位、$5\frac{1}{2}$ 位、$6\frac{1}{2}$ 位、$7\frac{1}{2}$ 位和 $8\frac{1}{2}$ 位的数字式多用表通常被称为3位半、4位半、5位半、6位半、7位半及8位半数字式多用表.

数字式多用表的显示位数中有整数位和分数位,其整数位是指多用表能显示从 $0\sim 9$ 中所有数字的位数;而分数位中的分子是指多用表的最大显示值中的最高位的数字,分母则是指多用表满量程时最高位的数字.例如,本实验中所采用的多用表,能显示从 $0\sim 9$ 中所有数字的位数为4位,故整数位为4;其最大显示值为19 999,最高位数字为1,故分数位中的分子为1;其量程为20 000,最高位数字为2,故分数位中的分母为2.所以多用表的显示位数为 $4\frac{1}{2}$ 位,称为4位半数字式多用表.

通常数字式多用表的显示位数越多,其性能越好,即分辨能力越高、输入阻抗越大、测量速度越快、测量越准确.例如,3位半和4位半数字式多用表的测量准确度分别为 $\pm 0.5\%$ 和 $\pm 0.3\%$,而8位半数字式多用表的测量准确度可达 $\pm 0.000\ 06\%$.

3. 多用表测电压、电流

测量电压或电流时需要注意区分交流和直流,选对合适的测量挡,并根据待测量选择红表笔插孔的位置.测量电压时要将多用表并联接入电路;测量电流时尤其要注意,将多用表接入电路之前务必先断开电路,然后再将多用表串联接入电路.

采用其他型号的需手动调节量程的数字式多用表,在进行电压、电流测量时,如果事先估测不出待测电压、电流的大小,应先将转换开关旋至最高量程测试一次,然后根据实际情况选择合适的量程.

为防止电弧打火,损坏多用表,多用表在测量中严禁进行挡位的切换.

4. 多用表测电阻、电容

测量电阻时,一定注意要先将待测元件从电路中断开,然后再进行测量.测量低值电阻时,应首先将两表笔短接,测出短接阻值,然后再进行测量,测量值减去短接阻值才是实际的阻值.

测量电容时,一定注意要先对电容器进行放电,然后再进行测量.

严禁在被测线路带电的情况下测量电阻;严禁在电容带电(未放完电)的情况下测量电容,因为这相当于给多用表的输入端外加一个测试电压,不仅使测量结果失去意义,而且极易损坏多用表.

5. 多用表检测电路通断

数字式多用表专门设置了蜂鸣器,用于检测电路的通断.当被检测电路两点之间的电阻小于 30 Ω 时,蜂鸣器便会发出声响.因此操作者在检测时不必观察显示值,只需注视被检测电路和表笔,通过听蜂鸣器有无发声即可判定电路的通断,操作简便易行,大大缩短了检测时间.

需注意的是,被检测电路必须在切断电源的情况下检测通断,因为任何负载上的电压信号都会使蜂鸣器发声,导致判断错误.

6. 多用表测试二极管

二极管是具有单向导电性的半导体元件,两端分别由 p 型掺杂的半导体和 n 型掺杂的半导体组成,在两种半导体中间会形成一个 pn 结.由于结电场的存在,pn 结在 p 端接正电压、n 端接负电压时可以正常导通,反之则电阻无穷大,完全不导通,此即二极管的单向导电性.发光二极管(LED)是正向导通时会发光的二极管,在现代信号指示和照明方面应用广泛.

二极管导通需要至少 1 V 左右的电压,不能直接用多用表电阻挡测试二极管是否导通.

7. 多用表测试三极管

三极管全称为半导体三极管,也称为双极型晶体管或晶体三极管,是半导体基本元件之一,具有电流放大作用,是电子电路的核心元件.三极管是在一块半导体基片上制作两个相距很近的 pn 结,两个 pn 结把整块半导体分成三部分,中间部分是基极,两侧部分分别是发射极和集电极,排列方式有 pnp 型和 npn 型两种,如图 3-1-1 所示.本实验中要求用数字式多用表找出三极管的基极,并判定其类型(npn 型或 pnp 型).

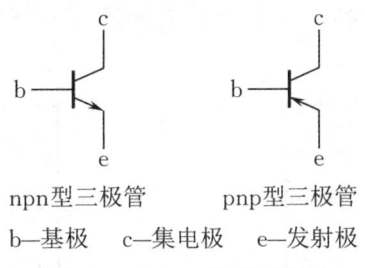

npn 型三极管   pnp 型三极管

b—基极   c—集电极   e—发射极

图 3-1-1 三极管示意图

npn 型三极管的基极 b 为 p 型半导体,pnp 型三极管的基极 b 为 n 型半导体,b 与 c,b 与 e 之间均为具有单向导电性的二极管,因此应使用二极管挡来测试三极管.

仪器介绍

VICTOR8245 型数字式多用表如图 3-1-2 所示,是一款带 USB 电脑接口、存储、时钟显示、方波输出、真空荧光显示(VFD)、可自动转换量程的 4 位半数字式按键台表,性能稳定、用 AC220V 供电驱动,整机以大规模集成电路的双积分式 A/D 转换为核心,具有自动和手动选择功能.台表采用 140 mm×140 mm VFD(真空荧光显示屏),读数清晰,可用来检测电路通断,测试二极管,测量交流电压、直流电压、交流电流、直流电流、电阻、电容、温度、频率和占空比等,具有数据保持等功能.

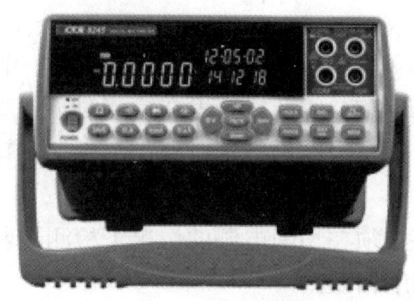

图 3-1-2 VICTOR8245 型数字式多用表

数字式直流稳压电源:该直流稳压电源将"220 V,50 Hz"的交流电经变压、整流滤波和稳压后,输出 0~30 V 的直流电压,由发光二极管组成的数显窗显示输出电压值,调节电压粗调开关和微调旋钮可改变输出电压.

直流分压箱:该直流分压箱主要由精密线绕电阻和转换开关构成.输入端接入一直流高电压,经分压箱的电阻分压后,输出端输出一直流低电压.

小低频电源变压器:该电源变压器由初级线圈和次级线圈及硅钢片铁芯组成.初级线圈接 220 V 交流电,经降压后,在次级线圈上输出 10 V 以下的交流低电压.

元件盒 1 的内部元件分布如图 3-1-3 所示,上边左右两侧各有一个接线柱,左侧中下部有一个接线孔,左侧的接线柱和接线孔之间连接一个 1 Ω 的标准电阻,接线孔和右侧接线柱之间连接一个小灯泡.

元件盒 2 的管脚分布如图 3-1-4 所示,两边各有 4 个接线孔,中间靠上有 3 个接线孔,其中,1,2 接线孔之间连接一电容,3,4 接线孔之间连接一红色 LED,A,B,C 接线孔之间连接一个三极管.

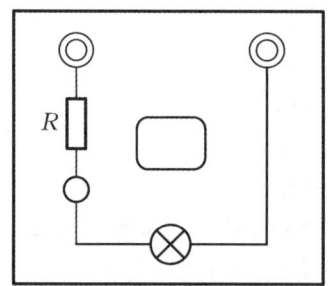

图 3-1-3　元件盒 1 的内部元件分布

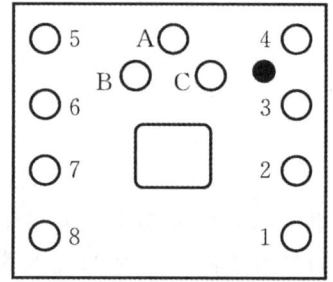

图 3-1-4　元件盒 2 的管脚分布

1. 测量电阻

按下多用表面板上的"Ω"按键,红表笔插入"VΩ"插孔.将两表笔分别接小灯泡的两端,系统自动选挡,在数字显示屏上即可读出被测阻值.

测量直流分压箱输入端的阻值.采用同样的步骤,分别测量分压比为 ×10,×100,×200 和 ×500 时直流分压箱输出端的阻值.

2. 测量交流电压

接通小低频电源变压器,读取其输出端的输出电压标称值.按下多用表面板上的"V"按键,屏幕左侧显示"AC"(如果显示"DC",则需再次按下"V"按键),红表笔插入"VΩ"插孔.把两表笔并联在小低频电源变压器的两个输出端,在数字显示屏上即可读出被测电压值.如果所显示的电压值低于 220 mV,则需切换到"mV"挡进行精确测量.

用导线将小低频电源变压器的两个输出端分别和元件盒 1 上边左右两侧的两个接线柱相连,小灯泡亮.测量此时 1 Ω 标准电阻两端和小灯泡两端的电压(具体步骤同"小低频电源变压器"输出电压的测量,注意切换挡位).依照小灯泡和 1 Ω 标准电阻的分压,计算小灯泡此时的电阻和电路中的电流.

3. 测量直流电压

接通数字式直流稳压电源,调节其输出电压,使其显示"5.0 V",即标称电压值.

按下多用表面板上的"V"按键,屏幕左侧显示"DC"(如果显示"AC",则需再次按下"V"按键),红表笔插入"VΩ"插孔.把两表笔并联在数字式直流稳压电源的两个输出端,在数字显示屏上即可读出被测电压值.如果所显示的电压值低于 220 mV,则需切换到"mV"挡进行精确测量.

将数字式直流稳压电源的输出端与直流分压箱的输入端相连,分别测量分压比为 ×10,×100,×200 和 ×500 时直流分压箱输出端的输出电压值(具体步骤同"数字式直流稳压电源"输出电压的测量,注意切换挡位).

用导线将数字式直流稳压电源(仍然为 5.0 V)的两个输出端分别和元件盒 1 上边左右两侧的两个接线柱相连,小灯泡亮.测量此时 1 Ω 标准电阻两端和小灯泡两端的电压(具体步骤同"数字式直流稳压电源"输出电压的测量,注意切换挡位).依照小灯泡和 1 Ω 标准电阻的分压,计算小灯泡此时的电阻和电路中的电流.

4. 检测电路通断

按下多用表的标有蜂鸣器符号的按键,红表笔插入"VΩ"插孔,检测元件盒 2 左边 5,6,7,8 四个接线孔中的哪些接线孔之间导通,哪些接线孔之间不导通.

5. 测试二极管

观察元件盒,找到元件盒 2 中 LED 对应的两个接线孔,按下多用表面板上标有二极管符号的按键,红表笔插入"VΩ"插孔.测试二极管如何才能导通,导通时 LED 会发光,多用表此时显示二极管 pn 结导通电压,单位为 V.根据导通情况,判断二极管的两个接线孔中的哪个是 p,哪个是 n.

6. 测试三极管

观察元件盒 2 中三极管的位置,找到 A,B,C 三个接线孔,按下多用表面板上标有二极管符号的按键,红表笔插入"VΩ"插孔.用多用表的二极管挡测试,判断三个接线孔中的哪个是三极管的基极 b,并判断三极管是 pnp 型还是 npn 型.

7. 测量电容

观察元件盒,找到元件盒 2 中电容对应的两个接线孔,测量之前先将电容的两极板短接一下,以保证测量时电容器不带电.

测量电容时,按下多用表面板上标有电容符号的按键,红表笔插入"VΩ"插孔.用红、黑表笔连接待测电容,系统自动选挡,在数字显示屏上即可读出被测电容值.

表 3-1-1 测量电阻

小灯泡的阻值	$R=$ （　　）				
分压箱输入电阻 $R=$ （　　）	分压箱输出电阻	×10 挡	×100 挡	×200 挡	×500 挡
		（　　）	（　　）	（　　）	（　　）

表 3-1-2 测量交流电压

小低频电源变压器输出电压	标称值 $V=$ （　　）;实测值 $V=$ （　　）
接通小灯泡	1 Ω 标准电阻两端电压 $V=$ （　　）;小灯泡两端电压 $V=$ （　　）
	计算电路电流和小灯泡电阻:电流 = （　　）;电阻 = （　　）

表 3-1-3 测量直流电压

数字式直流稳压电源输出电压	标称值 $V=$ （　　）;实测值 $V=$ （　　）		
直流分压箱输出电压	×10 挡	×100 挡	×200 挡	×500 挡
	（　　）	（　　）	（　　）	（　　）
接通小灯泡	1 Ω 标准电阻两端电压 $V=$ （　　）;小灯泡两端电压 $V=$ （　　）		
	计算电路电流和小灯泡电阻:电流 = （　　）;电阻 = （　　）		

表 3-1-4 检测电路通断

通或断	5,6 孔	5,7 孔	5,8 孔	6,7 孔	6,8 孔	7,8 孔

表 3-1-5 测试二极管

待测二极管	二极管 p 为接线孔（　　），n 为接线孔（　　），导通电压 $V=$ （　　）

表 3-1-6 测试三极管

待测三极管	A,B 导通情况（是　否）	B,C 导通情况（是　否）	A,C 导通情况（是　否）
	A(红,黑),B(红,黑)	B(红,黑),C(红,黑)	A(红,黑),C(红,黑)
	导通电压 $V=$ （　　）	导通电压 $V=$ （　　）	导通电压 $V=$ （　　）
	三极管基极 b 是哪个接线孔（A　B　C）,三极管类型（pnp　或　npn）		

表 3-1-7 测量电容

待测电容	测量值 $C=$ （　　）

注意事项

1. 元件盒 1 内部所接 1 Ω 电阻为标准电阻.
2. 测试二极管和三极管时务必使用二极管挡来进行测量.
3. 测量元件的电阻时,必须在元件不带电的状态下进行.
4. 测量电容之前必须先对电容器进行放电.

思考题

1. 说出 4 位半多用表中每个数字的含义.
2. 多用表电流挡为什么容易烧坏?
3. 实验中如何判断三极管是 pnp 型还是 npn 型?
4. 小灯泡在通电和不通电状态时的阻值是否相同?

实验 3.2 示波器的使用

引　言

示波器是一种用途广泛的电子测量仪器,用它能直接观测电压随时间变化的函数图像,还能测量电压的大小、频率、相位和其他变化规律.凡是能转化为电压信号的电学量和非电学量,它们随时间变化的过程都可以用示波器进行观察和分析.

示波器将人眼无法直观看到的电子束运动轨迹、状态和电信号的瞬时变化信息通过内部处理后,以图形、曲线、数据域参数或字符的形式清楚直观地展现在屏幕上,从而转变为人眼可以直观看到的图像或文字.通过运用一系列的测量传感器,利用示波器可以便捷直观地观察、记录和探究各类电学量及非电学量随时间变化的过程.示波器已经成为电子行业发展和科学研究工作中不可或缺的工具.

实验目的

1. 了解示波器的基本结构和工作原理.
2. 学会用示波器测量待测电压信号的幅值.
3. 学会用示波器观察待测电压信号的波形和李萨如图形.
4. 学会用李萨如图形法测定待测正弦电压信号的频率.

实验仪器

双踪示波器、UTG2000A 系列双通道函数/任意波形发生器、小信号源(小型示波器).

实验原理

示波器有各种型号,面板形状也不相同,其基本结构包括两大部分:示波管和控制示波管工作的控制电路.控制电路中有衰减系统、放大器、扫描发生器(锯齿波发生器)、触发同步电路和电源等.示波器的电路结构框图如图 3-2-1 所示.示波器的电路组成是复杂多样的,这里仅对其主要部分进行简单介绍.

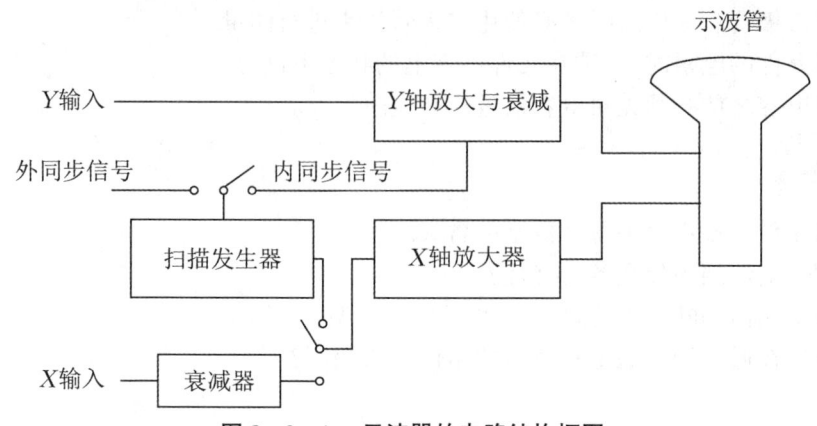

图 3-2-1 示波器的电路结构框图

1. 示波管的基本结构

示波管是构成示波器的主要器件,是一个被抽成高真空的喇叭形玻璃管,主要由电子枪、偏转系统及荧光屏三部分构成,如图 3-2-2 所示.

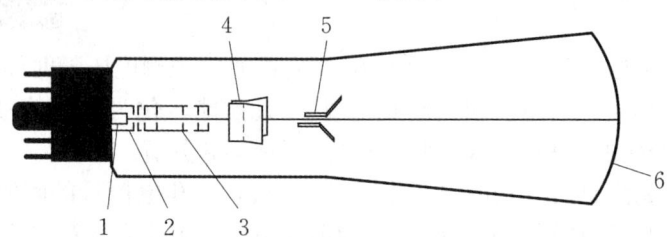

1—阴极；2—控制栅极；3—聚焦电极；4—X 偏转板；
5—Y 偏转板；6—荧光屏.

图 3-2-2 示波管的结构图

(1) 电子枪.

它由灯丝、阴极、控制栅极和聚焦电极组成.灯丝通电后加热阴极.阴极是一个表面涂有氧化物(如氧化钍)的金属圆筒,被加热后发射电子.控制栅极是一个顶端有小孔的圆筒,套在阴极外面,其电势比阴极低,对阴极发射出来的电子起控制作用,只有初速度较大的电子才能克服控制栅极与阴极之间的电场,穿过控制栅极顶端的小孔,然后在阳极(聚焦电极)的加速下射向荧光屏,因此控制栅极主要用于控制从阴极发射出来的电子流密度,从而控制荧光屏上的光斑亮度.聚焦电极由第一阳极和第二阳极组成,第一阳极和第二阳极都是圆筒形电极.当控制栅极、第一阳极、第二阳极之间的电势调节合适时,电子枪内的电场分布对电子束起到聚焦作用.所以第一阳极又称为聚焦阳极.第二阳极的电势更高,又称为加速阳极.适当调节第一阳极和第二阳极之间的电势,可使电子束正好聚焦在荧光屏上,得到清晰的亮点.

(2) 偏转系统.

示波管内设置了一对 X 偏转板和一对 Y 偏转板,其中,任何一对偏转板的两板之间所加的电压都在电子束前进方向的垂直方向上产生一个电场,使电子受力发生偏转,因此电子束的撞击点会偏离荧光屏中心,且偏离的大小与加在偏转板上的电压成正比. X 偏转板与 Y 偏转板相互垂直,因此改变加在偏转板上的电压可使光点到达荧光屏上的任何位置. 在任一时刻,荧光屏上光点的坐标 x,y 均与相应的偏转板上的电压 V_x,V_y 成正比.

(3) 荧光屏.

在示波管前面的玻璃内壁上,涂有一层荧光粉,当它受到具有一定能量的电子束轰击时就会发光,从而显示出电子束的位置. 光点的亮度取决于电子束的电子流密度和电子速度. 电子束停止作用以后,荧光粉的发光需要经过一定的时间才能熄灭,称为余辉现象. 不同材料荧光粉的发光颜色不同,余辉时间也不同.

使用示波器时要注意:不能让电子束长时间停留在荧光屏上的某一点,因为电子束打在荧光屏上使其发光的同时还会产生大量的热,从而减弱荧光物质的发光效率,严重时会把荧光屏上的荧光粉烧成黑色,在荧光屏上形成黑点.

2. X,Y 轴信号放大 / 衰减器

示波管本身相当于一个多量程的电压表,这一作用是靠信号放大器实现的. 因为示波器自身的 X 偏转板和 Y 偏转板的灵敏度不够高,所以当加到偏转板上的信号较弱时,电子束不能发生足够的偏转,导致荧光屏上光点的位移太小,不方便观测. 而 X,Y 轴信号放大器的设置,能预先把弱的电压信号放大,然后加到偏转板上. 当输入的电压信号过强时,信号放大器无法正常工作,甚至可能受损,可以在输入端和信号放大器之间设置衰减器(分压器),将过强的输入电压信号衰减,以满足信号放大器的电压信号输入要求.

3. 扫描发生器与波形显示原理

如果只在 Y 偏转板上加一个交变电压信号 $V_y(t)$,则荧光屏上的光点将在 Y 轴方向上振动,其振幅与电压信号的幅值 V_m 成正比,其振动频率与电压信号的频率 f_y 相同. 例如,在 Y 偏转板上加正弦交变信号,则荧光屏上的光点在 Y 轴方向上做简谐振动. 如果外加交变电压信号的频率大于 10 Hz,则由于视觉暂留和荧光余辉,人眼将无法看清这种极快的振动,只能在荧光屏上观察到一条 Y 轴方向的亮线,如图 3-2-3 所示.

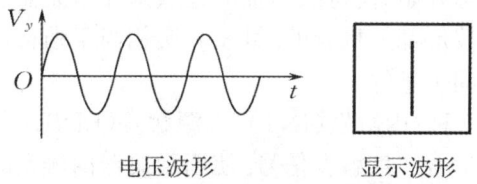

电压波形　　　　显示波形

图 3-2-3　只在 Y 偏转板上加电压的情形

示波器具有幅值固定的电压校准信号,可对荧光屏上的刻度进行校准,依据校准的刻度测量外加信号的大小,可以求得外加交变电压信号的幅值.

为了观测交变电压信号的波形,必须使电子束的光点在 Y 轴方向上的运动沿 X 轴展开. 为此,必须同时在 X 偏转板上加一个随时间均匀增大的周期性电压信号,这种电压称为线性扫描电压,它随时间的变化关系图像形同锯齿,故又称为锯齿波电压. 线性扫描电压由扫

描发生器产生,其作用是使电子束的光点匀速地从荧光屏的左边移动到右边(X 轴方向),然后迅速返回左边,接着又从左边移动到右边 …… 光点的这种运动称为扫描.这样,电子束的垂直偏转正比于$V_y(t)$,而水平偏转正比于t,光点描绘出一个电压$V_y(t)$随时间t变化的图像,即$V_y(t)$信号的波形.如果扫描信号的频率与外加信号的频率相同且两信号同步,则荧光屏上将显现出外加信号的一个稳定的完整波形(见图3-2-4).如果扫描信号的频率为外加信号频率的$1/n$且两信号同步,则荧光屏上将显现出外加信号的n个稳定的完整波形.示波器可提供频率可变的线性扫描电压信号.

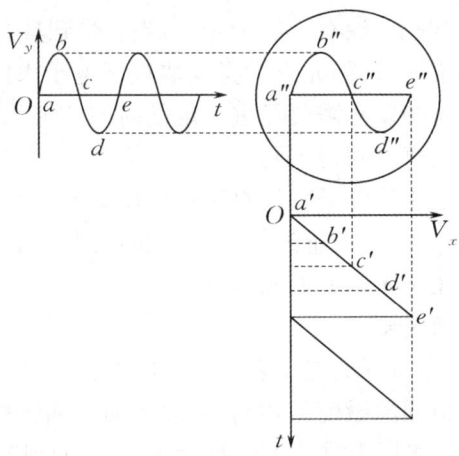

图3-2-4 示波器显示正弦波的原理图

4. 触发同步电路与同步原理

如果所加正弦电压和锯齿波电压的频率稍有不同(且不为整数倍关系),荧光屏上就会出现移动着的不稳定图像.要显示n(n为整数)个稳定的完整波形,必须保证Y轴待测信号频率为X轴扫描信号频率的n倍,即两信号同步(n阶同步).但此条件很难实现,因为待测信号是从示波器的外部输入的,而扫描信号是示波器内的扫描发生器产生的,两者相互独立,它们之间的频率比不会自然满足简单的整数比.为此,示波器引入了触发技术,触发就是强行使Y轴待测信号与X轴扫描信号同步的技术.该技术利用一个电压触发条件,即触发电平,不满足触发条件时不启动扫描,等待触发条件满足时产生触发信号后再启动扫描.这就使每次扫描都从同一个状态开始,使每次扫描的起点都在示波器上的同一点,从而保证示波器屏幕上每次扫描画出的波形都是重合的.触发其实相当于强行裁去待测信号的一部分,使剩余部分与扫描信号满足同步条件.

示波器的触发通常有3种:内触发(INT)、电源触发(LINE)和外触发(EXT).内触发是示波器内部自身根据待测信号产生触发信号.使用示波器内触发时可以调节触发电平,即当待测信号达到这个电压时产生触发信号启动扫描,对双踪示波器(可以同时显示两个不同的待测信号)或多踪示波器内触发还可以选择以哪个待测信号作为触发参考信号.内触发是示波器最常用的触发类型.电源触发使用交流电源频率信号作为触发信号,这种方法常用于测量与交流电源频率有关的信号,特别是在测量音频电路、闸流管的低电平交流噪声时更为有效.外触发使用外加脉冲信号,将其加在示波器触发端口上作为触发信号,在捕捉一些转瞬即逝的瞬时信号时应用最多.

5. 李萨如图形的基本原理与频率测量

李萨如图形是由两个相互垂直的简谐振动合成所得的图形. 在示波管的 Y 偏转板和 X 偏转板上均加上正弦电压信号,则荧光屏上光点的运动轨迹就是李萨如图形. 如果两个信号的频率比为简单的整数比,则荧光屏上将形成稳定的李萨如图形. 如果两个信号的频率不成简单的整数比关系,图形将十分复杂,甚至模糊一片. 图 3-2-5 所示为当 Y 偏转板上的正弦信号频率 f_y 与 X 偏转板上的正弦信号频率 f_x 之比为 2∶1 时的李萨如图形. 频率比不同时将出现不同的李萨如图形,图 3-2-6 所示为频率成简单的整数比关系时的几种李萨如图形.

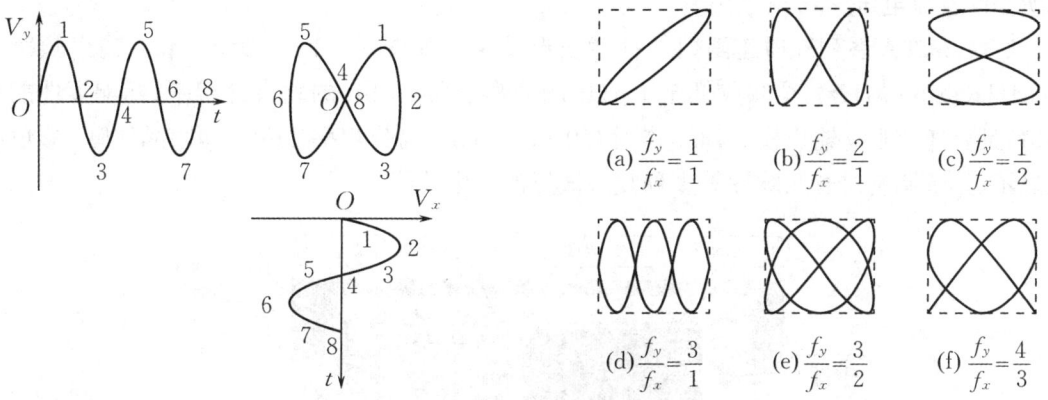

图 3-2-5 $f_y:f_x=2:1$ 时的李萨如图形

图 3-2-6 $f_y:f_x=n_y:n_x$ 时的李萨如图形

李萨如图形的形成具有如下特性:任何稳定的李萨如图形,其形成图形的两个信号频率之比 $\dfrac{f_y}{f_x}$ 等于图形在 y 方向上(一侧)的极大值个数 n_y 与在 x 方向上(一侧)的极大值个数 n_x 之比 $\dfrac{n_y}{n_x}$,即

$$\frac{f_y}{f_x}=\frac{n_y}{n_x}.$$

如图 3-2-5 所示的李萨如图形在 y 方向上(一侧)的极大值个数为 2,在 x 方向上(一侧)的极大值个数为 1,故 $\dfrac{f_y}{f_x}=\dfrac{n_y}{n_x}=\dfrac{2}{1}$.

通过李萨如图形,可以用示波器测量待测正弦信号的频率. 将待测正弦信号加到 Y 偏转板上,将频率可变的标准正弦信号加到 X 偏转板上,调节标准正弦信号的频率,使荧光屏上形成稳定的李萨如图形,读取图形的极大值个数 n_y 和 n_x,可得待测正弦信号的频率为 $f_y=f_x\dfrac{n_y}{n_x}$. 例如,如果形成图 3-2-5 中的李萨如图形,且测得标准正弦信号的频率 $f_x=25$ Hz,则待测正弦信号的频率为 $f_y=2\times 25$ Hz$=50$ Hz.

仪器介绍

双踪示波器由垂直放大系统、水平放大与扫描系统、示波管显示系统和电源组成,其中,垂直放大系统有调节信号的"伏/格(VOLTS/DIV)"选择功能,用于控制荧光屏上所显示的 Y 轴信号的大小;水平放大与扫描系统具有"时间/格(TIME/DIV)"选择和"伏/格(VOLTS/DIV)"选择功能,用于控制扫描信号频率或控制荧光屏上所显示的 X 轴信号的大小;示波管显示系统提供示波管各极的电压,这里,"聚焦(FOCUS)"和"辉度(INTEN)"功能用于控制荧光屏上光点的大小和亮度,"◀▶POSITION"选择和"▲▼POSITION"选择功能分别用于控制荧光屏上光点的水平位置和垂直位置;示波器的电源则用于提供各个系统所需的直流电压.

UTG2000A 系列双通道函数/任意波形发生器如图 3-2-7 所示,最大输出频率为 25 MHz(或 60 MHz),全频段低至 1 μHz 的分辨率和 14 bit 的垂直分辨率;标配等性能双通道,且有通道独立输出模式;4.3 英寸(约 10.92 cm)高分辨率 TFT(薄膜晶体管)彩色液晶显示;具备调制、扫频、脉冲等多种复杂波形的产生功能.

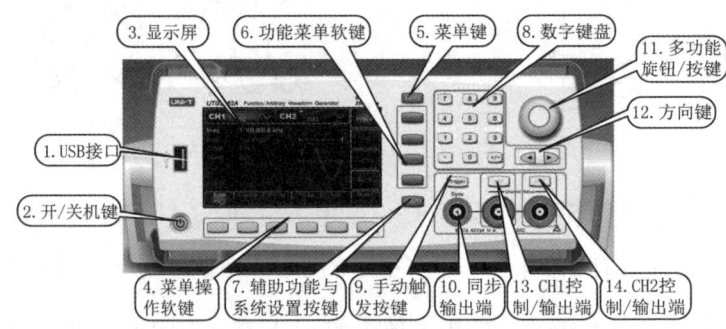

图 3-2-7　UTG2000A 系列双通道函数/任意波形发生器

小信号源(小型示波器)用于输出待测交流信号(由同轴电缆信号线连接在小信号源后面输出产生).

实验内容

1. 测量待测信号的幅值

(1) 按下示波器的开关,指示灯亮,示波器开启.

(2) 示波器两个输入端都不接信号,将"时间/格(TIME/DIV)"旋钮逆时针旋到底至 $X-Y$,荧光屏上呈现一亮点.

(3) 调节"◀▶POSITION"旋钮和"▲▼POSITION"旋钮,使亮点居中;调节"聚焦(FOCUS)"旋钮和"辉度(INTEN)"旋钮,使亮点大小适中、亮度适中.

(4) 将小信号源上的待测信号用信号线输入至示波器的"输入 Y"端,荧光屏上呈现一竖亮线.

(5) 调节"伏/格(VOLTS/DIV)"旋钮上的小微调旋钮,将其顺时针旋到底.

(6) 调节"伏/格(VOLTS/DIV)"旋钮,选择合适的灵敏度格值,测读出亮线长度所占格数.

(7) 求出待测信号电压峰峰值及幅值.

2. 测绘待测信号波形

(1) 将工作模式(MODE)拨到"CH2"处,触发源选择"CH2",触发方式选择"AUTO",调节"时间/格(TIME/DIV)"旋钮,使荧光屏上出现信号波形.

(2) 调节"LEVEL"旋钮,使荧光屏上出现稳定的信号波形.

(3) 测绘待测信号两个周期的完整波形.

3. 测量待测信号的频率

(1) 开启UTG2000A系列双通道函数/任意波形发生器,按下"CH1"按键,CH1信息标签高亮,此时参数列表显示CH1的相关信息.

(2) 依次按下"MENU""波形""参数"和"幅度"按键,屏幕上出现幅度标签(如果按下"参数"按键后,屏幕上没有出现幅度标签,则需要再次按下"参数"按键进行下一屏的子标签显示),使用数字键盘输入数字4,再按下方的单位按键"V_{pp}".

(3) 依次按下"MENU""波形""参数"和"频率"按键,屏幕上出现频率标签(如果按下"参数"按键后,屏幕上没有出现频率标签,则需要再次按下"参数"按键进行下一屏的子标签显示),使用数字键盘输入数字50,再按下方的单位按键"Hz".

(4) 用信号线将"CH1"输出端口与示波器的"输入X"端相连,将示波器的"时间/格(TIME/DIV)"旋钮逆时针旋到底至X-Y,则UTG2000A系列双通道函数/任意波形发生器输出的标准正弦信号加到示波器X偏转板上,荧光屏上形成李萨如图形.

(5) 调节"◀▶ POSITION"旋钮和"✦ POSITION"旋钮,使李萨如图形居中;调节CH1"伏/格(VOLTS/DIV)"旋钮和CH2"伏/格(VOLTS/DIV)"旋钮,使李萨如图形大小适中.

(6) 依次按下"MENU""波形""参数"和"频率"按键,屏幕上出现频率标签,调节右上方的"多功能旋钮",改变频率大小,示波器将出现不同形状的李萨如图形.

(7) "多功能旋钮"下方有一对分别标有左右朝向箭头的方向键,可用来移动光标到数字的不同位数,调整不同位数的数字的大小,可以实现频率的粗调或细调.

调节左右朝向箭头的方向键和"多功能旋钮",使示波器荧光屏上形成极大值数之比$\frac{n_y}{n_x}$分别为$\frac{1}{1}$,$\frac{1}{2}$,$\frac{2}{1}$,$\frac{2}{3}$和$\frac{3}{2}$的稳定的李萨如图形.

(8) 分别测读标准信号的频率值f_x,求出待测信号的频率值f_y,并求出待测信号频率测量值的算术平均值$\overline{f_y}$.

表3-2-1 待测信号电压幅值的测量

垂直灵敏度/(V/DIV)	待测信号电压格数/DIV	电压峰峰值/V	电压幅值/V

注意:CH2"伏/格(VOLTS/DIV)"旋钮上的小微调旋钮必须顺时针旋到底.

表 3-2-2　待测信号波形的测绘

两个周期的完整波形	

要求：画出坐标轴，波形用平滑的曲线画整齐，并标明 x 轴和 y 轴.

表 3-2-3　待测信号频率的测量

图形极大值个数之比 $n_y:n_x$	1∶1	1∶2	2∶1	2∶3	3∶2
李萨如图形					
信号发生器显示的标准信号频率 f_x/Hz					
计算所得的待测信号频率 f_y/Hz					
待测信号频率测量值 f_y 的算术平均值 $\overline{f_y}=$		（　　）			

待测信号电压的函数表达式为 $V_t=V_m \sin 2\overline{f_y}\pi t=$ ＿＿＿＿＿．

1. 示波器属于热电子仪器，要避免频繁开机、关机，否则易损坏仪器.
2. 荧光屏上亮斑（或图线）不能过亮，且不应使亮斑长时间停留在某一点，否则容易损坏荧光屏.
3. "输入 Y" 端电压不能太高，以免仪器损坏.
4. 示波器应该与被测试设备共接同一个地线，否则可能会出现干扰或损坏设备.
5. 在将示波器与被测试设备连接之前，必须先关闭电源并检查所有电缆线是否正确连接.

1. 用示波器观察波形时，如果荧光屏上什么也看不到，可能是什么原因导致的？
2. 若"输入 Y" 端有信号，但荧光屏上只有一条垂直亮线，可能是什么原因导致的？
3. 如果显示的波形在水平方向上持续移动，可能是什么原因导致的？如何调节可解决此问题？

实验 3.3　表面张力系数的测定

液体表面总是存在着使液面张紧且向液体内收缩的力，称为表面张力. 液体的许多现象，如毛细现象、润湿现象、泡沫的形成等，都与表面张力有关. 表面张力系数是液体表面的重要力学性质，对于不同种类的液体，其表面张力系数不同，而对于同一种液体，其表面张力

系数随着温度及其所含杂质的改变而增大或减小. 液体的这一性质被广泛应用于工业生产中,浮法选矿、液体的传输技术、化工生产线的设计等都需要对液体的表面张力进行研究.

测量液体表面张力系数的方法有很多,本实验介绍拉脱法.

实验目的

1. 学习硅压阻力敏传感器的定标方法.
2. 学习 HLD-LST-Ⅱ 型液体表面张力系数测定仪的使用方法.
3. 学习用拉脱法测量室温下液体的表面张力系数.

实验仪器

HLD-LST-Ⅱ 型液体表面张力系数测定仪、片状砝码、砝码吊盘、铝合金吊环、吊盘、玻璃器皿、镊子等.

实验原理

1. 液体的表面张力

液体内部每个分子四周都被同类分子包围,它所受到周围分子的合力为零. 但处于液体表面层内的分子,由于液面上方为气体,分子数目稀少,因此表面层内每个分子受到向上的引力比向下的引力小,合力不为零,所以液体表面处于张紧状态,如图 3-3-1 所示. 这个合力垂直于液体表面并指向液体内部,使液体表面的分子有挤入液体内部的倾向. 从宏观上来看,这就使液体表面有收缩的趋势,即液体表面好像是一张被拉紧的橡皮薄膜. 我们把这种沿着液体表面使液面收缩的力称为表面张力. 表面张力的存在使液体产生许多特有现象,如润湿现象、毛细现象、水面波的传播等. 表面张力类似于固体内部的拉伸应力,只不过这种应力存在于极薄的表面层内,不是由弹性形变所引起的,而是液体表面层内分子力作用的结果. 表面张力的大小可以用表面张力系数来描述.

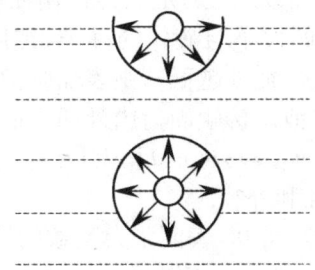

图 3-3-1 分子受力示意图

液体的表面张力系数是表征液体性质的一个重要参数. 测量液体的表面张力系数的方法有很多,如拉脱法、毛细管法、最大气泡法等. 拉脱法是测量液体表面张力系数常用的方法之一,本实验采用拉脱法测量蒸馏水的表面张力系数.

表面张力的量级一般很小,测量必须使用精密的力敏传感器. 目前,力敏传感器主要有半导体压阻效应传感器和金属箔应变片传感器两类,这两类传感器都是利用压力产生阻值变化,再将阻值变化转变为电压信号. 半导体压阻效应传感器是利用半导体材料的阻值随其表面压力(张力)变化灵敏的特性制成的,而金属箔应变片则是在玻璃或有机塑料衬底上蒸镀一层迷宫样式的带状金属箔,将衬底贴于形变体上时,若形变体受力产生形变,则会导致应变片带状金属箔拉长或者缩短,从而引起阻值变化.

拉脱法测量表面张力系数实验是将金属圆环浸入液体中,然后慢慢下移盛液体的玻璃皿,这相当于将金属圆环慢慢拉出液面,此时在圆环表面附近的液面处会产生一个沿着液面的切线方向的表面张力.由于表面张力的作用,金属圆环会带起一个液膜,如图3-3-2所示.

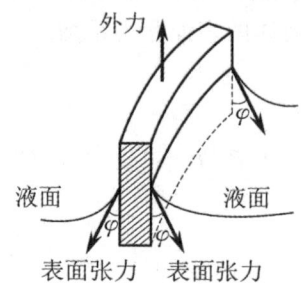

图 3-3-2 液体的表面张力

液体表面的切线与圆环表面之间的夹角 φ 称为接触角(或润湿角).将圆环缓慢拉出液面时,表面张力的方向随液面的改变而改变,接触角 φ 逐渐趋于零.因此,设表面张力 $F_合$ 的方向趋于竖直向下,在液膜将要破裂前各力平衡的条件为

$$F' = mg + F_合, \qquad (3-3-1)$$

其中,F' 为圆环拉出液面时所受到的向上的拉力,即实验中力敏传感器测得的拉力;mg 为圆环和它所黏附液体的总重量;$F_合$ 为金属环与液体接触的总表面张力.

物体在液体表面拉起时,表面张力的方向总与物体的长度(与液体的交界线的长度)方向垂直,大小与长度 L 成正比,即

$$F_合 = \alpha L, \qquad (3-3-2)$$

其中,比例系数 α 称为液体的表面张力系数,定义为作用在单位长度上的表面张力,单位为 N/m.实验表明,表面张力系数 α 的大小与液体的种类、纯度、温度和它上方的气体成分有关,温度越高,液体中所含杂质越多(纯度越低),则表面张力系数越小.

对均质金属圆环而言,圆环与液体接触面为内外两个面,因此表面张力为

$$F_合 = \alpha \cdot \pi(D_1 + D_2), \qquad (3-3-3)$$

其中,D_1 和 D_2 分别为圆环的内径和外径.

由式(3-3-1)和式(3-3-3)可知,表面张力系数的计算公式为

$$\alpha = \frac{F' - mg}{\pi(D_1 + D_2)}. \qquad (3-3-4)$$

2. 硅压阻力敏传感器测量液体表面张力的原理

图3-3-3所示为硅压阻力敏传感器的结构示意图,它由弹性梁和紧贴在梁上的传感器芯片组成,弹性梁一端固定,另一端稍微施加力就会导致弹性梁形变,在力敏传感器上产生张力.传感器芯片由4个硅扩散电阻集成一个电桥,在张力作用下,4个电阻的阻值发生改变,电桥失去平衡,此时将有电压信号输出,输出电压 U 的大小与所加外力 F' 成正比,即

$$U = A + Km', \qquad (3-3-5)$$

其中，K 为传感器的灵敏度；A 为传感器的初始偏移量；m' 为传感器所受压力的折合质量，结合式(3-3-1)可知 $m'=\dfrac{F'}{g}$. 式(3-3-5)可改写为

$$F'=\dfrac{(U-A)g}{K}. \tag{3-3-6}$$

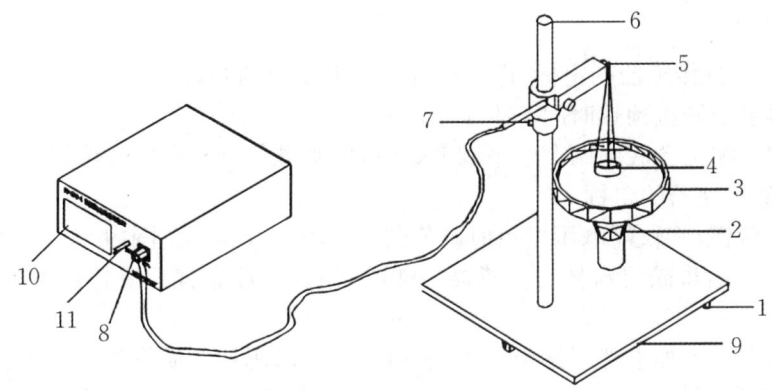

1—水平调节螺钉；2—升降旋钮；3—玻璃皿；4—金属圆环；5—力敏传感器；
6—支架；7—固定螺钉；8—航空插头；9—底座；10—数字式电压表；11—调零旋钮.

图 3-3-3　硅压阻力敏传感器的结构示意图

金属圆环在提升过程中，和液面之间会形成一环形液膜，液膜即将拉断前一瞬间和液膜拉断且稳定后的受力平衡条件分别为

$$F'_1 = mg + F_合, \tag{3-3-7}$$
$$F'_2 = mg. \tag{3-3-8}$$

若液膜即将拉断前一瞬间和液膜拉断且稳定后数字式电压表对应的读数值分别为 U_1 和 U_2，则此过程中由于表面张力的消失而导致数字式电压表读数的突变为

$$\Delta U = U_1 - U_2, \tag{3-3-9}$$

对应表面张力的大小为

$$F_合 = F'_1 - F'_2. \tag{3-3-10}$$

联立上述各式，得

$$F_合 = \dfrac{\Delta U \cdot g}{K}, \tag{3-3-11}$$

将其代入式(3-3-3)，可得表面张力系数为

$$\alpha = \dfrac{\Delta U \cdot g}{K\pi(D_1+D_2)} \quad (\text{实验中 } g \text{ 取 } 9.8 \text{ m/s}^2). \tag{3-3-12}$$

HLD-LST-Ⅱ型液体表面张力系数测定仪是利用拉脱法测量液体表面张力系数的仪器. 该仪器由硅半导体材料压阻效应传感器作为力敏器件，将力的变化线性变换为电压的变化，通过3位半数字式电压表显示出电压值. 该仪器可以测量水和其他液体材料的表面张力系数，并且可以测量不同浓度液体的表面张力系数，从而研究表面张力系数是如何随液体浓

度的变化而变化的.

测定仪的测量精度会受到金属(铝合金)圆环表面干净和粗糙程度的影响,实验过程中严禁用手触摸圆环,所有相关操作过程必须使用镊子.圆环挂到力敏架上时下表面必须水平,确保圆环脱离液面时液膜能瞬时完全断开.

实验时必须先进行传感器的定标,再进行表面张力系数的测定.

1. 预热:仪器主机开机预热时间不少于 15 min.
2. 调水平:调节测试台底座两个水平调节螺钉,使水准仪指示在中心位置.
3. 硅压阻力敏传感器的定标.
(1) 旋转调零旋钮,将仪器电压显示值调节到 $-10 \sim 10$ mV 范围内.
(2) 用镊子小心地将砝码盘挂在传感器一端的圆孔上.注意挂上后挂钩不得碰到仪器传感器外支架.
(3) 在砝码盘上逐个加上然后逐个减去砝码片(每个砝码片的质量为 0.500 g,共 5 个),记录砝码质量 m 作用下的数字式电压表读数值 U,注意加、减砝码片时一定要用镊子.
(4) 用最小二乘法直线拟合公式求 K 值(U 的单位为 mV,K 的单位为 mV/g).
4. 测量蒸馏水的表面张力系数.
(1) 用镊子小心地将砝码盘取下,并将金属圆环挂在传感器一端的圆孔上.玻璃皿内倒入半皿蒸馏水.缓慢调节玻璃皿下的升降旋钮,将水面升至靠近金属圆环的下底部,金属圆环的底面应与水面平行.
(2) 缓慢调节升降旋钮,使水面渐渐上升直至圆环的底部全部浸入水面.反向缓慢调节升降旋钮使水面逐渐下降.这时,金属圆环和水面之间形成一环形水膜,记录水膜即将拉断前一瞬间数字式电压表的读数值 U_1 和水膜拉断且稳定后数字式电压表的读数值 U_2,求得 ΔU.连续进行 10 次实验,求得 ΔU 的平均值(调节升降旋钮时,动作一定要缓慢,确保能准确记录水膜即将拉断前一瞬间数字式电压表的读数值).

表 3-3-1 测定硅压阻力敏传感器的灵敏度

序号 i	砝码质量 m_i/g	加砝码片过程 U_i/mV	减砝码片过程 U_i'/mV	平均值 $\overline{U}_i$/mV
0	0.000			
1	0.500			
2	1.000			
3	1.500			
4	2.000			
5	2.500			
		$K =$	(mV/g)	

注意:依据 $U = A + Km$,参考式(2-4-13),以 6 组 m_i 和 $\overline{U}_i$ 为测量值,在实验报告上分步用最小二乘法拟合计算,求出硅压阻力敏传感器的灵敏度 K.

表 3-3-2　液体表面张力的测定

圆环的内径 $D_1 = 33.00$ mm，外径 $D_2 = 35.00$ mm

次数	水膜即将拉断前一瞬间 U_1/mV	水膜拉断且稳定后 U_2/mV	ΔU_i/mV	$\overline{\Delta U}$/mV
1				
2				
3				
4				
5				
6				
7				
8				
9				
10				

$$\alpha = \frac{\overline{\Delta U} \cdot g}{K\pi(D_1 + D_2)} = \qquad (\qquad)$$

计算每个测量量的不确定度，不考虑 D_1 和 D_2（大小由实验室提供）的不确定度，根据传递公式计算 α 的不确定度，正确表示结果．

注意事项

1. 传感器量程为 $0 \sim 10$ g，请勿在传感器挂孔上悬挂重物，以防损坏仪器．
2. 定标时，加、减砝码片时一定要用镊子，切勿用手．
3. 实验时金属圆环表面的光洁程度对实验影响很大，切勿用手触碰圆环，使用时仅可用镊子夹取铜丝支架部位，请勿划伤或使圆环变形．
4. 均质金属圆环及吊丝在出厂前已调试好，请勿用力拉扯或折弯．
5. 调节使水面下降时，应使其缓慢下降，并保持水面平静，金属圆环也不可晃动，否则读数会有较大波动，从而增大实验误差．
6. 加、减砝码片过程中请勿触碰砝码盘或铜丝支架，如有误操作，请重新开始实验．

思考题

1. 硅压阻力敏传感器测量的原理和方法分别是什么？
2. 古诗云："锄禾日当午，汗滴禾下土."请结合表面张力和毛细现象，解释"锄禾"对土壤保墒的重要性．
3. 液体表面张力公式没有考虑均质金属圆环提起的液体重量，它对表面张力系数有何影响？
4. 在缓慢使水面下降时，为什么电压表的示数先缓慢增大，再缓慢减小，然后突然减小？

表 3-3-3　水在不同温度下的表面张力系数表(部分)

温度 $t/℃$	12	13	14	15	16	17
$\alpha/(10^{-3} \text{N/m})$	73.7	73.6	73.4	73.3	73.1	73.0
温度 $t/℃$	18	19	20	21	22	23
$\alpha/(10^{-3} \text{N/m})$	72.8	72.7	72.5	72.4	72.2	72.1
温度 $t/℃$	24	25	26	27	28	29
$\alpha/(10^{-3} \text{N/m})$	71.9	71.8	71.6	71.5	71.3	71.2

实验 3.4　霍尔效应

1879 年,美国霍普金斯大学研究生霍尔在研究载流导体在磁场中受力的性质时发现:置于磁场中的载流导体,如果磁场方向与电流方向垂直,则在垂直于磁场和电流的方向,导体两侧会产生电势差,这种现象称为霍尔效应,该电势差称为霍尔电势差.霍尔效应本质上是运动的带电粒子在磁场中受洛伦兹(Lorentz)力的作用而发生的横向漂移.

霍尔效应是在金属材料中发现的,之后的六七十年里都没有引起人们的重视,虽然也有人利用霍尔效应制成磁场传感器,但由于金属材料中的电子浓度很大,霍尔效应非常微弱,实用价值不大,研究基本处于停滞状态.而半导体中的载流子浓度偏低,其霍尔效应非常显著.20 世纪 40 年代中期起,随着半导体材料、制造工艺和技术的发展,出现了各种各样的半导体霍尔元件.到了 20 世纪 60 年代,随着集成电路技术的发展,将半导体霍尔元件和相关的信号调节电路集成在一起的霍尔传感器也逐渐出现.20 世纪 80 年代以后,伴随着大规模、超大规模集成电路和微机械加工技术的不断发展,霍尔元件也从平面向三维方向发展,出现了三端口或四端口固态霍尔传感器,实现了产品的系列化、加工的批量化、体积的微型化,并在测量、自动控制、计算机和信息技术等方面得到了广泛应用.

霍尔效应的理论发展也同时进行着,新型半导体材料和低维物理学的发展使得人们对霍尔效应的研究取得了突破性进展.1980 年,由德国科学家克利钦(Klitzing)等人发现了整数量子霍尔效应,荣获 1985 年诺贝尔(Nobel)物理学奖.1982 年,物理学家崔琦(Tsui)、施特默(Stormer)和劳克林(Laughlin)发现分数量子霍尔效应,荣获 1998 年诺贝尔物理学奖.这一领域因两次获得诺贝尔物理学奖而引起人们的广泛兴趣,使霍尔效应的理论发展与应用都进入一个新阶段.

1. 认识霍尔效应,理解霍尔效应产生的机理.

2. 掌握霍尔电压与工作电流和磁场的关系.
3. 学习利用霍尔效应测量磁场分布.
4. 学习用换向对称测量法消除副效应产生的系统误差.

DH4512D 型霍尔效应实验仪.

霍尔效应是运动电荷在磁场中受力引起的一种效应,从本质上讲是运动的带电粒子在磁场中受到洛伦兹力的作用而引起的偏转.当带电粒子(电子或空穴)被约束在半导体材料中时,这种偏转将导致在垂直于电流和磁场的方向上产生正、负电荷的聚集,从而形成附加的横向电场,即霍尔电场.

如图 3-4-1 所示,通以电流的半导体试样置于磁场中,如果电流方向与磁场方向垂直,即在 X 方向通以电流 I_S,在 Z 方向施加磁场 $\boldsymbol{B}$,则在 Y 方向(即试样两侧的 A,A' 电极)就开始聚集异号电荷.当电场与磁场对电荷的作用达到平衡时,A,A' 电极间就输出稳定的霍尔电压 V_H,从而形成相应的附加电场——霍尔电场 $\boldsymbol{E}_H$,电场的方向取决于试样的导电类型.对于图 3-4-1(a) 所示的 n 型半导体试样,霍尔电场沿 Y 轴负方向,对于图 3-4-1(b) 所示的 p 型半导体试样,霍尔电场沿 Y 轴正方向.

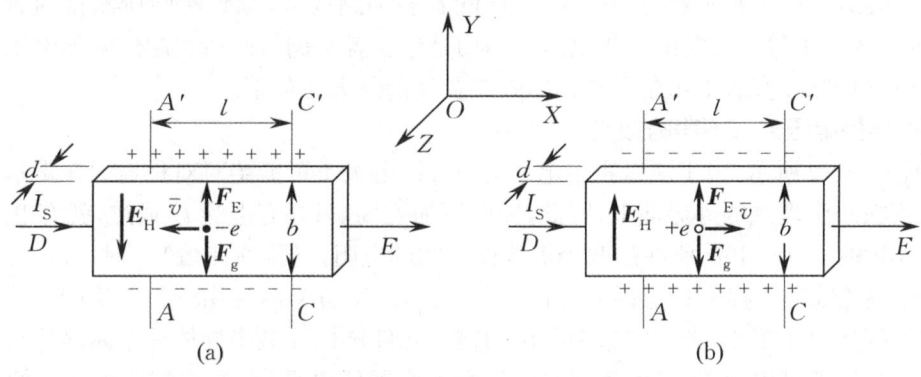

图 3-4-1　霍尔效应示意图

显然,霍尔电场的作用是阻止载流子继续向侧面偏移,当载流子所受的横向电场力 eE_H 与洛伦兹力 $e\bar{v}B$ 相等时,试样两侧电荷的积累就会达到平衡,故有

$$eE_H = e\bar{v}B, \quad (3-4-1)$$

其中,$\bar{v}$ 为载流子在电流方向上的平均漂移速度.

设试样的宽度为 b,厚度为 d,载流子浓度为 n,则电流 I_S 与载流子在电流方向上的平均漂移速度 $\bar{v}$ 的关系为

$$I_S = ne\bar{v}bd. \quad (3-4-2)$$

由均匀电场中的电势差公式、式(3-4-1) 和式(3-4-2) 可得

$$V_H = E_H b = \frac{1}{ne}\frac{I_S B}{d} = R_H \frac{I_S B}{d}, \quad (3-4-3)$$

即霍尔电压 V_H（A,A' 电极之间的电压）与电流和磁感应强度的乘积 I_SB 成正比,与试样的厚度 d 成反比.比例系数 $R_H=\dfrac{1}{ne}$ 称为霍尔系数,它是反映材料霍尔效应强弱的重要参数.

霍尔元件就是利用前面所述的霍尔效应制成的电磁转换元件,对于成品霍尔元件,其 R_H 和 d 是已知的,因此在实际应用中,式(3-4-3)常写成如下形式：

$$V_H = K_H I_S B, \tag{3-4-4}$$

其中,比例系数 $K_H = \dfrac{R_H}{d} = \dfrac{1}{ned}$ 称为霍尔元件灵敏度（其值由制造厂家给出）,它表示该器件在单位工作电流和单位磁感应强度下输出的霍尔电压；I_S 称为控制电流.式(3-4-4)中,取 I_S 的单位为 mA,B 的单位为 kGs,V_H 的单位为 mV,则 K_H 的单位为 mV/(mA·kGs).K_H 越大,相同条件下的霍尔电压 V_H 越大,霍尔效应就越明显,因此,从应用上来讲,K_H 越大越好.K_H 与载流子浓度 n 成反比,半导体的载流子浓度远比金属的载流子浓度小,因此用半导体材料制成的霍尔元件,霍尔效应明显,灵敏度较高,这也是一般霍尔元件不采用金属而采用半导体材料制成的原因.此外,K_H 还与厚度 d 成反比,因此霍尔元件一般都很薄.

根据式(3-4-4),因 K_H 已知,而 I_S 由实验给出,所以只需要测量出 V_H 就可以求得未知磁感应强度 $\boldsymbol{B}$ 的大小：

$$B = \dfrac{V_H}{K_H I_S}. \tag{3-4-5}$$

应当指出,在产生霍尔效应的同时,还伴随着多种副效应,导致实验所测得的 A,A' 电极之间的电压并不等于真实的霍尔电压 V_H,而是包含各种副效应所引起的附加电压,因此,必须设法加以消除.实验中霍尔元件的副效应及其消除方法如下.

1. 不等势电压 V_O（不等势效应）

如图 3-4-2 所示,由于测量霍尔电压的 A,A' 电极不可能绝对对称地焊在霍尔片的两侧,位置不在一个理想的等势面上,因此,即使不加磁场,只要有电流 I_S 通过,就有电压 $V_O=I_S r$ 产生,其中,r 为 A,A' 所在的两个等势面之间的电阻,导致在测量 V_H 时,叠加了 V_O,使得 V_H 值偏大（当 V_O 与 V_H 同号时）或偏小（当 V_O 与 V_H 异号时）.由于目前生产工艺水平较高,因此不等势电压很小,像本实验中所用的霍尔元件试样 n 型半导体硅单晶薄片只有几百微伏左右,故一般可以忽略不计,也可以加一个电位器使之平衡.在本实验中,V_H 的符号取决于 I_S 和 $\boldsymbol{B}$ 两者的方向,而 V_O 只与 I_S 的方向有关,与磁感应强度 $\boldsymbol{B}$ 的方向无关,因此 V_O 可以通过改变电流 I_S 的方向予以消除.

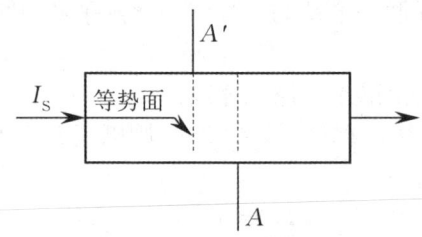

图 3-4-2　不等势效应

2. 热电效应引起的附加电压 V_E（埃廷斯豪森效应）

如图 3-4-3 所示,由于实际上载流子的漂移速度 v 服从统计分布规律,构成电流的载流子速度不同,其偏转方向就不同. 若速度为 v 的载流子所受的洛伦兹力与霍尔电场的作用力刚好抵消,则速度小于 v 的载流子受到的洛伦兹力小于霍尔电场的作用力,将向霍尔电场的作用力方向偏转,速度大于 v 的载流子受到的洛伦兹力大于霍尔电场的作用力,将向洛伦兹力方向偏转. 这样使得一侧高速载流子较多,相当于温度较高,另一侧低速载流子较多,相当于温度较低,从而在 Y 方向引起温差 $T_A - T_{A'}$,产生热电效应,在 A, A' 电极上引入附加电压 V_E,这种现象称为埃廷斯豪森(Ettingshausen)效应. 这种效应的产生需要一定的时间,如果采用直流电,则埃廷斯豪森效应的存在将会给霍尔电压的测量带来误差;如果采用交流电,则由于交流电变化过快使得埃廷斯豪森效应来不及产生,从而减小测量误差. 因此,在实际应用霍尔元件时,一般都采用交流电. 由于 $V_E \propto I_S B$,其符号与 I_S 和 $\boldsymbol{B}$ 的方向的关系跟 V_H 是相同的,因此不能用改变 I_S 和 $\boldsymbol{B}$ 方向的方法予以消除,但其引入的误差很小,可以忽略.

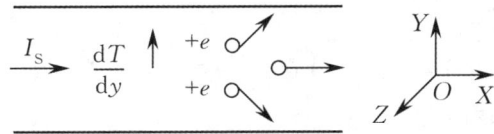

图 3-4-3　埃廷斯豪森效应

3. 热磁效应直接引起的附加电压 V_N（能斯特效应）

如图 3-4-4 所示,因器件两端电流引线的接触电阻不等,通电后在两接触点处将产生不同的焦耳(Joule)热,导致在 X 方向有温度梯度,引起载流子沿梯度方向扩散而产生热扩散电流,热流 Q 在 Z 方向磁场 $\boldsymbol{B}$ 的作用下,类似于霍尔效应在 Y 方向上产生一附加电场 E_N,相应的电压 $V_N \propto QB$,这一现象称为能斯特(Nernst)效应. 由于 V_N 的符号只与 $\boldsymbol{B}$ 的方向有关,与 I_S 的方向无关,因此可通过改变 $\boldsymbol{B}$ 的方向予以消除.

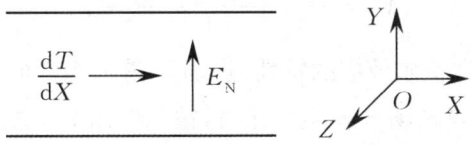

图 3-4-4　能斯特效应

4. 热磁效应产生的温差引起的附加电压 V_{RL}（里吉-勒迪克效应）

如图 3-4-5 所示,在能斯特效应中所述的 X 方向的热扩散电流,因载流子的速度服从统计分布规律,在 Z 方向磁场 $\boldsymbol{B}$ 的作用下,和在埃廷斯豪森效应中所述的道理相同,将在 Y 方向产生温差 $T_A - T_{A'}$,由此引入附加电压 $V_{RL} \propto QB$,这一现象称为里吉-勒迪克(Righi-Leduc)效应. 由于 V_{RL} 的符号只与 $\boldsymbol{B}$ 的方向有关,因此可通过改变 $\boldsymbol{B}$ 的方向来消除.

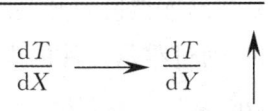

图 3-4-5　里吉-勒迪克效应

5. 附加电压的消除（换向对称测量法）

综上所述，实验中测得的 A, A' 之间的电压除 V_H 外还包含 V_O, V_N, V_{RL} 和 V_E 各电压的代数和，其中，V_O, V_N 和 V_{RL} 均可通过 I_S 和 B 换向对称测量法予以消除. 具体方法是在规定了电流和磁场的正、负方向后，分别测量由下列 4 组不同方向的 I_S 和 B 的组合的 A, A' 之间的电压.

设 I_S 和 B 的方向均为正向时，将测得的 A, A' 之间的电压记为 V_1，即

$$V_1 = V_H + V_O + V_N + V_{RL} + V_E. \tag{3-4-6}$$

当 B 为负向，而 I_S 为正向时，将测得的电压记为 V_2，此时，V_H, V_N, V_{RL}, V_E 均改变符号，而 V_O 符号不变，即

$$V_2 = -V_H + V_O - V_N - V_{RL} - V_E. \tag{3-4-7}$$

同理，当 I_S, B 均为负向时，

$$V_3 = V_H - V_O - V_N - V_{RL} + V_E; \tag{3-4-8}$$

当 I_S 为负向，而 B 为正向时，

$$V_4 = -V_H - V_O + V_N + V_{RL} - V_E. \tag{3-4-9}$$

求以上 4 组数据 V_1, V_2, V_3 和 V_4 的代数平均值，可得

$$V_H + V_E = \frac{V_1 - V_2 + V_3 - V_4}{4}. \tag{3-4-10}$$

由于 V_E 的符号与 I_S 和 B 两者的方向的关系跟 V_H 是相同的，因此无法消除. 但在非大电流、非强磁场的情况下，$V_H \gg V_E$，因此 V_E 可忽略不计，霍尔电压为

$$V_H = \frac{V_1 - V_2 + V_3 - V_4}{4}. \tag{3-4-11}$$

本实验定性及定量研究霍尔效应的特性. 当通过霍尔元件的电流 I_S 发生变化时，霍尔电压 V_H 也发生相应变化；当磁场 B 发生变化时，霍尔电压 V_H 也发生变化. 本实验研究通过霍尔元件的电流 I_S 与霍尔电压 V_H 的关系，以及电磁铁的励磁电流 I_M 与霍尔电压 V_H 的关系，由于电磁铁的励磁电流 I_M 与其磁场成正比，因此实质上是研究磁场 B 与霍尔电压 V_H 的关系.

DH4512D 型霍尔效应实验仪由实验架和测试仪两部分组成.

（1）实验架（见图 3-4-6）.

实验架包括霍尔元件、电磁铁及线路连接换向开关. 霍尔元件在电磁铁缝隙中的位置可调，电磁铁的励磁电流由测试仪提供，通过霍尔元件的电流也由测试仪提供. 而霍尔元件的霍尔电压则由测试仪测量并数字显示.

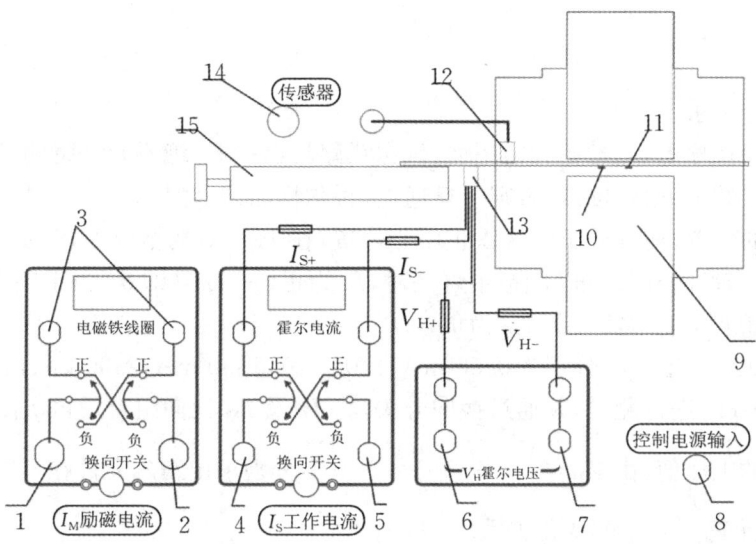

1— 电磁铁励磁电流 I_{M+} 输入； 2— 电磁铁励磁电流 I_{M-} 输入； 3— 电磁铁线圈端；
4— 工作电流 I_{S+} 输入； 5— 工作电流 I_{S-} 输入； 6— 霍尔电压输出正极 V_{H+}；
7— 霍尔电压输出负极 V_{H-}； 8— 控制电源输入； 9— 电磁铁； 10— 霍尔元件；
11— 霍尔传感器； 12— 霍尔传感器信号输出插座； 13— 霍尔元件引脚插座；
14— 霍尔传感器插座； 15— 可调移动尺.

图 3-4-6　实验架示意图

（2）测试仪（见图 3-4-7）.

测试仪由霍尔元件工作恒流源 I_S、电磁铁励磁恒流源 I_M、毫特计、直流数字式电流表和直流数字式毫伏表组成.

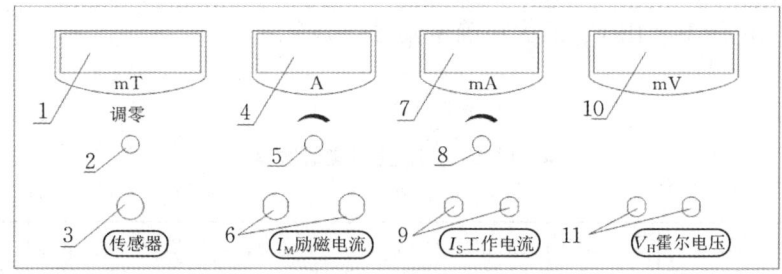

1— 毫特计显示窗； 2— 毫特计调零旋钮； 3— 毫特计传感器接口； 4— 励磁电流 I_M 显示窗；
5— 励磁电流 I_M 调节旋钮； 6— 励磁电流 I_M 输出接口； 7— 工作电流 I_S 显示窗；
8— 工作电流 I_S 调节旋钮； 9— 工作电流 I_S 输出接口； 10— 霍尔电压 V_H 显示窗；
11— 霍尔电压 V_H 输入接口.

图 3-4-7　测试仪面板图

测试仪面板上的"工作电流 I_S 调节旋钮"和"励磁电流 I_M 调节旋钮"分别用来控制霍尔样品片的工作电流 I_S 及电磁铁励磁电流 I_M 的大小，其电流随旋钮顺时针旋转而增大. 测试仪开机前应将 I_S 和 I_M 调节旋钮逆时针旋到底，使其输出电流趋于最小状态，然后方可开机实验. 实验测量完毕，应先将 I_S 和 I_M 调节旋钮逆时针旋到底，然后方可切断电源关机.

1. 研究 V_H-I_S 关系

认真观察辨别面板标识,熟悉各旋钮用途,确保线路均已接好,绝不允许将测试仪的 I_M 输出接口接到实验仪的 I_S 输入接口,否则一旦通电,霍尔样品即遭损坏.

调整霍尔元件的位置,使其处于电磁铁正中心位置,在 $I_M = 0$ 的情况下,调零毫特计.

调节换向开关,当换向开关"正"侧指示灯亮时,I_S 为正(+)、I_M(即 B)为正(+),当换向开关"负"侧指示灯亮时,I_S 为负(—),I_M 为负(—).

调节 I_M 至 0.100 A,选择 I_S 分别为 0.50 mA,1.00 mA,1.50 mA,2.00 mA,2.50 mA,3.00 mA 及 4.00 mA 时进行测量,并通过换向开关,将 I_S 及 I_M 换向组合后再次测量,测读数字式电压表指示的电压值,由 $V_H = \dfrac{V_1 - V_2 + V_3 - V_4}{4}$ 分别求出霍尔元件在不同 I_S 时的霍尔电压 V_H,并分析 V_H 与 I_S 的变化关系.

2. 研究 V_H-I_M 关系

先将 I_M,I_S 调零,然后调节 I_S 至 3.00 mA,选择 I_M 分别为 0.020 A,0.040 A,0.060 A,0.080 A,0.100 A 及 0.120 A 时进行测量,并通过换向开关,将 I_S 及 I_M 换向组合后再次测量,测读数字式电压表指示的电压值,由 $V_H = \dfrac{V_1 - V_2 + V_3 - V_4}{4}$ 分别求出霍尔元件在不同 I_M 时的霍尔电压 V_H,并分析 V_H 与 I_M 的变化关系.

3. 测量电磁铁芯缝隙处的磁场沿水平方向的分布

调节 I_S 至 3.00 mA,I_M 至 0.100 A. 移动霍尔元件的横向位置,分别测量标尺读数为 0.0 mm,5.0 mm,10.0 mm,15.0 mm,20.0 mm,25.0 mm,30.0 mm,35.0 mm,40.0 mm,45.0 mm 处的霍尔电压 V_H,由 V_H 的大小确定其磁场分布.

表 3-4-1 V_H-I_S 关系实验数据

$I_M = 0.100$ A

I_S/mA	0.50	1.00	1.50	2.00	2.50	3.00	4.00
$V_1(+I_S, +B)$/mV							
$V_2(+I_S, -B)$/mV							
$V_3(-I_S, -B)$/mV							
$V_4(-I_S, +B)$/mV							
$V_H = \dfrac{V_1 - V_2 + V_3 - V_4}{4}$/mV							

V_H 与 I_S 的关系: _____

第三章 | 基础性实验

表 3-4-2　V_H-I_M 关系实验数据

$I_S = 3.00$ mA

I_M/A	0.020	0.040	0.060	0.080	0.100	0.120
$V_1(+I_S, +B)$/mV						
$V_2(+I_S, -B)$/mV						
$V_3(-I_S, -B)$/mV						
$V_4(-I_S, +B)$/mV						
$V_H = \dfrac{V_1 - V_2 + V_3 - V_4}{4}$/mV						

V_H 与 I_M 的关系：_____

表 3-4-3　电磁铁芯缝隙处的磁场分布实验数据

$I_M = 0.100$ A, $I_S = 3.00$ mA

霍尔元件位置 /mm	0.0	5.0	10.0	15.0	20.0	25.0	30.0	35.0	40.0	45.0
$V_1(+I_S, +B)$/mV										
$V_2(+I_S, -B)$/mV										
$V_3(-I_S, -B)$/mV										
$V_4(-I_S, +B)$/mV										
$V_H = \dfrac{V_1 - V_2 + V_3 - V_4}{4}$/mV										

电磁铁芯缝隙处的磁场分布规律：_____

注意事项

1. 严禁将测试仪的 I_M 输出接口误接到实验仪的 I_S 输入接口,否则一旦通电,霍尔元件即遭损坏.

2. 开启和关闭电源之前必须保证测试仪的 I_S 和 I_M 调节旋钮均置零位(即逆时针旋到底),严防 I_S,I_M 电流未调到零就开、关机.

思 考 题

1. 什么是霍尔效应？霍尔效应测磁场的原理是什么？
2. 本实验中如何消除副效应的影响？

从霍尔效应到量子反常霍尔效应

霍尔效应是美国物理学家霍尔于1879年在研究金属的导电机制时发现的. 在当今的电子技术、测量技术、自动控制技术等许多科技领域,霍尔效应都有广泛应用. 近年来,借助新型半导体材料、低维物理学等学科的发展,关于霍尔效应的研究,科学家们有了许多突破性的发现.

1. 霍尔效应的基本原理

1879年,霍尔在做实验验证磁场对导线中的电流是否有影响时,意外发现了一种特殊的现象:载流导体板置于磁场中,当电流方向与磁场方向垂直时,导体板两侧之间出现了横向电势差. 这个现象可以通过运动电荷在磁场中受到洛伦兹力进行解释:如果在一个通电导体中,施加一个与电流方向垂直的磁场,在洛伦兹力的作用下,电子运动的轨迹会发生偏转,与磁场和电流方向垂直的导体两端将产生电压,这个现象就是著名的霍尔效应. 通过大量实验得出,霍尔电压V_H与导体电流I、磁场磁感应强度大小B成正比,与导体板厚度d成反比,可表示为

$$V_H = R_H \frac{IB}{d},$$

其中,$R_H = \frac{1}{ne}$ 为霍尔系数,是常量,由材料的性质决定.

这一现象的发现震惊了当时的科学界,很多国家的科学家开始转向研究这一领域.

2. 霍尔效应的发展

(1) 整数量子霍尔效应.

1980年,德国科学家克利钦首先发现了整数量子霍尔效应,在极低温度1.5 K和强磁场18.9 T的条件下,测量金属-氧化物-半导体场效应晶体管时,发现随着磁场的变化,霍尔电阻R出现了一系列量子化数值,即

$$R = \frac{h}{Ne^2},$$

其中,h为普朗克(Planck)常量,N为正整数,e为电子电量. 这种现象被称为整数量子霍尔效应,与经典霍尔效应理论中"霍尔电阻随B连续变化并随着载流子浓度n的增大而减小"相矛盾,该发现获得1985年诺贝尔物理学奖.

(2) 分数量子霍尔效应.

1982年,崔琦和施特默等发现了分数量子霍尔效应,在超低温度0.1 K和强磁场20 T的条件下,测量具有高迁移率的二维电子气系统样品时,也发现了横向霍尔电阻在一定范围内呈现平台现象,出乎意料的是,这些平台对应的是分数值,而不是原有量子霍尔效应理论的整数值,即

$$R = \frac{h}{Ne^2} \quad \left(N = \frac{1}{3}, \frac{2}{3}, \frac{4}{5}, \frac{5}{3}, \frac{1}{5}\right),$$

称为分数量子霍尔效应.

美国物理学家劳克林运用波函数对分数量子霍尔效应进行了理论解释,三人共同荣获1998年诺贝尔物理学奖.

(3) 半整数量子霍尔效应.

2005年,科学家海姆(Geim)和诺沃肖洛夫(Novoselov)在实验中分离出石墨烯,成功地在常温下观察到量子霍尔效应. 石墨烯的厚度只有0.335 nm,是一种"超薄的碳膜",强度极高. 他们因此获得了2010年诺贝尔物理学奖,这是最近一次与霍尔效应有关的诺贝尔奖.

(4) 量子自旋霍尔效应.

2007年,美国斯坦福大学的研究小组宣布发现了一种物质新状态,其具有"十分特别的"半导体性能,表现为能量损耗更低、发热量更少,通过碲络化合物和碲汞化合物的叠层扭曲,获得一种类似于砷化镓和硅的新型晶格结构,并通过控制势阱的厚度导致相变,从而生成一种物质新状态,该状态不需要掺杂任何物质就可以传导电子,电流只流动在物体边缘.该状态下电子以新的姿势非常有序地"舞蹈",从而使能量耗散很低.量子自旋霍尔效应找到了电子自转方向与电流方向之间的规律,该成果获得2010年欧洲物理奖和2012年美国物理学会巴克利(Buckley)奖.

(5) 量子反常霍尔效应.

2013年,由清华大学薛其坤院士领衔,清华大学物理系和中国科学院物理研究所联合组成的研究团队在量子反常霍尔效应研究中取得重大突破,在磁性掺杂的拓扑绝缘体薄膜中,首次观测到量子反常霍尔效应(即零磁场中的量子霍尔效应),该现象是世界物理学基础研究领域的一项重要发现,也是我国科学家从实验中独立观测到的一个重要物理现象.这项成果于2013年3月15日凌晨在美国《科学》杂志在线发表,被该杂志评审评价为"结束了多年对量子反常霍尔效应的探寻,是一项里程碑式的工作".量子反常霍尔效应是霍尔效应研究领域的又一重大进展,同时也很有可能是量子霍尔效应家族的最后一个重要成员.此项研究成果将会加速电子信息技术领域发展的进程,推动新一代低功耗晶体管和电子元器件的发展.诺贝尔物理学奖获得者、清华大学高等研究院名誉院长杨振宁教授评价其为"诺贝尔奖级的发现".

3. 霍尔效应的未来展望

在人们日常生活中,许多常用电子器件的原理都源于霍尔效应.例如,汽车上就包括ABS(防抱死制动系统)中的速度传感器、发动机转速及曲轴角度传感器、液体物理量检测器、信号传感器等霍尔器件.中国科学家在实验中实现了零磁场中的量子霍尔效应,这就有可能利用其无耗散的边缘态发展出新一代的低功耗晶体管和电子元器件,从而解决摩尔(Moore)定律的瓶颈问题和电脑元件发热问题.科学家有可能实现在无须强磁场的条件下,电子按照固定轨迹运动,减少无规则碰撞导致的能量损耗和发热.通过密度集成,将来计算机的体积也将大大缩小,千亿次的超级计算机有望做成平板电脑那么大,未来的电脑也可能不再需要散热器.

实验 3.5　动态磁滞回线的测量

用示波器观测铁磁材料的动态磁化特性,具有直观、方便和迅速等优点,能在交变磁场下观察和定量测绘铁磁材料的磁滞回线和起始磁化曲线.这一实验方法现已广泛应用于快速检测和成品分类等方面.

实验目的

1. 认识铁磁物质的磁化规律,比较两种典型的铁磁物质的动态磁化特性.
2. 测绘样品的磁滞回线,比较其磁滞损耗大小.
3. 测定样品的基本磁化曲线,作 μ-H 曲线.

TH-MHC 磁滞回线实验仪、智能磁滞回线测试仪、MOS-6021 型双踪示波器.

实验原理

铁磁物质是一种性能特异、用途广泛的材料.铁、钴、镍及其众多合金,以及含铁的氧化物(铁氧体)等均属铁磁物质.其特征是在外磁场作用下能被强烈磁化,故磁导率 μ 很高.另一特征是磁滞,即磁场作用停止后,铁磁物质仍保留磁化状态,它的磁感应强度不仅依赖于外磁场,而且还依赖于原先的磁化程度.图 3-5-1 所示为铁磁物质的磁感应强度 B 与磁场强度 H 之间的关系曲线.

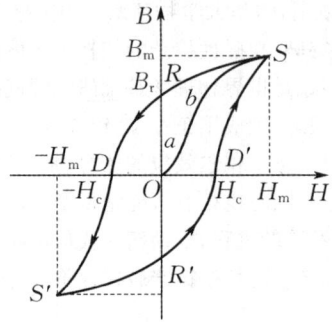

图 3-5-1 铁磁物质的起始磁化曲线和磁滞回线

图中的原点 O 表示磁化之前铁磁物质处于磁中性状态,即 $H=0,B=0$,当磁场强度 H 从零开始增大时,磁感应强度 B 随之缓慢增大,如曲线 Oa 所示,其后 B 的增大趋于缓慢,并当 H 增至 H_m 时,B 达到 B_m,若 H_m 继续增大,B 趋于稳定,则称 B 达到饱和,$OabS$ 称为起始磁化曲线.如果将磁场强度 H 减小,B 并不沿原来的曲线 $OabS$ 减小,而是沿另一条新的曲线 SR 减小,比较曲线 $OabS$ 和 SR 可知,H 减小 B 也相应减小,但 B 的变化滞后于 H 的变化,此现象即为磁滞.磁滞的明显特征是当 $H=0$ 时,B 不为零,而保留剩磁 B_r.

当磁场强度反向逐渐变至 $-H_c$ 时,B 变为零,说明要消除剩磁,必须施加反向磁场,H_c 称为矫顽力,它的大小反映铁磁材料保持剩磁状态的能力,曲线 RD 称为退磁曲线.

图 3-5-1 还表明,当磁场强度按 $H_m \to 0 \to -H_c \to -H_m \to 0 \to H_c \to H_m$ 的次序变化时,相应的磁感应强度 B 沿闭合曲线 $SRDS'R'D'S$ 变化,该闭合曲线称为磁滞回线.处于交变磁场中的铁磁材料(如变压器中的铁芯),将沿磁滞回线反复被磁化 $\to$ 去磁 $\to$ 反向磁化 $\to$ 反向去磁,在此过程中要耗费额外的能量,并以热的形式从铁磁材料中释放出去,这种损耗称为磁滞损耗.可以证明,磁滞损耗与磁滞回线所围面积成正比.

初始态为 $H=B=0$ 的铁磁材料,在交变磁场强度由弱到强依次进行磁化时,可以得到面积由小到大向外扩张的一簇磁滞回线,如图 3-5-2 所示.这些磁滞回线顶点 (H_{mi}, B_{mi}) ($i=1,2,3$) 的连线称为铁磁材料的基本磁化曲线,由此可近似确定其磁导率 $\mu = \dfrac{B}{H}$.因 B 与 H 非线性,故铁磁材料的 μ 不是常量,而是随 H 变化的(见图 3-5-3).铁磁材料的相对磁导率可高达数千乃至数万,这一特点是它用途广泛的主要原因之一.

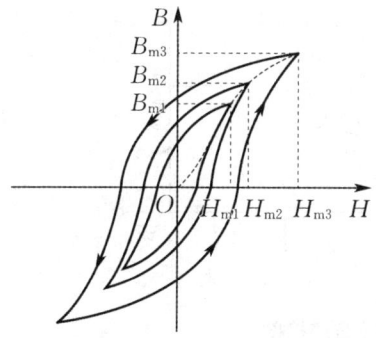
图 3-5-2 同一铁磁材料的一簇磁滞回线

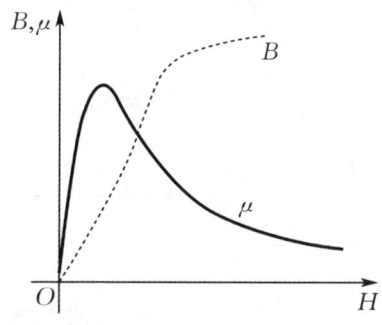
图 3-5-3 铁磁材料的 μ-H 曲线

磁化曲线和磁滞回线是铁磁材料分类和选用的主要依据,图 3-5-4 所示为两种常见的典型磁滞回线.其中,软磁材料的矫顽力和剩磁小,磁滞回线较窄,磁滞回线所包围的面积小,在交变磁场中的磁滞损耗小,因此适用于电子设备中的各种电感元件、变压器、镇流器的铁芯等.硬磁材料的矫顽力和剩磁大,磁滞回线较宽,磁滞特性非常显著,可用来制成永磁体,主要应用于各种电表、扬声器、录音机等.

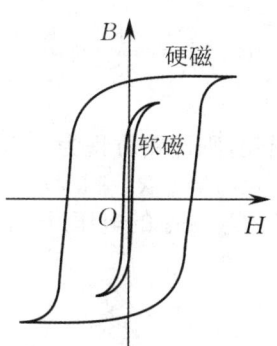
图 3-5-4 不同铁磁材料的磁滞回线

观察和测量磁滞回线和基本磁化曲线的线路如图 3-5-5 所示.待测样品为 EI 型矽钢片,N 为励磁绕组的匝数,n 为用来测量磁感应强度 B 而设置的绕组的匝数,R_1 为励磁电流取样电阻.设交流励磁电流为 i,根据安培环路定理可知,样品的磁场强度为

$$H = \frac{Ni}{L}, \quad (3-5-1)$$

其中,L 为样品的平均磁路.因为 $i = \dfrac{U_1}{R_1}$,所以

$$H = \frac{N}{LR_1} U_1. \quad (3-5-2)$$

式(3-5-2)中的 N,L,R_1 均为已知常量,由图 3-5-5 中所示的 U_1 即可确定 H.

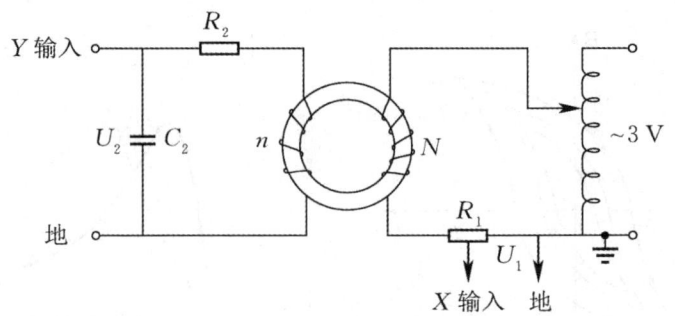

图 3-5-5 实验线路连接图

在交变磁场下,样品的磁感应强度瞬时值 B 是测量绕组 n 和 RC 电路给定的,根据法拉第电磁感应定律,由于样品中的磁通量 Φ 的变化,在测量线圈中产生的感生电动势的大小为

$$\mathscr{E}_2 = n\frac{\mathrm{d}\Phi}{\mathrm{d}t}, \tag{3-5-3}$$

将式(3-5-3)两边同乘以 $\mathrm{d}t$ 并积分,得

$$\Phi = \frac{1}{n}\int \mathscr{E}_2 \mathrm{d}t. \tag{3-5-4}$$

因 $\Phi = BS$,故有

$$B = \frac{\Phi}{S} = \frac{1}{nS}\int \mathscr{E}_2 \mathrm{d}t, \tag{3-5-5}$$

其中,S 为样品的横截面积.

如果忽略自感电动势和电路损耗,则回路方程为

$$\mathscr{E}_2 = i_2 R_2 + U_2, \tag{3-5-6}$$

其中,i_2 为感生电流,U_2 为积分电容 C_2 两端的电压.设在 Δt 时间内,i_2 向电容 C_2 的充电电量为 Q,则

$$U_2 = \frac{Q}{C_2}, \tag{3-5-7}$$

所以

$$\mathscr{E}_2 = i_2 R_2 + \frac{Q}{C_2}. \tag{3-5-8}$$

如果选取足够大的 R_2 和 C_2,使 $i_2 R_2 \gg \dfrac{Q}{C_2}$,则

$$\mathscr{E}_2 = i_2 R_2. \tag{3-5-9}$$

又因为

$$i_2 = \frac{\mathrm{d}Q}{\mathrm{d}t} = C_2 \frac{\mathrm{d}U_2}{\mathrm{d}t}, \tag{3-5-10}$$

所以

$$\mathscr{E}_2 = C_2 R_2 \frac{\mathrm{d}U_2}{\mathrm{d}t}. \tag{3-5-11}$$

由式(3-5-5)和式(3-5-11)可得

$$B = \frac{C_2 R_2}{nS} U_2, \tag{3-5-12}$$

其中，C_2，R_2，n 和 S 均为已知常量，由图 3-5-5 中所示的 U_2 即可确定 B.

综上所述，将图 3-5-5 中的 U_1 和 U_2 分别加到示波器的"X 输入"和"Y 输入"，便可观察样品的 B-H 曲线；如将 U_1 和 U_2 加到测试仪的信号输入端，则可测定样品的饱和磁感应强度 B_m、剩磁 B_r、矫顽力 H_c 及磁导率 μ 等参数.

实验内容

1. 电路连接：选样品 1，按实验仪上所给的实验线路图（见图 3-5-6）连接线路，取 $R_1=2.5\ \Omega$，"U 选择"置于 0 位. U_1 和 U_2 分别接示波器的"X 输入"和"Y 输入"，插孔 ⊥ 为公共端，将示波器的 TIME/DIV 旋钮逆时针旋到底（X-Y 挡）.

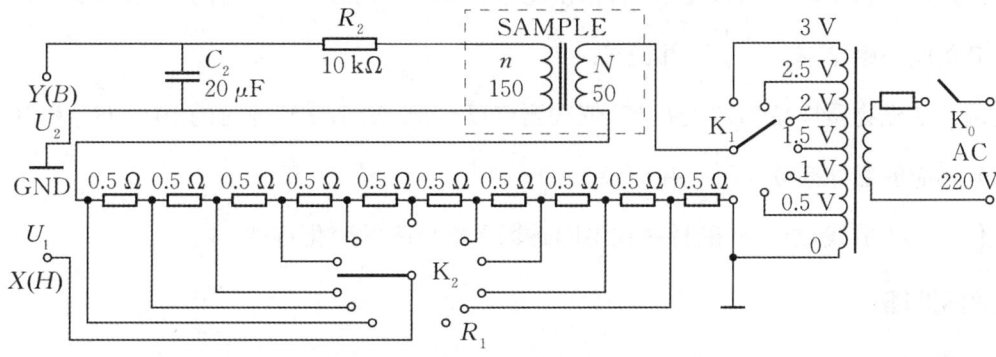

图 3-5-6　实验线路图

2. 样品退磁：开启实验仪电源，对样品进行退磁，即顺时针转动"U 选择"旋钮，令 U 从 0 增大到 3 V，然后逆时针转动旋钮，令 U 从最大值降为 0，其目的是消除剩磁，确保样品处于磁中性状态，即 $B=H=0$，如图 3-5-7 所示.

3. 观察磁滞回线：开启示波器电源，调节光点位于坐标网格中心，取 $U=1.5$ V，并分别调节示波器 X 轴和 Y 轴的灵敏度，使显示屏上出现图形大小合适的磁滞回线，若图形顶部出现编织状的小环，如图 3-5-8 所示，则可降低励磁电压 U 予以消除. 仔细观察磁滞回线并将其描绘下来.

选样品 2，仔细观察其磁滞回线并描绘下来.

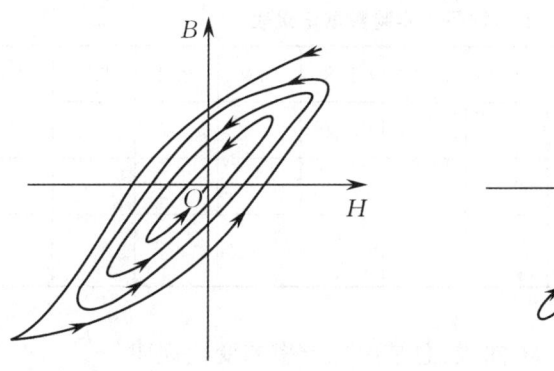
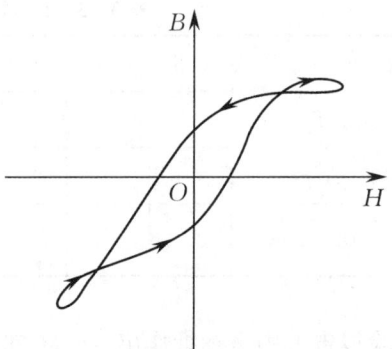

图 3-5-7　退磁示意图　　　图 3-5-8　励磁电压过大引起的畸变

4. 观察基本磁化曲线:按步骤 2 对样品进行退磁,从 $U=0.5$ V 开始,逐挡提高励磁电压,将在显示屏上得到面积由小到大一个套一个的一簇磁滞回线. 这些磁滞回线顶点的连线就是样品的基本磁化曲线.

5. 关闭示波器,去掉实验仪与示波器的连接. 连接实验仪与测试仪,$U_B(Y)$ 和 $U_H(X)$ 及 ⊥ 插孔各相对应. 开启测试仪背后开关,显示器将依次巡回显示"P…8…P…8…"信号,表明测试系统已准备就绪,可以进行 H_m 及 B_m 的测量.

连续按动功能键直至显示器显示 H[H.B.] 和 B[test],按下确认键,稍等片刻后,显示器将显示[GOOD],表明测试仪对磁滞回线自动进行数据采样成功. 继续按动功能键,直至显示器显示[H_m]和[B_m],然后按下确认键,则 H 和 B 显示器分别显示出 H_m 值和 B_m 值.

选择铁磁物质样品 1,改变 U 值,依次测定 $U=0.5$ V,1.0 V 等时的 10 组 H_m 和 B_m 值,求出其相应的磁导率 $\mu = \dfrac{B_m}{H_m}$ 并记录.

选择铁磁物质样品 2,改变 U 值,依次测定 $U=0.5$ V,1.0 V 等时的 10 组 H_m 和 B_m 值,求出其相应的磁导率 $\mu = \dfrac{B_m}{H_m}$ 并记录.

作 μ - H 曲线,总结铁磁材料在不同磁场下磁导率的变化特性.

数据处理

1. 样品 1.

(1) 磁滞回线图(要求:画出横、纵坐标轴,并标明 x 轴和 y 轴).

(2) 磁导率.

表 3-5-1 样品 1 实验数据记录表

U/V	0.5	1.0	1.2	1.5	1.8	2.0	2.2	2.5	2.8	3.0
$B_m/(10^{-1}$ T)										
$H_m/(10^{-3}$ A/m)										
$\mu = \dfrac{B_m}{H_m}/(10^2$ H/m)										

在实验报告上用坐标纸作出 μ - H 曲线,总结出磁导率的变化规律.

2. 样品 2.

(1) 磁滞回线图(要求:画出横、纵坐标轴,并标明 x 轴和 y 轴).

(2) 磁导率.

表 3-5-2　样品 2 实验数据记录表

U/V	0.5	1.0	1.2	1.5	1.8	2.0	2.2	2.5	2.8	3.0
$B_\text{m}/(10^{-1}\text{ T})$										
$H_\text{m}/(10^{-3}\text{ A/m})$										
$\mu = \dfrac{B_\text{m}}{H_\text{m}} / (10^2\text{ H/m})$										

在实验报告上用坐标纸作出 μ-H 曲线,总结出磁导率的变化规律.

思 考 题

1. 什么叫铁磁材料的磁滞现象?
2. 如何判断铁磁材料属于软磁材料还是硬磁材料?

附　录

1. 实验仪

实验仪配合示波器,可以观察铁磁材料的磁滞回线、测定基本磁化曲线.它由励磁电源、样品、电路板等部分组成.

(1) 励磁电源.由 220 V,50 Hz 的市电,经变压器隔离和降压后供给磁化样品.励磁电源输出电压共分 11 挡,即 0 V、0.5 V、1.0 V、1.2 V、1.5 V、1.8 V、2.0 V、2.2 V、2.5 V、2.8 V 和 3.0 V,通过电路板上的波段开关"U 选择"实现切换.

(2) 样品.样品 1 和样品 2 分别为平均磁路长度 L、横截面积 S 相同而磁性不同的两个 EI 型铁芯,两者的励磁绕组匝数 N 和磁感应强度 B 的测量绕组匝数 n 也相同.其中,$N = 50, n = 150, L = 60$ mm,$S = 80$ mm^2.

(3) 电路板.该印刷电路板上装有电源开关、样品 1 和样品 2、励磁电源(U 选择)和调节励磁电流(即磁场强度 H)的取样电阻(R_1 选择),以及测量磁感应强度 B 所用的积分电路元件 R_2,C_2 等.

以上各元件(除电源开关)通过电路板与对应的连接用锁紧插孔相连接,只需采用专用插线,即可实现电路连接.

另外,电路板上还设有正比于磁感应强度 B 的电压 U_B 和正比于磁场强度 H 的电压 U_H 输出插孔,用于连接示波器、观察磁滞回线及连接测试仪做定量测试.

2. 测试仪

测试仪和实验仪配合使用,能快速定量测量铁磁材料在反复磁化过程中的 B 和 H 的瞬时值,并能测出剩磁 B_r、矫顽力 H_c、饱和磁感应强度 B_m,计算出磁滞损耗 W_{BH} 等各种相关参数.

(1) 测试仪使用参数.

L—— 待测样品的平均磁路长度,已内置,$L = 60$ mm,可修改;

S—— 待测样品的横截面积,已内置,$S = 80$ mm^2,可修改;

N—— 待测样品的励磁绕组匝数,已内置,$N = 50$,可修改;

n—— 待测样品的磁感应强度 B 的测量绕组匝数,已内置,$n = 150$,可修改;

R_1—— 励磁电流的取样电阻,阻值 $0.5 \sim 5$ Ω;

R_2—— 积分电阻,阻值 10 kΩ,固定;

C_2—— 积分电容,20 μF,固定;

U_H—— 正比于磁场强度的有效值电压,供调试用,电压范围 $0 \sim 1$ V;

U_B—— 正比于磁感应强度 B 的有效值电压,供调试用,电压范围 $0 \sim 1$ V.

(2) 瞬时值 B 与 H 的计算公式:

$$B = \frac{U_B R_2 C_2}{nS}, \quad H = \frac{NU_H}{LR_1}.$$

(3) 测试仪按键功能说明.

① 功能键:用于选择不同功能,每按一次,切换一种,在显示器上显示选定功能代码.

② 确认键:当选定某一功能后,按下此键,测试仪便执行选定功能.

③ 数位键:用于选定要输入的数字的位置,用闪动的小数点代表,每按一次由左向右,循环移动.

④ 数据键:用于在选定的位置上输入数字,每按动一次,数字由 $0 \sim 9$ 循环选择.

⑤ 复位键(RESET):开机后,显示器会依次巡回显示"P"和"8",表示测试仪已经准备就绪,在进行功能切换或测试仪工作不正常时,应按此键,使测试仪进入或恢复正常工作.

(4) 测试仪功能介绍.

① 显示所测样品的 N 和 L 值.

按 RESET 键后,当显示器显示"P...8...P...8..."时,按功能键,显示器显示

H | N. | 0 | 0 | 5 | 0 | B | L. | 0 | 6 | 0. | 0

这里显示的 $N = 50$ 匝,$L = 60$ mm 为仪器事先的设定值(上述参数可修改).

② 显示所测样品的 n 和 S 值.

按功能键,将显示

H | n. | 0 | 1 | 5 | 0 | B | S. | 0 | 8 | 0. | 0

这里显示的 $n = 150$ 匝,$S = 80$ mm^2 为仪器事先的设定值(上述参数可修改).

③ 显示电阻 R_1,以及 H 和 B 值的倍数代号.

按功能键,将显示

H | r | 1. | 2. | 5 | 0 | B | H. | 3 | B. | 3

这里显示的 $R_1 = 2.5$ Ω,H 和 B 值的倍数代号 3 为仪器事先的设定值(上述参数可修改).

注:H 和 B 值的倍数是指其显示值乘以倍数.

	倍数代号	倍数及单位		倍数代号	倍数及单位
	1	×10 A/m		1	×10 T
	2	×10^2 A/m		2	×10^2 T
H 值倍数	3	×10^3 A/m	B 值倍数	3	×10^3 T
	4	×10^4 A/m		4	×10^4 T
	5	×10^5 A/m		5	×10^5 T

④ 显示电阻 R_2 和电容 C_2 值.

按功能键,将显示

H		r	2.	1	0.	0

B		C	2.	2	0.	0

这里显示的 $R_2 = 10\ \text{k}\Omega, C_2 = 20\ \mu\text{F}$ 为仪器事先的设定值(上述参数可修改).

⑤ 显示定标参数(仅供调试用).

按功能键,将显示

H		U.	H	C	0

B		U.	B	C	0

按确认键,将显示 U_{HC} 和 U_{BC} 值.

注意:无输入信号时,禁止操作此功能键;显示值不能大于 1.000 0,否则必须减少输入信号.

⑥ 显示每周期采样的总点数和测试信号的频率.

按功能键,将显示

H		n.			

B		F.			

按确认键,将显示每周期采样的总点数 n 和测试信号的频率 f.

⑦ 显示采样数据.

按功能键,将显示

H		H.	B.		

B		t	e	s	t

按确认键,仪器将按照步序 ⑥ 所确定的点数对磁滞回线进行自动采样.

若测试系统正常,稍后显示器将显示"GOOD",表明采样成功,即可进入下一步程序操作.

如果显示器显示"BAD",表明系统有误,查明原因并修复后,按功能键,程序将返回到数据采样状态,可重新进行数据采样.

⑧ 显示磁滞回线采样点 H 和 B 值.

连续按两次功能键,将显示

H	H.	S	H	O	W.

B	B.	S	H	O	W.

每按两次确认键后,将显示曲线上一点的 H 和 B 值(第一次显示采样点的序号,第二次显示该点的 H 和 B 值),采样总点数参照步序 ⑥,H 和 B 值的倍数参照步序 ③. 显示点的顺序是依磁滞回线的第四、第一、第二和第三象限的顺序进行,否则,说明数据出错或采样信号出错.

若在进行步序 ⑦ 时只按功能键而未按确认键,表明未完成数据采样就进入步序 ⑧,此时显示"NO DATA".

⑨ 显示磁滞回线的矫顽力 H_c 和剩磁 B_r.

按功能键,将显示

H		H	c.	

B		B	r.	

按确认键,将按步序 ③ 所确定的倍数显示出 H_c 与 B_r 值.

⑩ 显示样品的磁滞损耗.

按功能键,将显示

H		A.	=	

B		H.	B.	

按确认键,将按步序 ③ 所确定的单位显示样品磁滞回线面积.

⑪ 显示 H 和 B 的最大值 H_m 和 B_m.

按功能键,将显示

| H | $H_m.$ | | | |

| B | $B_m.$ | | | |

按确认键,将按步序 ③ 所确定的倍数显示出 H_m 和 B_m 值.

⑫ 显示 H 和 B 的相位差.

按功能键,将显示

| H | | P | H | R. |

| B | | | | C |

按确认键,如显示为

| H | | 2 | 5. | 5 | 0 |

| B | | H. | — | — | B. |

则表示 H 与 B 的相位差是 $25.5°$,在相位上 U_H 超前 U_B.

(5) 数位键和数据键操作.

若改写样品的某项参数,如将 $N = 50$ 匝改写为 $N = 100$ 匝,则可按如下步骤进行.

按功能键,显示器将显示

| H | N. | 0 | 0 | 5 | 0 |

| B | L. | 0 | 6 | 0. | 0 |

按数位键,使位于 B 窗口数据框内"个毫米"处的小数点右移至"分毫米"处;再按数位键,使小数点依次移入 H 窗口"百匝"(即数据输入位)处.

| H | N. | 0 | 0. | 5 | 0 |

按数据键,将小数点位处数码管数字"0"改为"1".

| H | N. | 0 | 1. | 5 | 0 |

按数位键,使小数点右移一位至"十匝"处.

| H | N. | 0 | 1 | 5. | 0 |

按数据键,将小数点位处数码管数字"5"改为"0".

| H | N. | 0 | 1 | 0. | 0 |

 实验 3.6 地磁场的测量

引 言

地磁场作为一种天然资源,在军事、航空、工业、医学、探矿等各领域有重要用途. 地磁场

的数值比较小,约10^{-5} T 数量级,但在直流磁场测量,特别是弱磁场测量中,往往要知道其数值,并设法消除其影响.本实验采用 DH4515 型地磁场测定仪通过测量地磁场与圆线圈合成的磁场方向的偏离角度进行地磁场的间接测量.

实验目的

1. 了解地磁场的分布规律.
2. 掌握地磁场的基本特性.
3. 掌握测量地磁场水平分量的方法.

实验仪器

DH4515 型地磁场测定仪、单通道直流输出电源.

实验原理

地球是一个大磁体,被磁场包围,地磁场的强弱和方向随地点和时间而异,地磁极的南极和北极分别在地理的北极和南极附近,彼此并不重合,有 11°左右的夹角,如图 3-6-1 所示.

从电磁学的右手螺旋定则可以知道,当线圈中通过电流时,线圈的周围就会产生磁场,若右手握拳,假设四指方向为电流的方向,则拇指方向就是磁场的方向,如图 3-6-2 所示.

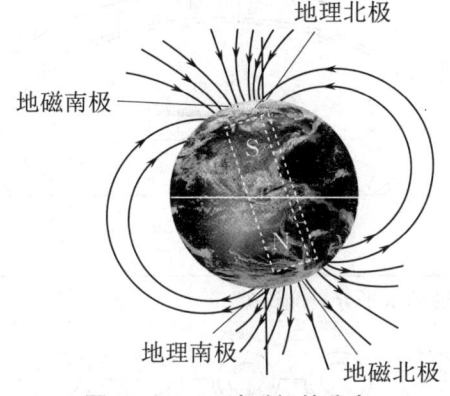

图 3-6-1 地磁场的分布

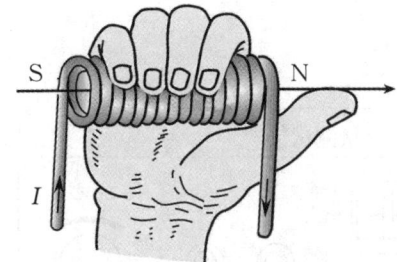

图 3-6-2 右手螺旋定则

如图 3-6-3 所示,当地磁场水平分量 $\boldsymbol{B}_G$ 与圆线圈产生的磁场 $\boldsymbol{B}_R$ 正交时,两个矢量叠加后的磁场矢量为 $\boldsymbol{B}_C$.B_G 与 B_R 之间存在如下关系:

$$B_G = B_R \cot\theta. \tag{3-6-1}$$

圆线圈磁场在轴线上的分布如图 3-6-4 所示.进一步,根据毕奥-萨伐尔(Biot-Savart)定律可知,圆线圈在轴线上某点的磁场强度为

$$B_R = \frac{\mu_0 R^2}{2(R^2+x^2)^{3/2}} NI, \tag{3-6-2}$$

其中,I 为通过圆线圈的电流,N 为圆线圈的匝数,$R=105$ mm 为圆线圈的平均半径,x 为圆心到该点的距离,$\mu_0 = 4\pi \times 10^{-7}$ H/m 为真空磁导率.当 $x=0$ 时,即在圆心处,磁感应强度的

大小为

$$B_0 = \frac{\mu_0}{2R}NI. \tag{3-6-3}$$

轴线外的磁场分布计算公式比较复杂,这里简略.

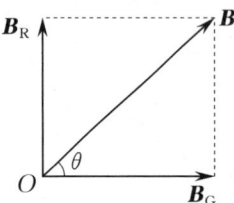

图 3-6-3 地磁场与圆线圈磁场的矢量合成

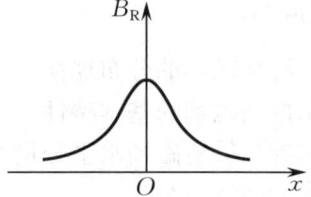

图 3-6-4 圆线圈磁场在轴线上的分布

由此可知,两个矢量叠加后的磁场 B_C 的大小与圆线圈产生的磁场 B_R 和地磁场水平分量 B_G 的大小及它们之间的夹角有关.圆线圈产生的磁场计算公式已经在上面给出.两个矢量叠加后的磁场与地磁场水平分量之间的夹角 θ 可以通过罗盘上指针的偏转角度直接读出.因此可以通过上面的公式间接求出地磁场水平分量.

DH4515型地磁场测定仪由两部分组成,分别为地磁场水平分量测试仪(见图3-6-5)和地磁场水平分量测试架(见图3-6-6).

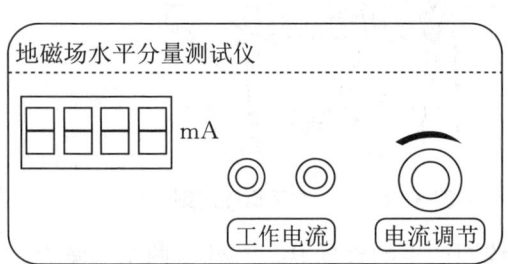

图 3-6-5 地磁场水平分量测试仪

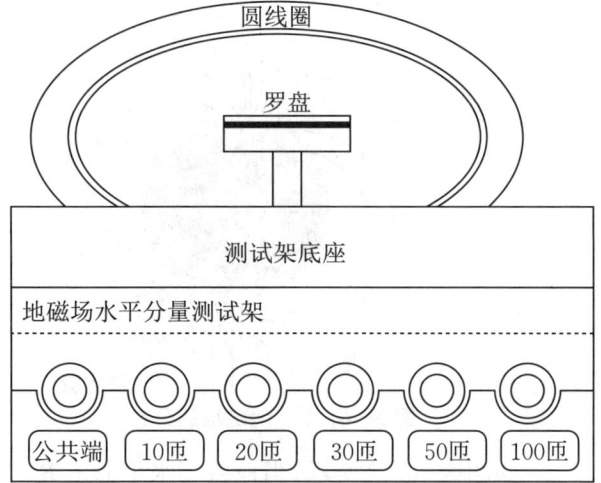

图 3-6-6 地磁场水平分量测试架

1. 仪器使用前,请先开机预热10 min,利用这段时间熟悉仪器上的各个接线端及其正确操作方法.

2. 将单通道直流输出电源的输出调到最小位置.

3. 打开罗盘盖,调整测试架,使罗盘指针指零并垂直于圆线圈轴线.

4. 调整水平,通过调节测试架底座螺丝使气泡位于水准仪中心,并再次重复步骤3.

5. 将单通道直流输出电源的输出电压调至 10 V,将输出导线接到 10 匝接线端上,调节圆线圈电流使罗盘指针偏转 45°.记下圆线圈电流,通过公式计算圆线圈中心的磁感应强度,这时圆线圈中心的磁感应强度就等于地磁场水平分量.用同样的方法测量不同圆线圈匝数下使罗盘指针偏转 45° 时的圆线圈电流,再根据公式分别计算地磁场水平分量.

6. 将电流源接到 30 匝接线端上,分别测量圆线圈电流为 50 mA,100 mA,150 mA,200 mA,250 mA 和 300 mA 时的罗盘指针偏转角度.计算不同圆线圈电流下圆线圈中心的磁感应强度,再根据公式计算地磁场水平分量.

7. 将圆线圈电流调至 200 mA,分别测量圆线圈匝数为 10 匝、20 匝、30 匝、50 匝和 100 匝时的罗盘指针偏转角度.计算不同匝数下圆线圈中心的磁感应强度,再根据公式计算地磁场水平分量.

数据处理

表 3-6-1　罗盘指针偏转 45°

圆线圈匝数 N/匝	10	20	30	50	100
圆线圈电流 I/mA					
对应的磁感应强度 B_0/T					
地磁场水平分量 B_G/T					
$\overline{B}_G$/T					

表 3-6-2　圆线圈匝数 $N=30$

圆线圈电流 I/mA	50	100	150	200	250	300
对应的磁感应强度 B_0/T						
罗盘指针偏转角度 θ/(°)						
地磁场水平分量 B_G/T						
$\overline{B}_G$/T						

表 3-6-3　圆线圈电流为 200 mA

圆线圈匝数 N/匝	10	20	30	50	100
罗盘指针偏转角度 θ/(°)					
对应的磁感应强度 B_0/T					
地磁场水平分量 B_G/T					
$\overline{B}_G$/T					

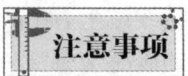

注意事项

1. 使用仪器时,应避开周围有强磁场源的地方.
2. 仪器长时间不用时,应套上塑料袋,防止潮湿空气长期与仪器接触.室内的湿度应低于80%.
3. 仪器长期放置不用后再次使用时,应先预热 30 min.

思考题

1. 如果在测量地磁场时,在圆线圈附近放一个铁钉,对测量结果将产生什么影响?
2. 右手定则和右手螺旋定则有什么区别?

拓展阅读

地磁场极性倒转对生物有何影响

地磁场是维持地球宜居性的重要地球物理场,影响着地球生命的起源和演化.近一百多年来,地磁场正在持续减弱,尤其是在南大西洋的上空存在一个强度减弱、辐射增强的区域,面积还在扩大.强度降低往往是地磁场极性倒转之前的现象,这引起了科学家和公众对地磁场极性倒转的关注.

中国科学院地质与地球物理研究所生物地磁学团队潘永信院士和李金华研究员在 *National Science Review* 上发表的文章中提出了以下观点.

1. 地磁场极性倒转与生命演化事件在时间上存在一定程度的相关性,但并不存在明显的简单因果关系.

显生宙以来,地磁场呈现极性频繁倒转与数百万年保持不变的超静磁期交替出现的特征.地磁场极性倒转和漂移期间,地球表面地磁场强度降低,其强度可降至现今地磁场的 10% 左右.

近年来古地磁学家的研究发现,地磁场的变化在时间上与一些生物灭绝或演变具有一定的相关性.实际上,地磁场的变化是否为生物演化事件发生的诱因之一仍不清楚.也有理论分析认为,地磁场极性倒转期间的磁层和大气的双重保护作用,依然可以阻止太阳风和高能带电粒子直接倾泻到地表而对生态系统造成的直接杀伤作用.

因此,仍然需要获得更多的地质和地球物理观测证据,结合模拟实验,才能深入理解作用机制和过程.

2. 地磁场极性倒转期间到达地表的辐射通量变化可产生生物生存的环境压力.

地磁场与生命的起源可追溯到 35 亿 ~ 38 亿年前.在地质历史中,地磁场不断变化,生物也持续演变.在地磁场极性倒转期间,地磁场强度降低,造成其对紫外线的阻挡作用减弱,从而导致紫外线到达地表的通量增加.

因此地质历史时期非周期性且频繁的地磁场极性倒转,会造成到达地表的紫外线通量非周期性且频繁改变,既对地表和水体表层的生物生存造成一定的环境压力,促使其主动做出适应性改变,又可能在客观上加速基因变异,进而造成物种多样性的改变(生物成种作用).

3. 地磁变化还可直接或间接影响生物个体的发育、行为与演化.

在与地磁场的长期共同演化中,生物也进化出利用地磁场开展各种生理活动的能力.例如,趋磁细菌在水体中可以沿磁场游泳,美洲帝王蝶、绿海龟、北极燕鸥、知更鸟、中华山蝠等高等生物能利用地磁场在不同空间、不同尺度进行精确定位和导航,完成它们的长距离迁徙.

这些研究表明,生物的感磁能力可能具有古老起源,并与地磁场长期共同演化,且与其他物理和化学信号相互耦合.

虽然地球科学家在半个世纪前就已经注意到地磁场可能对生物有影响,生物感磁这个问题也很早前就已被提出,然而,这一问题直到现在仍是自然界中引人注目的未解之谜.由于地磁场-环境-生物之间关系复杂且长期缺乏系统而深入的交叉学科研究,证据缺乏、机制不明,对地磁场生物效应的作用机制、生物感磁机理等仍不清楚,因此未来研究中需要加强地磁场-辐射-生命三者关联的交叉学科研究,建立地磁场-环境-生物三者关联的动态作用模型,开展古环境-古地磁-古生物学综合研究和相关大数据分析,破译地磁场和生物圈之间的内在联系,为认识生命和地磁场的共同演化及行星宜居性提供理论基础.

实验 3.7　薄透镜焦距的测量

引　言

透镜是由两个共轴折射面构成的光学元件,通常以光学玻璃为原材料,磨制成形后将折射面抛光而成.若不加以说明,提到透镜或透镜组时,绝大多数是指球面透镜及其组合.透镜通过两个表面的折射,对光线具有会聚或发散作用,能在目标位置形成物体的像.反映透镜特性的一个重要参数是焦距.在不同的使用场合,由于使用目的的不同,需要选择不同焦距的透镜或透镜组.为了正确使用光学仪器,必须掌握透镜成像的基本规律,学会光路的调节技术和焦距的测量方法.

实验目的

1. 学习测量薄透镜焦距的原理和方法,掌握光路共轴等高的调节方法.
2. 掌握用自准法、物距像距法、共轭法测量凸透镜焦距的方法.
3. 掌握用物距像距法测量凹透镜焦距的方法.
4. 学习左右逼近读数法.

实验仪器

光具座(包括可移动的底座、光学平台)、凸透镜、凹透镜、平面镜、白光光源、物屏、像屏等.

实验原理

常见的透镜一般分为凸透镜和凹透镜,凸透镜有双凸、凹凸、平凸三种,凹透镜也有双凹、凸凹、平凹三种,如图 3-7-1 所示.

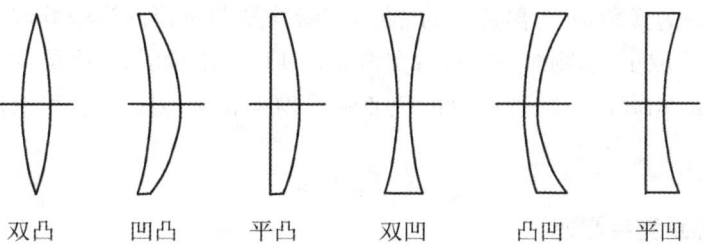

图 3-7-1　不同类型的透镜

1. 薄透镜成像规律

凸透镜具有使光线会聚的作用,当一束平行于凸透镜主光轴的光线通过凸透镜后将会聚到主光轴上,会聚点 F 称为凸透镜的焦点,如图 3-7-2(a)所示,凸透镜光心 O(光线通过这一点时不改变传播方向)到焦点 F 的距离称为焦距 f. 同理,位于凸透镜焦点上的点光源发出的光线通过凸透镜后,将变成一束平行于主光轴的光线,如图 3-7-2(b)所示.

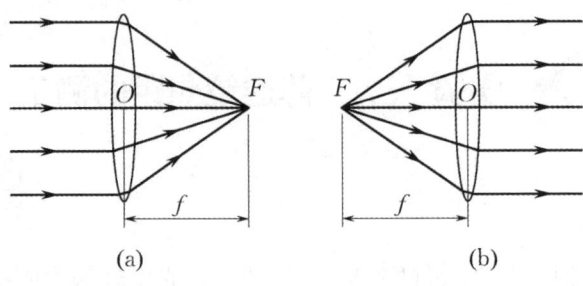

图 3-7-2 凸透镜的会聚作用

凹透镜具有相反的作用,即使光线发散. 一束平行于凹透镜主光轴的光线通过凹透镜后将发散. 发散光的反向延长线与主光轴的交点 F 称为凹透镜的焦点,如图 3-7-3(a)所示,凹透镜光心 O 到焦点 F 的距离称为焦距 f. 同理,当一束会聚光入射到凹透镜上,且会聚光的会聚点在凹透镜入射面反面的焦点上时,光线通过凹透镜后将变成一束平行于主光轴的光线,如图 3-7-3(b)所示.

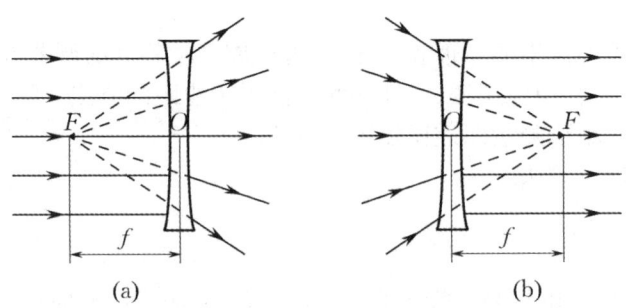

图 3-7-3 凹透镜的发散作用

当透镜的中心厚度比透镜焦距小得多时,我们称之为薄透镜. 在近轴光线条件下,即仅考虑那些与光轴的夹角很小的光线时,薄透镜成像公式可表示为

$$\frac{1}{u}+\frac{1}{v}=\frac{1}{f}, \qquad (3-7-1)$$

其中,u 为物距,v 为像距,f 为薄透镜的焦距,三者均从薄透镜的光心算起. 对它们的符号规定如下:实物时,u 取正,虚物时,u 取负;实像时,v 取正,虚像时,v 取负;凸透镜时,f 取正,凹透镜时,f 取负. 由式(3-7-1)可知,只要测出物距 u 和像距 v,就可求出薄透镜的焦距:

$$f=\frac{uv}{u+v}. \qquad (3-7-2)$$

2. 凸透镜焦距测量原理

本实验采用自准法、物距像距法和共轭法来测量凸透镜的焦距.

(1) 自准法.

如图 3-7-4 所示,通过凸透镜的光线经平面镜反射后再次通过凸透镜,如果物屏恰好位于凸透镜的焦平面上,那么物上某一点(如 B_0 点)发出的光线经凸透镜后由平面镜反射,并再次通过凸透镜,成像于物屏上 B_1 点,可在物屏上得到一个与原物 A_0B_0 等大的倒立实像 A_1B_1. 此时物距即为凸透镜的焦距.

(2) 物距像距法.

如图 3-7-5 所示,由凸透镜成像规律,当 $u > f$ 时,改变物距 u,可在像屏上得到大小不同的实像. 测得物距 u 和像距 v,由式(3-7-2)即可求得凸透镜的焦距.

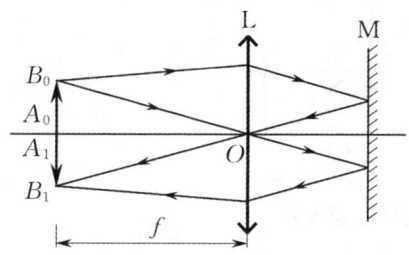

图 3-7-4　自准法测凸透镜焦距

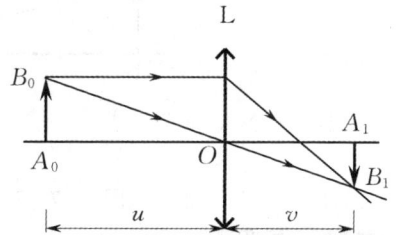

图 3-7-5　物距像距法测凸透镜焦距

(3) 共轭法.

如图 3-7-6 所示,当凸透镜在物屏和像屏之间移动时($D \geqslant 4f$),可在像屏上得到一个放大的像 A_1B_1 和一个缩小的像 A_2B_2,这就是物像共轭. 根据凸透镜成像公式,有 $u_1 = v_2$ 和 $u_2 = v_1$. 由图 3-7-6 可知

$$D - d = u_1 + v_2 = 2u_1,$$

所以

$$u_1 = \frac{D-d}{2}, \quad v_1 = D - u_1 = \frac{D+d}{2},$$

将其代入式(3-7-2),可以得到

$$f = \frac{D^2 - d^2}{4D} \quad (D \geqslant 4f). \tag{3-7-3}$$

由式(3-7-3)可知,只要测出 D 和 d,就可求得凸透镜的焦距.

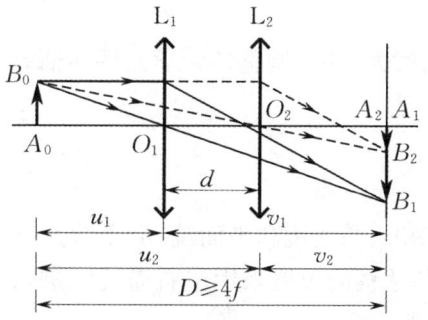

图 3-7-6　共轭法测凸透镜焦距

3. 物距像距法测量凹透镜焦距的原理

由于实物通过凹透镜后不能得到实像,因此需要借用一个凸透镜辅助成像. 具体做法是让凸透镜所成的像作为凹透镜的虚物,并且位于凹透镜的一倍焦距之内,这样就可在像屏上得到一个实像. 如图 3-7-7 所示,A_0B_0 为实物,A_1B_1 为单独放置凸透镜时 A_0B_0 所成的实像,A_2B_2 为放入凹透镜后所成的实像. 故 A_1B_1 为凹透镜成像对应的虚物. 只要测出虚物的物距和像距,将其代入式(3-7-2),就可求出凹透镜的焦距. 注意 u 的符号,由于 A_1B_1 是凹透镜的虚物,因此 u 为负值.

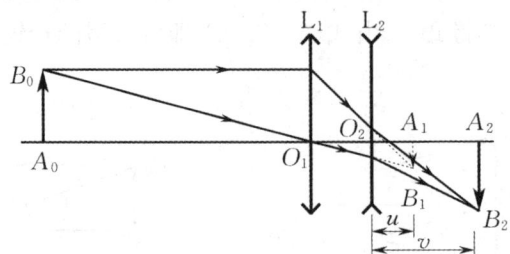

图 3-7-7 物距像距法测凹透镜焦距

4. 共轴等高调节

薄透镜成像公式在近轴光线条件下成立,因此要求光路中各光学元件共轴等高. 这样,当沿光轴方向移动光学元件时,像的中心可保持在主光轴上. 在调节时,先粗调,后细调. 首先将各光学元件靠拢,使各元件中心大致等高,并使各光学元件的光学面与光轴方向垂直. 细调时,移动薄透镜位置,使像屏上出现两个大小不同的实像,利用薄透镜成像规律适当调节光学元件,使像的中心在像屏上的位置不变. 若光路中有多个光学元件,则应一个一个地加入. 每加入一个元件都要仔细调节该元件,保证沿着光轴方向移动该元件时,像的中心位置不变.

5. 左右逼近法

为了准确地找到像的最清晰位置,常采用左右逼近法. 如对像屏采用左右逼近:先使像屏沿光轴方向从左向右移动,到像最清晰时记录像屏的位置;再从右向左移动像屏,到像最清晰时再次记录像屏的位置,取两次测量的平均值作为像最清晰时像屏的位置. 也可对薄透镜采用左右逼近来得到像最清晰时的薄透镜位置.

实验内容

1. 以物屏三叶草开孔高度为基准,调整各光学元件共轴等高,并记录物屏位置 A_0,确保以后实验过程中物屏位置不变.

2. 凸透镜焦距的测量.

(1) 自准法.

按图 3-7-4 所示放置物屏、凸透镜和平面镜. 沿光轴方向移动凸透镜,使物屏上出现一个与物等大的倒立实像. 对凸透镜的位置采用左右逼近法进行测量. 要求重复测量两次,并由所测数据求出凸透镜的焦距.

(2) 物距像距法.

按图 3-7-5 所示放置物屏、凸透镜和像屏,要求对两个大小不同的实像(缩小的像和放大的像)进行测量,对像屏的位置采用左右逼近法进行测量,并分别记录像屏 A_1 和凸透镜光心的位置 O. 将其代入式(3-7-2),即可求出凸透镜的焦距.

(3) 共轭法.

按图 3-7-6 所示放置物屏、凸透镜和像屏,要求 $D \geqslant 4f$. 固定像屏位置 A_1 并记录,移动凸透镜,使像屏上分别出现缩小的像和放大的像,对两次成像的凸透镜光心位置 O_1,O_2 采用左右逼近法进行测量. 要求重复测量两次,由式(3-7-3),即可求出凸透镜焦距.

3. 凹透镜焦距的测量.

按图 3-7-7 所示放置物屏、凸透镜和像屏,调节凸透镜和像屏的位置,使像屏上出现一个缩小的实像,用左右逼近法记录此时像屏的位置 A_1. 保持物屏和凸透镜不动的情况下,在凸透镜和像屏之间放入凹透镜. 移动凹透镜和像屏,使像屏上出现一个实像. 固定像屏位置 A_2 并记录. 然后对凹透镜光心的位置 O_2 采用左右逼近法进行精确测量. 重复测量两次,将所测数据代入式(3-7-2),即可求得凹透镜的焦距.

数据处理

表 3-7-1　自准法测凸透镜焦距

物屏位置 A_0 = _____　　　　单位:cm

次数	凸透镜光心位置			f	$\bar{f}$
	左→右	右→左	平均		
1					
2					

表 3-7-2　物距像距法测凸透镜焦距

物屏位置 A_0 = _____　　　　单位:cm

实像	凸透镜光心位置 O	像屏位置 A_1			u	v	f	$\bar{f}$
		左→右	右→左	平均				
放大的像								
缩小的像								

表 3-7-3　共轭法测凸透镜焦距

物屏位置 A_0 = _____　　　　单位:cm

次数	凸透镜光心位置 O_1			凸透镜光心位置 O_2			像屏位置 A_1	D	d	f	$\bar{f}$
	左→右	右→左	平均	左→右	右→左	平均					
1											
2											

表 3-7-4　物距像距法测凹透镜焦距

单位:cm

次数	像屏位置 A_1			像屏位置 A_2	凹透镜光心位置 O_2			u	v	f	$\bar{f}$
	左→右	右→左	平均		左→右	右→左	平均				
1											
2											

注意事项

1. 光学元件为玻璃制品,表面经过精密抛光和镀膜,请勿用手触摸任何元件的光学面.

2. 开始测试前请首先对光学元件进行共轴等高调节,并紧固光学元件上所有固定螺丝.

3. 请务必采用左右逼近法确定像最清晰时像屏的位置,同一位置的左右逼近测试需由同一个人完成.

4. 像的清晰度和亮度之间没有绝对的关系,观察过程中请注意物屏开孔细节是否清晰地反映在对应像中.

5. 自准法测凸透镜焦距过程中,请注意区分凸透镜反射形成的干扰像与自准法本身所成的像.

6. 凹透镜焦距测量过程中,虚物和凹透镜的位置均需通过左右逼近法测得,故虚物物距测量的绝对误差较大. 测量过程中,应尽量选择较大的虚物物距,以减小其相对误差. 如凹透镜焦距为 −6 cm,根据薄透镜成像公式,若所成的像为实像,则虚物物距的绝对值应小于6 cm,为减小其相对误差,实验设计中应限制虚物物距的取值范围为 −3.5～−5.5 cm,对应两次像屏间距可自行计算.

思考题

1. 薄透镜成像公式成立的前提条件是什么?
2. 为什么采用左右逼近法测量?
3. 为什么共轭法测薄透镜焦距可以避免由于薄透镜光心位置不易确定而带来的测量误差? 物屏与像屏的距离为什么必须大于或等于焦距的四倍?
4. 可否用自准法测凹透镜焦距? 请自行设计实验并验证其可行性.

实验 3.8　等厚干涉——牛顿环

引言

光的干涉是最重要的光学现象之一. 早在 1675 年,牛顿在制作天文望远镜时,偶然将一个望远镜的物镜放在一块平板玻璃上,发现了牛顿环这一干涉现象. 牛顿为了研究薄膜颜色,曾经仔细研究过由凸透镜和平板玻璃组成的实验装置,并取得了极大的成功.19 世纪初,托马斯·杨(Thomas Young)用光的干涉原理解释了牛顿环,并参考牛顿的实验,计算了不同颜色光对应的波长和频率.牛顿环干涉是用振幅分割法产生的干涉,是等厚干涉中典型的干涉现象,其原理在科研和工业生产技术中都有广泛应用.牛顿环干涉可用于检测透镜的曲率及研磨质量、测量光波长、检验物体表面的粗糙度和平整度等.

实验目的

1. 观察等厚干涉现象,加深对光的波动性的认识.
2. 学习利用牛顿环测量平凸透镜凸面的曲率半径,并学会用逐差法处理数据.
3. 掌握读数显微镜的使用方法.

实验仪器

读数显微镜、钠灯、牛顿环仪.

实验原理

将一曲率半径较大的平凸透镜的凸面与一平板玻璃接触放置,在平凸透镜凸面与光学平板玻璃之间形成了一层空气薄膜(空气层),其厚度从中心接触点 C 到边缘逐渐增大,如图 3-8-1 所示.当一单色光从上方垂直照射时,入射光将在 ACB 面和 DCE 面上依次反射,成为具有一定光程差的两束相干光,它们在相遇区域内将产生干涉.因 ACB 面为球面,光程差相等的地方是以 C 点为中心的同心圆,故干涉条纹是以 C 点为中心的一系列明暗相间的同心圆环,简称牛顿环.

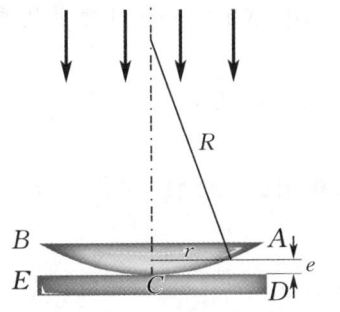
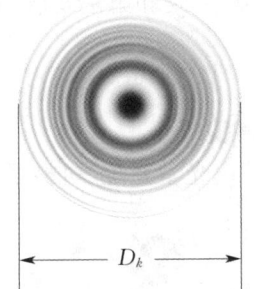

图 3-8-1　牛顿环仪和牛顿环示意图

由于下表面的反射光比上表面的反射光多走了两倍空气层厚度 e,且下表面的反射光是从光密介质反射到光疏介质,存在半波损失,因此这两束相干光的光程差为

$$\delta = 2ne + \frac{\lambda}{2}, \tag{3-8-1}$$

其中,λ 为入射光的波长,e 是空气层厚度,空气折射率 $n \approx 1$.当光程差为半波长的奇数倍时为暗环,若第 k 级暗环处的空气层厚度为 e_k,则光程差为

$$\delta = 2e_k + \frac{\lambda}{2} = (2k+1)\frac{\lambda}{2} \quad (k=0,1,2,\cdots). \tag{3-8-2}$$

式(3-8-2)说明,与接触点 C 的距离越远,e_k 增加得越快,即光程差增加得越快,因而牛顿环的条纹变得越来越细也越来越密. 由图 3-8-1 所示的几何关系可知,第 k 级暗环的半径 r_k、空气层厚度 e_k 及平凸透镜的曲率半径 R 之间的关系为

$$R^2 = r_k^2 + (R - e_k)^2,$$

因空气层厚度 e_k 远小于平凸透镜的曲率半径 R,即 $e_k \ll R$,故忽略二阶小量可得

$$e_k = \frac{r_k^2}{2R}. \tag{3-8-3}$$

联立式(3-8-2)和式(3-8-3),可得

$$r_k^2 = kR\lambda. \tag{3-8-4}$$

由式(3-8-4)可知,如果单色光源的波长已知,则只需测出第 k 级暗环的半径 r_k,即可算出平凸透镜的曲率半径 R;反之,如果 R 已知,测出 r_k 后,即可计算出入射单色光的波长 λ. 然而,由于玻璃接触处受压会引起局部的弹性形变,因此透镜凸面与平板玻璃不可能是理想的单点接触,圆心位置很难确定,暗环的半径 r_k 的测量误差就较大. 同时,玻璃表面的不洁净,在平凸透镜与平板玻璃接触处存在尘埃,会引入附加光程差,使实验中看到的干涉条纹序数并不代表真正的干涉级次 k. 为了避免这种误差,可将式(3-8-4)中的半径 r_k 用直径来代替,采用相对级次测量,首先取第 m 级和第 n 级暗环的直径 D_m 和 D_n 进行测量,有 $D_m^2 = 4mR\lambda$ 和 $D_n^2 = 4nR\lambda$. 采用逐差法,以消除附加光程差带来的系统误差,将上述两式相减可得

$$R = \frac{D_m^2 - D_n^2}{4(m-n)\lambda}. \tag{3-8-5}$$

这样,只要测得第 m 级和第 n 级暗环的直径,就可由式(3-8-5)计算平凸透镜的曲率半径.

1. 读数显微镜

读数显微镜由光学系统、机械系统及读数机构组成,其结构如图 3-8-2 所示.

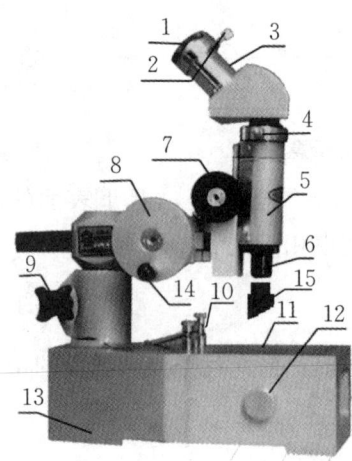

1—目镜; 2—目镜锁紧圈; 3—目镜接筒;
4—棱镜接头锁紧圈; 5—镜筒; 6—物镜;
7—调焦手轮; 8—测微鼓轮; 9—支架锁紧旋钮;
10—弹簧压片; 11—台面玻璃;
12—内置反光镜角度调整旋钮; 13—底座;
14—测微手柄; 15—45°反光镜.

图 3-8-2 读数显微镜结构图

光学系统的基本组成是显微物镜和目镜,显微物镜先对被观测物体进行清晰逼真的高倍放大,形成中间影像,再经过显微目镜把中间实像再次放大,在目镜的出瞳位置上,即可用眼睛观察到高倍放大且清晰可辨的物体影像.目镜中设置有固定分划板,刻有十字测量准线.机械系统是精密导轨和精密丝杆传动机构,其带动显微镜筒沿横向标尺移动.位移的大小可在由标尺和测微鼓轮组成的读数机构上读出,标尺的最小分度为 1 mm,毫米以上的读数在标尺上读出,毫米以下的读数在测微鼓轮上读出,鼓轮的最小分度相当于 0.01 mm,可估读到 0.001 mm 数位上.

在使用显微镜测量前,应先调正十字叉丝:松开目镜锁紧圈螺钉,一边通过目镜观察,一边转动目镜,使十字叉丝中的一条叉丝沿水平方向(即与标尺平行),另一条叉丝沿垂直方向,调正后锁紧螺钉.然后调节目镜聚焦:旋转目镜螺盖,使在目镜中看到的十字叉丝最清晰,当眼睛在上下左右小范围内晃动时,目镜中看到的叉丝无视差,说明目镜聚焦已调好,测量过程中不能再动它.最后调节物镜聚焦:为了防止调节过程中损坏物镜及套在物镜下端的 45°反光镜,通常采用自下而上法调焦,即先让物镜靠近被测物体(如牛顿环表面),然后慢慢提起,直到从目镜中看到的物像最清晰为止.

例如,测量细丝的直径 d 时,应调节显微镜目镜使十字叉丝清晰,然后调节显微镜物镜使细丝像清晰,转动目镜使十字叉丝竖刻线与细丝像平行.旋动测微鼓轮使竖刻线与细丝像一侧重合,记录位置读数,如 $x_1 = 32.301$ mm;再旋动测微鼓轮使竖刻线与细丝像另一侧重合,记录位置读数,如 $x_2 = 29.523$ mm. 则细丝的直径 $d = |x_2 - x_1| = 2.778$ mm.

为了消除横向传动机构中丝杆空程对测量结果的影响,在使用读数显微镜进行测量时,一次测量过程中应使测微鼓轮只朝一个方向转动,中途不得倒转,防止产生回程误差.

2. 牛顿环仪

牛顿环仪由一块曲率半径较大的平凸透镜叠放于一光学平板玻璃上构成,该装置固定在一凹形金属圆框中,其上部有一圆环形弹簧压片和三个调节螺钉,调节这三个调节螺钉可改变平凸透镜凸面和平板玻璃的接触点位置及两者之间的压力.

3. 钠灯

钠灯是利用钠蒸气弧光放电而发光的光源,在可见光区内发射两波长极相近(589.0 nm 和 589.6 nm)的黄色光,通常取其中心波长 589.3 nm 作为钠黄光的波长.使用钠灯时要注意钠灯开启后有预热过程、熄灭后有冷却过程,即熄灭后必须等灯管冷却后才能重新启动.严禁多次开关钠灯,以免降低灯管使用寿命.

实验内容

首先,实验过程中应特别注意以下 3 项.

(1) 钠灯严禁频繁开关,关闭后必须等灯管冷却后才能重新启动.

(2) 读数显微镜镜筒应自下而上缓慢调节,特别注意镜筒横向移动不要超行程.

(3) 一次测量过程中测微鼓轮不能倒转.

打开钠灯电源,调整灯罩,使发光窗口正对显微镜筒,镜筒和牛顿环仪均处于光照范围内.

观察读数显微镜,使镜筒处于标尺中心附近,即刻度指到 25 mm 附近.调节升降支架,使显微镜载物台台面与钠灯窗口下边缘大致相平.

手拿牛顿环仪,观察反射方牛顿环条纹中心暗斑所处位置,轻轻调节调节螺钉,使中心暗斑处于牛顿环仪正中心.

转动45°反光镜使其对准光源,在显微镜下边观察边调节,使目镜视场中观察到的光线亮度最大且处处均匀.左右不均时,应旋转45°反光镜;上下不均时,应调节升降支架,改变光线在反光镜上的入射点,使反射光垂直照射到牛顿环仪上.

转动调焦手轮,使其与牛顿环仪接近,然后一边观测目镜一边自下而上地转动调焦手轮,直至在目镜中观测到清晰的牛顿环.

测量凸透镜的曲率半径时,首先调节显微镜的测微鼓轮,使视场中十字叉丝通过中心零级暗斑后向左移至第42级暗环,然后开始反转测微鼓轮,使十字叉丝右移.当移动到十字叉丝竖刻线与第40级暗环相切时,测读其位置读数,然后继续转动鼓轮,依次测出第38,36,34,…,22级暗环(左侧)的位置读数,继续右移十字叉丝,通过中心暗斑,直至竖刻线分别与第22,24,26,…,40级暗环(右侧)相切,记录其位置读数.分别求得第22级到第40级暗环的直径,取 $m-n=10$.将所测数据用逐差法求出直径的平方差,再代入式(3-8-5)即可求出平凸透镜的曲率半径.

表3-8-1　用牛顿环测量平凸透镜凸面的曲率半径($\lambda = 589.3$ nm)

单位:mm

暗环级次 m		40	38	36	34	32
暗环位置	$x_{左}$					
	$x_{右}$					
暗环直径 D_m						
暗环级次 n		30	28	26	24	22
暗环位置	$x_{左}$					
	$x_{右}$					
暗环直径 D_n						
$m-n$		10	10	10	10	10
$D_m^2 - D_n^2$						
$R_i = \dfrac{D_m^2 - D_n^2}{4(m-n)\lambda}$						
$\overline{R}$						

1. 将各测量数据代入式(3-8-5),计算出平凸透镜的曲率半径.

2. 计算曲率半径的不确定度 $u(R) = \sqrt{\dfrac{\sum\limits_{i=1}^{5}(R_i-\overline{R})^2}{5\times(5-1)}}$.

3. 曲率半径的最终结果为 $R = \overline{R} \pm u(R)$.

1. 读数显微镜目镜聚焦和物镜聚焦的调节要领和评判标准是什么？
2. 牛顿环的各环是否等宽？环的疏密是否均匀？如何解释？
3. 牛顿环的干涉圆环是由哪两束相干光产生的？
4. 直径的平方差等于弦的平方差，因此实验中可以不必严格地确定出环的中心. 试用数学方法证明直径的平方差等于弦的平方差.

牛顿和牛顿环

牛顿是英国伟大的物理学家、天文学家和数学家，经典力学体系的奠基人.

为了研究薄膜的颜色，牛顿曾经仔细研究过凸透镜和平板玻璃组成的实验装置，发现了牛顿环现象（见图 3-8-3），并做了精确的定量测量，但牛顿主张光的微粒说，因此未能对该现象做出正确的解释. 直到 19 世纪初，托马斯·杨才利用光的干涉原理解释了牛顿环现象，并参考牛顿的测量结果计算了不同颜色光对应的波长和频率. 牛顿环现象是光的波动性的有力证据之一. 物理学家利用这一简单装置，进行了大量研究，推动了光的波动理论的建立和发展. 如托马

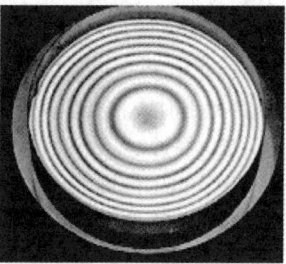

图 3-8-3　牛顿和他发现的牛顿环

斯·杨利用牛顿环装置验证了半波损失理论；阿拉戈（Arago）通过检验牛顿环的偏振状态，对光的微粒说提出了质疑；菲佐（Fizeau）用牛顿环测定了钠双线的波长差，并据此推断钠黄光具有两个强度几乎相同的分量. 如今，牛顿环已经在工业测量中得到广泛应用，如测量光波长、测量微小角度或薄膜厚度、观测微小长度变化、检测光学表面的加工质量、测量液体折射率等.

恩格斯（Engels）在《英国状况：十八世纪》中将牛顿的成就概括得最为完整："牛顿由于发现了万有引力定律而创立了科学的天文学，由于进行了光的分解而创立了科学的光学，由于创立了二项式定理和无限理论而创立了科学的数学，由于认识了力的本性而创立了科学的力学." 牛顿的伟大成就与他的刻苦和勤奋是分不开的. 他有一种长期坚持不懈集中精力透彻解决某一问题的习惯，他回答人们关于他洞察事物有何诀窍时说："不断地沉思." 这正是他的主要特点. 牛顿的性格是温和的、缄默的，他说：

"我不知道世上的人对我怎样评价. 我却这样认为：我好像是在海滨上玩耍，时而发现了一块光滑的石子儿，时而发现了一个美丽的贝壳而为之高兴的孩子. 尽管如此，那真理的海洋还神秘地展现在我们面前."

"如果说我比别人看得更远些，那是因为我站在了巨人的肩膀上."

就在牛顿去世后不久，18 世纪伟大的诗人蒲柏（Pope）总结了世人对牛顿的评价，为牛顿写下了一段著名的墓志铭：

"自然和自然的法则在黑夜中隐藏；
上帝说，'让牛顿诞生！'
于是一切都被照亮."

光学仪器的使用和维护规则

光学仪器一般分为两部分，一是机械部分，二是光学元件．机械部分，如狭缝、螺钉的传动装置、刻度盘等，都是精密元件，严禁乱拨乱拧，调节时必须按仪器的操作规程使用，动作要轻，精神要集中．光学元件大都是玻璃制品，表面经过精细抛光，有的还经过镀膜，使用时一定要小心谨慎，不能粗心大意．

光学仪器常见的损坏情况有下列几种．

（1）破损．由于光学元件大都是玻璃制品，若使用者粗心大意，发生激烈撞击，如失手跌落、振动或挤压等，极易造成光学元件破损．

（2）磨损．在光学表面附有灰尘或油渍等不洁物时，由于处理不当，如用手、普通的布或纸去擦，有可能致使光学表面留下痕迹或镀膜被擦掉．保管不善可导致光学表面与其他物品发生摩擦，造成光学表面的擦伤．光学表面的磨损会使仪器成像模糊，甚至无法观察和测量．

（3）污损．在拿取光学元件时，若用手直接接触光学表面，会将手上的汗渍、油渍黏在光学表面而留下污渍，特别是镀过膜的光学表面，如不能及时清除污渍，问题会更严重．因此，拿取光学元件时一定要十分小心，绝对不能接触光学表面．

（4）发霉．主要是由于保管不善，使光学元件经常处于温度高、湿度大的环境中，霉菌污染光学表面所致，因此平时应将光学仪器放在通风干燥的房间或将光学元件置于干燥的容器内保存．

（5）腐蚀．光学表面遇到酸、碱等化学物品时会发生腐蚀现象，应加以注意．

由于以上原因，光学仪器在使用时必须遵守下列原则．

（1）必须详细了解仪器的使用方法和操作规程后才能使用．

（2）仪器应轻拿轻放，避免激烈振动和失手跌落．

（3）不准用手触摸仪器的光学表面，如果必须用手拿光学元件（如透镜、棱镜、平面镜、光栅等），则只能接触非光学表面部分，即磨砂面，如透镜的边缘、棱镜的上下底面、平面镜和光栅的底座等，如图 3-8-4 所示．

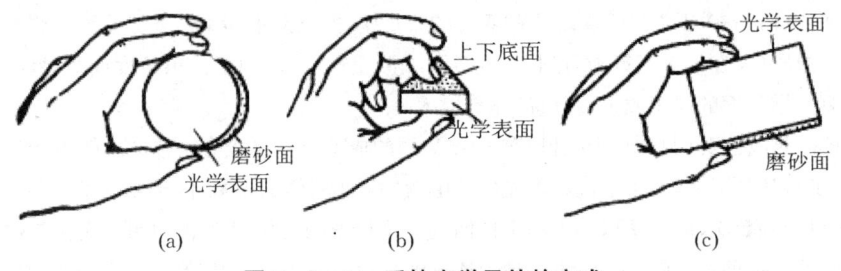

图 3-8-4　手持光学元件的方式

（4）光学表面如果有轻微的污渍或指印，可用特制的擦镜纸轻轻擦去，且不能用力硬擦，更不能用衣服或其他纸来擦，使用的擦镜纸应保持清洁．当光学表面有较严重的污渍或指印时，应交予实验室人员用乙醚、丙酮或酒精等清洗．

（5）光学表面如果有灰尘，可用实验室专备的橡皮球将灰尘吹去，或用软毛刷轻轻掸去，切不可用其他物品来擦．

（6）除实验室规定外，禁止任何溶液接触光学表面，尽量避免对着光学表面说话、咳嗽、打喷嚏等．

（7）在暗室中应先熟悉各种仪器和元件安放的位置，在黑暗环境中摸索光学元件时，手应贴着桌面，动作要轻而缓慢,以免碰倒或带落仪器、元件等.

(8) 光学仪器的机械结构一般都比较精细,操作时动作要轻,进行要缓慢,用力要均匀平稳,不得强行扭动,也不能超出其行程范围.若使用不当,其精度会大大降低,甚至损坏.

(9) 光学仪器的装配非常精密,拆卸后很难复原,因此严禁私自拆卸仪器.

(10) 仪器用毕,应放回箱内或加防尘罩,防止污染和受潮.

(11) 对于光学狭缝,不允许其过于紧闭,否则会由于狭缝过紧造成刀刃口互相挤压而受损,若狭缝处不清洁,可将狭缝调到适当宽度,用折好的软白纸在狭缝内由上而下滑动一次,切勿往复滑动.

实验 3.9　等厚干涉 —— 劈尖

引　言

光的干涉是最重要的光学现象之一,劈尖干涉是用振幅分割法产生的干涉,是等厚干涉中一个典型的干涉现象,其原理在科研和工业生产技术上有广泛的应用,可以精确地测量微小长度、厚度和角度,检验物体表面的粗糙度和平整度等.

实验目的

1. 观察并研究劈尖干涉现象,加深对光的波动性的认识.
2. 学习利用劈尖干涉测量金属细丝或头发丝的直径,并学会用逐差法处理数据.
3. 掌握读数显微镜的使用方法.

实验仪器

读数显微镜、钠灯、劈尖.

实验原理

劈尖干涉的原理如图 3-9-1 所示,它是将两块光学平板玻璃叠放在一起,在一端插入一细丝或薄片(图中薄片的厚度放大了很多倍),则在两块平板玻璃之间形成一劈尖形的空气薄膜,称为空气劈尖.当单色光垂直照射时,空气劈尖上、下表面反射的两束光发生干涉.劈尖干涉的原理与牛顿环相同,属于等厚干涉,在平行于两块平板玻璃交线的同一条线上,劈尖的厚度相同,因此干涉条纹是一组与交线平行、间隔相等、明暗相间的直条纹.

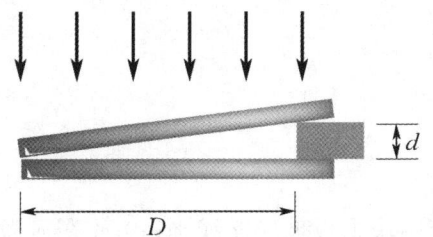
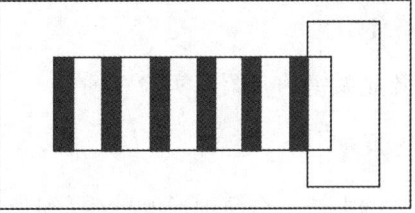

图 3-9-1　劈尖干涉示意图

空气劈尖下、上表面反射的两束光的光程差为

$$\delta = 2ne_k + \frac{\lambda}{2}, \quad (3-9-1)$$

其中,λ 为入射光的波长,e_k 为第 k 级条纹对应的空气层厚度,空气折射率 $n \approx 1$,$\frac{\lambda}{2}$ 是下表面的反射光从光密介质反射到光疏介质而产生的半波损失.当光程差为半波长的奇数倍时为暗条纹,若第 k 级暗条纹处的空气层厚度为 e_k,则光程差为

$$\delta = 2e_k + \frac{\lambda}{2} = (2k+1)\frac{\lambda}{2} \quad (k=0,1,2,\cdots). \quad (3-9-2)$$

由式(3-9-2)的暗条纹产生的条件容易证明:劈尖干涉中两条相邻的暗条纹所对应的空气层厚度差为 $\frac{\lambda}{2}$.由此可推断,n 条相邻的暗条纹所对应的空气层厚度差为

$$\Delta d = n\frac{\lambda}{2}. \quad (3-9-3)$$

另外,还可以用显微镜测得 n 条相邻的暗条纹的水平间距 L,以及劈尖装置中的薄片到两块平板玻璃交线的距离 D.最后,由几何相似性条件可得待测薄片厚度为

$$d = n\frac{D\lambda}{2L}. \quad (3-9-4)$$

利用劈尖干涉原理,可以通过观察劈尖空气薄膜形成的干涉条纹,检测工件表面的加工质量.如图 3-9-2 所示,在待测工件表面放置一块平整度高的平板玻璃,使其间形成一空气劈尖,用单色光垂直照射到工件表面,用读数显微镜观察干涉图样,如果观察到的干涉条纹不是直条纹,而是发生了畸变,则说明工件表面不够平整,并可根据干涉条纹的形状判断工件的凹凸情况.当观察到如图 3-9-2 所示的干涉条纹时,说明工件表面存在一条凹槽.

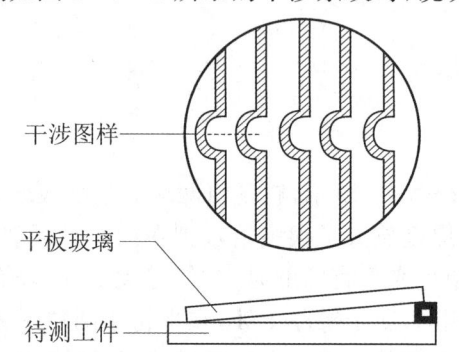

图 3-9-2 用劈尖干涉检测工件表面平整度

读数显微镜的介绍见实验 3.8.

将一端夹着一金属细丝的劈尖(细丝尽量与两块平板玻璃交线平行)放在显微镜载物台上,开启钠灯,使发光窗口正对显微镜筒,镜筒和劈尖均处于光照范围之内.

转动 45° 反光镜使其对准光源,在显微镜下边观察边调节,使目镜视场中观察到的光线亮度最大并到处均匀.左右不均时,应旋转 45° 反光镜;上下不均时,应调节升降支架,改变光线在反光镜上的入射点,使反射光垂直照射到劈尖上.

转动调焦手轮,使其与劈尖接近,然后一边观测目镜一边自下而上转动调焦手轮,直至在目镜中观测到清晰的干涉条纹.

将镜筒移到标尺一端(读数在 5 mm 或者 45 mm 左右),仔细调节显微镜,直至观测到清晰的干涉直条纹.

多次测量 50 条暗条纹的水平间隔 L,用逐差法处理数据.然后测量从两块平板玻璃交线到细丝的长度 D,即可准确得出细丝的直径 $d = 25\dfrac{D\lambda}{L}$.

直接用显微镜测量细丝的直径 d,测量 3 次,并与劈尖干涉法所测结果进行对比.

表 3-9-1 用劈尖干涉法测量金属细丝的直径($\lambda = 589.3$ nm)

单位:mm

暗条纹级次	n	$n+2$	$n+4$	$n+6$	$n+8$
暗条纹位置 x_i					
暗条纹级次	$n+50$	$n+52$	$n+54$	$n+56$	$n+58$
暗条纹位置 x_{50+i}					
50 条相邻暗条纹的水平间距 $L=\lvert x_i - x_{50+i} \rvert$					
从交线到金属细丝的长度 D					
金属细丝的直径 d_i					
金属细丝直径的平均值 $\overline{d}$					

1. 计算金属细丝的直径 $\overline{d}$.

2. 计算金属细丝直径的不确定度 $u(d) = \sqrt{\dfrac{\sum_{i=1}^{5}(d_i - \overline{d})^2}{5 \times (5-1)}}$.

3. 金属细丝直径的最终结果为 $d = \overline{d} \pm u(d)$.

表 3-9-2 用显微镜测量金属细丝的直径

单位:mm

n	x_1	x_2	$d = \lvert x_1 - x_2 \rvert$	$\overline{d}$
1				
2				
3				

1. 读数显微镜目镜聚焦和物镜聚焦的调节要领和评判标准是什么？
2. 劈尖所产生的干涉条纹是否等宽？条纹的密度是否均匀？如何解释？
3. 试比较牛顿环与劈尖干涉条纹的异同点.

第四章

综合性实验

实验 4.1 多普勒效应综合实验

引　言

当波源和接收器之间有相对运动时,接收器接收到的波的频率与波源发出的波的频率不同的现象称为多普勒(Doppler)效应.多普勒效应在科学研究、工程技术、交通管理、医疗诊断等各方面都有十分广泛的应用.例如,原子、分子和离子由于热运动使其发射和吸收的光谱线变宽,称为多普勒增宽.在天体物理和受控热核聚变实验装置中,光谱线的多普勒增宽已成为一种分析恒星大气及等离子体物理状态的重要测量和诊断手段.基于多普勒效应原理的雷达系统已广泛应用于导弹、卫星、车辆等运动目标速度的监测.在医学上利用超声波的多普勒效应来检查人体内脏的活动情况、血液的流速等.电磁波(光)与声波(如超声波)的多普勒效应的原理是一致的.本实验既可研究超声波的多普勒效应,又可利用多普勒效应将超声探头作为运动传感器,研究物体的运动状态.

实验目的

1. 测量超声接收器的运动速度与接收频率之间的关系,验证多普勒效应,并由 $f\text{-}v$ 关系直线的斜率求声速.

2. 利用多普勒效应测量物体在运动过程中多个时刻的速度,查看 $v\text{-}t$ 关系曲线,或利用有关测量数据,即可得出物体在运动过程中的速度变化情况,可研究:

(1) 自由落体运动,并由 $v\text{-}t$ 关系直线的斜率求重力加速度.
(2) 简谐振动,可测量简谐振动的周期等参数,并与理论值进行比较.
(3) 匀变速直线运动,测量力、质量与加速度之间的关系,验证牛顿第二定律.
(4) 其他变速直线运动.

实验仪器

ZKY-DPL-3型多普勒效应综合实验仪.

实验原理

1. 超声波的多普勒效应

根据声波的多普勒效应公式,当声源和接收器之间有相对运动时,接收器接收到的频率为

$$f = f_0 \frac{u + v_1 \cos \alpha_1}{u - v_2 \cos \alpha_2}, \qquad (4\text{-}1\text{-}1)$$

其中,f_0 为声源发射的声波频率,u 为声速,v_1 为接收器的运动速度,α_1 为声源和接收器的连线与接收器运动方向之间的夹角,v_2 为声源的运动速度,α_2 为声源和接收器的连线与声源运动方向之间的夹角(见图 4-1-1).若声源保持不动,运动物体上的接收器沿声源和接收器的连线方向以速度 v 运动,则从式(4-1-1)可得,接收器接收到的声波频率应为

$$f = f_0 \left(1 + \frac{v}{u}\right). \qquad (4-1-2)$$

当接收器向着声源运动时,v 取正,反之取负.

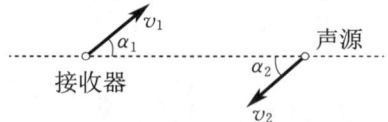

图 4-1-1　超声波的多普勒效应

若 f_0 保持不变,以光电门测量物体的运动速度,并由仪器对接收器接收到的频率自动计数,根据式(4-1-2),作 f-v 关系图即可直观验证多普勒效应,且由实验数据作直线,其斜率应为 $k = \dfrac{f_0}{u}$,由此可计算出声速 $u = \dfrac{f_0}{k}$.

由式(4-1-2)可解出

$$v = u\left(\frac{f}{f_0} - 1\right). \qquad (4-1-3)$$

由 f-v 关系图可看出,若测量点成直线,符合式(4-1-2)描述的规律,则直观验证了多普勒效应,并可用作图法或最小二乘法计算 f-v 关系直线的斜率 k. 下面给出最小二乘法计算 k 值的公式:

$$k = \frac{\overline{vf} - \bar{v} \cdot \bar{f}}{\overline{v^2} - \bar{v}^2}. \qquad (4-1-4)$$

由 k 值计算声速 $u = \dfrac{f_0}{k}$,并与声速的理论值进行比较,声速的理论值 $u_0 = 331\sqrt{1 + \dfrac{t_c}{273}}$ (单位:m/s),t_c 表示室温(单位:℃).

若已知声速 u 及声源频率 f_0,通过设置使仪器以某种时间间隔对接收器接收到的频率 f 采样计数,由微处理器按式(4-1-3)计算出接收器的运动速度,由显示屏显示 v-t 关系图,或利用有关测量数据,得出物体在运动过程中的速度变化情况,进而对物体运动状况及规律进行研究.

2. 自由落体运动的研究

使带有超声接收器的接收组件自由下落,利用多普勒效应测量物体在运动过程中多个时刻的速度,查看 v-t 关系曲线,并利用有关测量数据,即可得出物体在运动过程中的速度变化情况,进而计算重力加速度.

3. 简谐振动的研究

当质量为 m 的物体受到大小与位移成正比,而方向指向平衡位置的力的作用时,若以物体的运动方向为 x 轴,则其动力学方程为

$$m\frac{\mathrm{d}^2 x}{\mathrm{d}t^2} = -kx. \qquad (4-1-5)$$

由式(4-1-5)描述的运动称为简谐振动,当初始条件为 $t = 0$,$x = -A_0$,$v = \dfrac{\mathrm{d}x}{\mathrm{d}t} = 0$ 时,式(4-1-5)的解为

$$x = -A_0 \cos\omega_0 t. \qquad (4-1-6)$$

将式(4-1-6)对时间求导,可得速度方程
$$v = \omega_0 A_0 \sin \omega_0 t. \quad (4-1-7)$$
由式(4-1-6)和式(4-1-7)可见,当物体做简谐振动时,位移和速度都随时间周期性变化,两式中的 $\omega_0 = \sqrt{\dfrac{k}{m}}$ 为振动系统的固有角频率.

测量时,若忽略空气阻力,根据胡克(Hooke)定律,悬挂在弹簧上的物体所受的作用力与位移的大小成正比且方向相反,即满足式(4-1-5),物体应做简谐振动,式中的 k 即为弹簧的刚度系数.

4. 匀变速直线运动的研究

质量为 M 的接收器组件与质量为 $m(M>m)$ 的砝码组件(包括砝码托及砝码)悬挂于滑轮的两端,系统的受力情况如下.

接收器组件的重力大小为 Mg,方向向下.砝码组件通过细绳和滑轮施加给接收器组件的力的大小为 mg,方向向上.摩擦阻力的大小与接收器组件对细绳的张力成正比,可表示为 $CM(g-a)$,其中,a 为加速度,C 为摩擦系数,摩擦力的方向与运动方向相反.

系统所受合外力为 $Mg - mg - CM(g-a)$. 运动系统的总质量为 $M + m + \dfrac{J}{R^2}$,其中,J 为滑轮的转动惯量,R 为滑轮绕线槽的半径,$\dfrac{J}{R^2}$ 相当于将滑轮的转动等效为线性运动时的等效质量.

根据牛顿第二定律,可列出动力学方程
$$Mg - mg - CM(g-a) = \left(M + m + \dfrac{J}{R^2}\right) a. \quad (4-1-8)$$

实验时改变砝码组件的质量 m,即改变系统所受的合外力和系统质量,测量不同组合的运动情况,采样结束后会显示 v-t 关系直线,记录显示的采样次数及对应速度.由记录的 t, v 数据求出的 v-t 关系直线的斜率即为此次实验的加速度 a.

式(4-1-8)可以改写为
$$a = [(1-C)M - m]g \Big/ \left[(1-C)M + m + \dfrac{J}{R^2}\right]. \quad (4-1-9)$$

用求出的加速度 a 作为纵轴,$[(1-C)M - m] \Big/ \left[(1-C)M + m + \dfrac{J}{R^2}\right]$ 作为横轴作图,若为线性关系,符合式(4-1-9)描述的规律,则验证了牛顿第二定律,且直线的斜率应为重力加速度.

在我们的系统中,摩擦系数 $C = 0.07$,滑轮的等效质量 $\dfrac{J}{R^2} = 0.014 \text{ kg}$.

仪器介绍

ZKY-DPL-3 型多普勒效应综合实验仪由超声发射/接收器、红外发射/接收器、导轨、运动小车、支架、光电门、电磁铁、弹簧、滑轮、砝码及电机控制器等组成.多普勒效应综合实验仪内置微处理器,带有液晶显示屏,图 4-1-2 所示为实验仪的面板图.

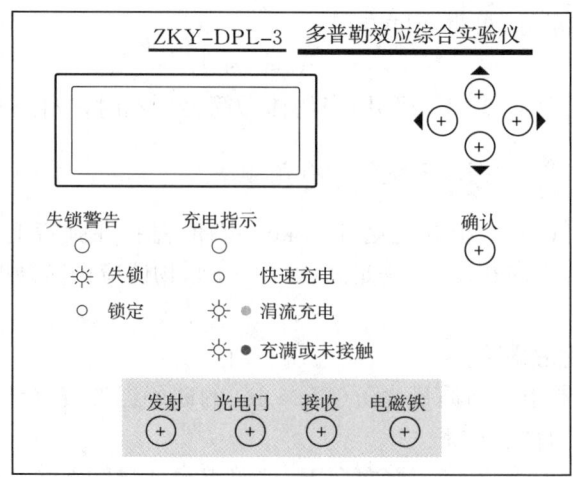

图 4-1-2　多普勒效应综合实验仪的面板图

多普勒效应综合实验仪采用菜单式操作,显示屏显示菜单及操作提示,由▲▼◀▶键选择菜单或修改参数,按"确认"键后执行.在"查询"页面,可查询到在实验时已保存的实验数据.操作者按每个实验的提示即可完成操作.

1. 仪器面板上两个指示灯状态介绍

失锁警告指示灯:亮,表示频率失锁,即接收信号较弱(原因:超声接收器电量不足),此时不能进行实验,必须对超声接收器充电,使该指示灯熄灭;灭,表示频率锁定,即接收信号能够满足实验要求,可以进行实验.

充电指示灯:灭,表示正在快速充电;亮(绿色),表示正在涓流充电;亮(黄色),表示已经充满;亮(红色),表示已经充满或充电针未接触.

2. 电机控制器功能介绍

(1)可手动控制小车变换 5 种速度.

(2)可手动控制小车启动,并自动控制小车倒回.

(3)5 只 LED 灯既可指示当前设定速度,又可反映当前电机控制器与小车之间出现的故障.

部分故障现象、原因及处理方法如表 4-1-1 所示.

表 4-1-1　部分故障现象、原因及处理方法

故障现象	故障原因	处理方法
小车未能启动	车体尾部磁钢未处于电机控制器前端磁感应范围内	将小车移至电机控制器前端
	传送带未绷紧	调节电机控制器的位置使传送带绷紧
小车倒回后撞击电机控制器	传送带与滑轮之间有滑动	调节电机控制器的位置使传送带绷紧
5 只 LED 灯闪烁	电机控制器运转受阻(如传送带安装过紧、外力阻碍小车运动),控制器进入保护状态	排除外在受阻因素,手动滑动小车到电机控制器位置,恢复正常使用

一、超声波的多普勒效应

1. 仪器安装

如图 4-1-3 所示,所有需固定的附件均安装在导轨上,将小车置于导轨上,使其能沿导轨自由滑动,此时,超声波发射组件、超声波接收及红外发射组件(已固定在小车上)、红外接收组件在同一轴线上. 将组件电缆接入实验仪的对应接口. 安装完毕后,电磁铁组件放在导轨旁边,通过连接线给小车上的传感器充电,第一次充电时间为 6~8 s,充满后(仪器面板充电指示灯变黄色或红色)可以持续使用 4~5 min. 充电完成后从小车上取下连接线,以免影响小车运动.

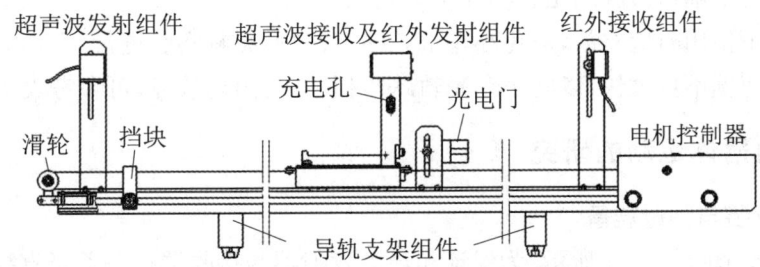

图 4-1-3　验证多普勒效应的实验装置

2. 测量准备

(1) 实验前需要在每个速度下测试传送带的松紧度是否合适,具体依据可参见下文或表 4-1-1,若存在传送带过松或过紧的情况,则需要根据测试结果调节传送带的松紧度.

当传送带过松时,小车前进距离很不正常,因为带动传送带的主动轮与传送带之间有滑动,小车自动倒回后与电机控制器发生碰撞,有时甚至会出现较为剧烈的碰撞;当传送带过紧时,小车前进速度较慢,前进最大距离较小,小车倒回时,运动吃力,容易使电机控制器进入保护状态(5 只 LED 灯闪烁,电机停止转动),此时应手动滑动小车到电机控制器位置,使其恢复正常使用. 对于松紧度合适的系统,小车倒回后车体尾部磁钢距离电机控制器前端应该在 1~15 mm 之间.

(2) 实验仪开机后,首先要求输入室温,因为计算物体运动速度时要代入声速,而声速是温度的函数. 利用 ◀▶ 键将室温 t_c 值调到实际值,按"确认"键. 然后仪器将自动检测调谐频率 f_0,约几秒钟后将自动得到调谐频率,将此频率 f_0 记录下来,按"确认"键继续进行实验.

3. 测量步骤

(1) 在液晶显示屏上,选中"多普勒效应验证实验",并按"确认"键.

(2) 利用 ◀▶ 键修改测试总次数(选择范围为 5~10,因为有 5 种可变速度,所以一般选择 5),按 ▼ 键,选中"开始测试",但不要按"确认"键.

(3) 用电机控制器上的"变速"按钮选定一个速度. 准备好后,按"确认"键,再按电机控制器上的"启动"键,测试开始进行,仪器自动记录小车通过光电门时的平均运动速度及与之对应的平均接收频率.

(4) 每一次测试完成,都有"存入"或"重测"的提示,可根据实际情况选择,按"确认"键后回到测试状态,并显示测试总次数及已完成的测试次数.

(5) 按电机控制器上的"变速"按钮,重新选择速度,重复步骤(3)和(4).

(6) 完成设定的测试次数后,仪器自动存储数据,并显示 f-v 关系曲线,用 ▼ 键翻阅数据并记录,然后按照相应公式计算出相关结果.

4. 注意事项

(1) 安装时要尽量保证红外接收组件、小车上的超声波接收及红外发射组件、超声波发射组件三者处于同一轴线上,以保证信号传输良好.

(2) 安装时不可挤压连接电缆,以免导线折断.

(3) 安装时请确认橡胶圈是否套在主动轮上.

(4) 小车不使用时应立放,避免小车滚轮沾上污物,影响实验进行.

(5) 小车速度不可太快,以防小车脱轨跌落损坏. 若出现故障,可参考表 4-1-1.

二、自由落体运动的研究

1. 仪器安装与测量准备

仪器安装如图 4-1-4 所示. 为保证超声波发射器与接收器在一条竖直线上,可用细绳拴住接收器,检查从电磁铁下垂时是否正对发射器,若未对齐,可用底座螺钉加以调节.

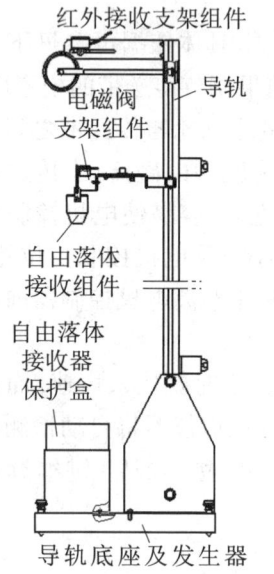

图 4-1-4 研究自由落体运动的实验装置

充电时,使电磁阀吸住自由落体接收组件,并使该组件上充电部分和电磁阀上的九爪测试针(即充电针)接触良好.

充满电后,使自由落体接收组件脱离充电针,下移吸附在电磁铁上.

2. 测量步骤

(1) 在液晶显示屏上,用 ▼ 键选中"变速运动测量实验",并按"确认"键.

(2) 利用 ▶ 键修改测量点总数,选择范围为 8~150;利用 ▼ 键选择采样步距;利用 ◀▶ 键修改采样步距,选择范围为 10~100 ms;选中"开始测试".

(3) 检查是否"失锁","锁定"后按"确认"键,电磁铁断电,自由落体接收组件自由下落. 测量完成后,显示屏上显示 v-t 图,用 ▶ 键选择"数据",阅读并记录测量结果.

(4) 在结果显示界面用 ▶ 键选择"返回",按"确认"键后重新回到测量设置界面. 可按以上程序进行新的测量. 为减小偶然误差,可进行多次测量,将测量的平均值作为测量值.

(5) 由测量数据求出 v-t 关系直线的斜率,即为重力加速度 g.

3. 注意事项

(1) 必须将"自由落体接收器保护盒"套在超声波发射器上,避免发射器在非正常操作时受到冲击而损坏.

(2) 安装时切勿挤压电磁阀上的电缆.

(3) 自由落体接收组件下落时,若其运动方向并非严格在声源和接收器的连线方向,则 α(α 为声源和接收器的连线与接收器运动方向之间的夹角,图 4-1-5 是其示意图)在运动过程中将增大,此时式(4-1-2)不再严格成立,由式(4-1-3)计算的速度误差也随之增大.因此,在数据处理时,可根据实际情况对最后 2 个采样点进行取舍.

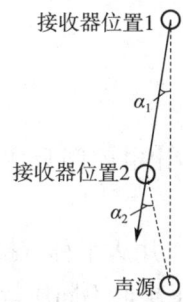

图 4-1-5 运动过程中 α 变化的示意图

(4) 考虑到断电瞬间电磁铁可能存在剩磁,第 1 个采样点数据的可靠性较低,故从第 2 个采样点开始记录数据.

三、简谐振动的研究

1. 仪器安装与测量准备

仪器的安装如图 4-1-6 所示.将弹簧上端悬挂于电磁铁上方的挂钩孔中,接收组件的尾翼悬挂在弹簧下端.接收组件悬挂在弹簧上之后,测量弹簧长度.加挂质量为 m 的砝码,测量加挂砝码后弹簧的伸长量 Δx 并记录,然后取下砝码.由 m 及 Δx 就可计算 k.用天平称量竖直运动接收组件的质量 M,由 k 和 M 就可计算 ω_0,并与角频率的测量值 ω 进行比较.

2. 测量步骤

(1) 在液晶显示屏上,用 ▼ 键选中"变速运动测量实验",并按"确认"键.

(2) 利用 ▶ 键修改测量点总数为 150(选择范围为 8~150),利用 ▼ 键选择采样步距,并修改为 100 ms(选择范围为 50~100 ms);选中"开始测试".

(3) 将接收组件从平衡位置竖直向下拉约 20 cm,松手让接收组件自由振荡,然后按"确认"键,接收组件开始做简谐振动.实验

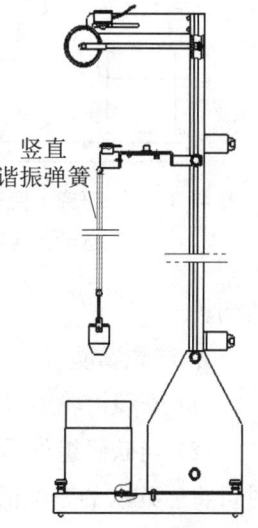

图 4-1-6 研究简谐振动的实验装置

仪按设置的参数自动采样,测量完成后,显示屏上出现 v-t 关系曲线.

(4) 查阅数据,记录第 1 次速度达到最大时的采样次数 $N_{1\max}$ 和第 11 次速度达到最大(注:速度方向一致)时的采样次数 $N_{11\max}$,就可计算实际测量的运动周期 T 及角频率 ω,并可计算 ω_0 与 ω 的相对误差.

(5) 在结果显示界面用 ▶ 键选择"返回",按"确认"键后重新回到测量设置界面.可按以上程序进行新的测量.

3. 注意事项

接收组件自由振荡开始后,再按"确认"键.

四、匀变速直线运动的研究

1. 仪器安装

(1) 仪器安装如图 4-1-7 所示,让电磁阀吸住接收组件,测量准备同自由落体运动的研究.

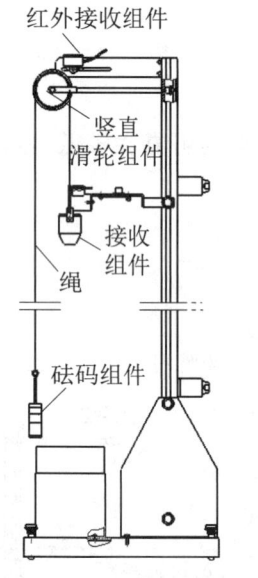

图 4-1-7 研究匀变速直线运动的实验装置

(2) 用天平称量接收组件的质量 M、砝码托及砝码的质量 m,每次取不同质量的砝码放于砝码托上,记录数据.

2. 测量步骤

(1) 在液晶显示屏上,用 ▼ 键选中"变速运动测量实验",并按"确认"键.

(2) 利用 ▶ 键修改测量点总数,选择范围为 8~150,推荐选择 15;利用 ▼ 键选择采样步距,并修改为 100 ms(选择范围为 50~100 ms);选中"开始测试".

(3) 按"确认"键后,电磁铁断电,接收组件拉动砝码做竖直方向的运动.测量完成后,显示屏上出现测量结果.

(4) 采样结束后显示 v-t 关系直线,用 ▶ 键选择"数据",记录显示的采样次数及相应速度.由实验数据求出 v-t 关系直线的斜率,即为此次实验的加速度 a.

(5) 在结果显示界面用 ▶ 键选择"返回",按"确认"键后重新回到测量设置界面.改变砝码质量,按以上程序进行新的测量.

3. 注意事项

(1) 安装滑轮时,滑轮支杆不能遮住红外接收组件和接收组件之间的信号传输.

(2) 当砝码组件质量较小时,加速度较大,可能没采样几次后接收组件就已落到底,此时可将后几次的速度值舍去.

(3) 当砝码组件质量较小时,加速度较大,由于惯性,砝码组件将高过并碰撞滑轮,此时,可将绳的一端系于砝码组件底部,另一端系于底座调平螺钉上,绳长略小于滑轮与底座调平螺钉之间的距离.

（4）当砝码组件质量较大时，加速度较小，短时间内环境影响较大，导致前期采样数据的可靠性偏低，故可从中间某适当值开始记录，且不同的砝码组件下均连续记录 8 个数据点.

一、超声波的多普勒效应

表 4-1-2　多普勒效应的验证与声速的测量

$t_c =$ 　　℃, $f_0 =$ 　　Hz

测量数据						直线斜率 k/m^{-1}	声速测量值 $u = \dfrac{f_0}{k}/(\mathrm{m/s})$	声速理论值 $u_0/(\mathrm{m/s})$	相对误差 $\dfrac{u-u_0}{u_0}$
次数 i	1	2	3	4	5				
$v_i/(\mathrm{m/s})$									
f_i/Hz									

二、自由落体运动的研究

表 4-1-3　自由落体运动的测量

采样序号 i	2	3	…	8	9	$g/(\mathrm{m/s^2})$	平均值 $\bar{g}/(\mathrm{m/s^2})$	理论值 $g_0/(\mathrm{m/s^2})$	相对误差 $\dfrac{\bar{g}-g_0}{g_0}$
$t_i = 0.05(i-1)/\mathrm{s}$	0.05	0.10	…	0.35	0.40				
$v_i/(\mathrm{m/s})$								9.8	
$v_i/(\mathrm{m/s})$									
$v_i/(\mathrm{m/s})$									
$v_i/(\mathrm{m/s})$									

注意：表中 t_i 为第 i 次采样与第 1 次采样的时间间隔，0.05 表示采样步距为 50 ms. 如果选择的采样步距为 20 ms，则 t_i 应表示为 $t_i = 0.02(i-1)$. 以此类推，根据实际设置的采样步距设定采样时间.

三、简谐振动的研究

表 4-1-4　简谐振动的测量

$M =$ 　　kg, $m =$ 　　kg

$\Delta x/\mathrm{m}$	$k = \dfrac{mg}{\Delta x}/(\mathrm{kg/s^2})$	$\omega_0 = \sqrt{\dfrac{k}{M}}/\mathrm{s}^{-1}$	$N_{1\max}$	$N_{11\max}$	$T = 0.01(N_{11\max} - N_{1\max})/\mathrm{s}$	$\omega = \dfrac{2\pi}{T}/\mathrm{s}^{-1}$	相对误差 $\dfrac{\omega-\omega_0}{\omega_0}$

四、匀变速直线运动的研究

表 4-1-5 匀变速直线运动的测量

$$M = \quad \text{kg}, C = 0.07, \frac{J}{R^2} = 0.014 \text{ kg}$$

采样序号 i	2	3	⋯	13	14	加速度 a /(m/s²)	质量 m /kg	$\left[(1-C)M-m\right]/$ $\left[(1-C)M+m+\dfrac{J}{R^2}\right]$
$t_i = 0.1(i-1)/\text{s}$	0.1	0.2	⋯	1.2	1.3			
v_i								
v_i								
v_i								
v_i								

注意：表中 t_i 为第 i 次采样与第 1 次采样的时间间隔，0.1 表示采样步距为 100 ms。

1. 电磁波与声波的多普勒效应的原理是否一致？
2. 请列举生活中多普勒效应的应用。
3. 本实验系统中，引起误差的原因有哪些？
4. 你能设计一种其他的运动特性加以研究吗？

多普勒效应综合实验仪部分组件实物示意图

多普勒效应综合实验仪部分组件实物如图 4-1-8 所示。

自由落体接收组件　　水平谐振弹簧、竖直谐振弹簧　　小车及超声波接收组件　　超声波发射组件

  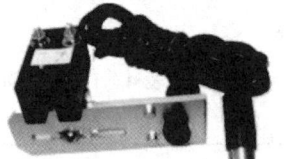 

红外接收组件　　导轨夹板及插条组件　　光电门组件　　滑轮组件

图 4-1-8　多普勒效应综合实验仪部分组件实物示意图

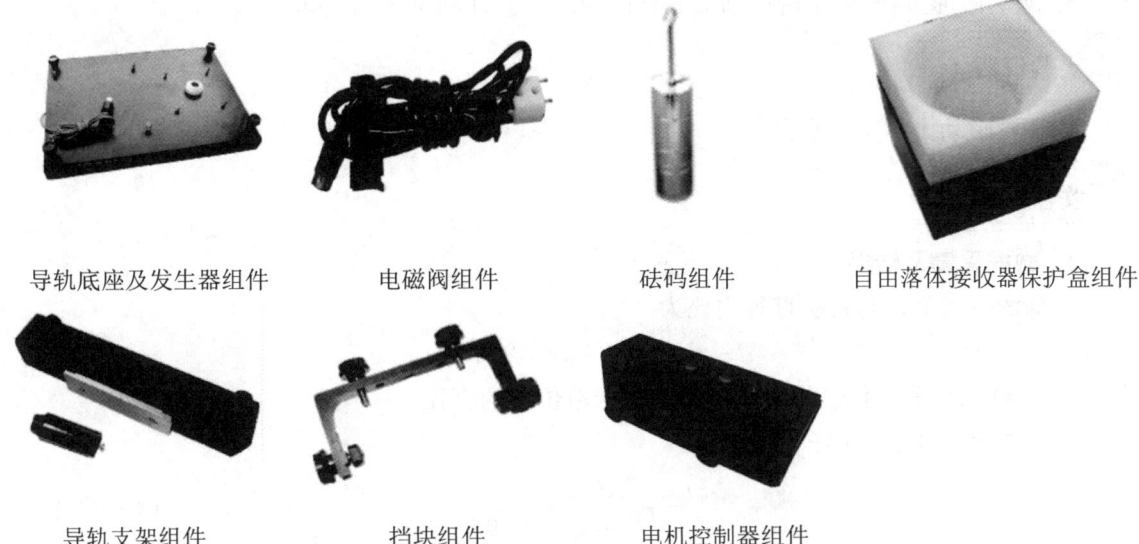

| 导轨底座及发生器组件 | 电磁阀组件 | 砝码组件 | 自由落体接收器保护盒组件 |

| 导轨支架组件 | 挡块组件 | 电机控制器组件 |

图 4-1-8　多普勒效应综合实验仪部分组件实物示意图（续）

实验 4.2　高速摄影动力学综合实验

引　言

人类对物体运动的研究可以追溯到古希腊时期. 到 17 世纪, 牛顿运动定律揭示了力与运动的关系. 在此基础上, 人们进一步发展出了动力学这一物理学分支. 动力学的基本内容包括质点力学、刚体力学、流体力学等.

动力学是物理学和天文学的基础, 也是许多工程学科的基础, 通常是物理初学者最先学习的内容. 在本系列实验中, 可以直观地观测到匀加速直线运动、平抛运动、周期运动等典型运动的运动过程, 深刻认识它们的运动特征, 学会运动的分解与合成, 并通过测量重力加速度进一步加深对运动学公式及牛顿运动定律的认识. 此外, 本实验还对与牛顿运动定律紧密结合的动量守恒定律进行了验证. 在实验中, 可以直接观测物体碰撞前后的情况, 测量其碰撞前后的速度, 并验证动量守恒定律, 以加深对动量守恒定律的理解.

本实验平台还可以通过设计新的运动模型来验证不同的动力学定律.

实验目的

1. 观测单摆的运动过程与轨迹, 测量单摆周期并计算重力加速度.
2. 观测自由下落物体的速度与时间的关系, 测量重力加速度.
3. 观测平抛运动的过程与轨迹, 将平抛运动分解为水平方向和竖直方向的运动, 测量平抛运动的初速度.
4. 观测弹簧振子的运动过程, 测量振动周期与弹簧的刚度系数.

5. 观测碰撞过程,测量碰撞前后物体的速度并验证动量守恒定律.

高速摄影动力学实验平台.

1. 数据采集及转换

小球的像素直径与真实直径之比为

$$d_{px} : d_{mm} = 27 \text{ px} : 20 \text{ mm},$$

其中,d_{px} 和 d_{mm} 分别代表像素单位下和毫米单位下的直径.

对分析出的像素位置 r_{px},按

$$r_m = r_{px} \frac{d_{mm}}{d_{px}} \cdot \frac{1}{1\,000}, \tag{4-2-1}$$

将位移 r 转换为国际单位.

根据摄像头帧率 f,可得每两帧间隔时间为 $\frac{1}{f}$,即时间从帧转换为 s,1 帧 $= \frac{1}{f}$ s.

2. 瞬时速度近似

在运动过程中,小球的平均速度可以表示为

$$\bar{v} = \frac{\Delta s}{\Delta t}, \tag{4-2-2}$$

其中,Δs 为小球的位移,Δt 为相应的时间间隔.当时间间隔 Δt 或位移 Δs 取极限时,小球的瞬时速度可以表示为

$$v = \lim_{\Delta t \to 0} \frac{\Delta s}{\Delta t}. \tag{4-2-3}$$

在本实验中,由于拍照帧率 f 极高$\left(\text{每两帧间隔时间小于} \frac{1}{100} \text{ s}\right)$,可看作 $\Delta t \to 0$,因此可以将用中心差分法求得的瞬时速度代替真实瞬时速度,即

$$v = \left(r_{n+\frac{1}{2}} - r_{n-\frac{1}{2}}\right)f, \tag{4-2-4}$$

其中,v 为小球在第 n 帧时的瞬时速度,r_n 为小球在第 n 帧时的位移,$r_{n+\frac{1}{2}}$ 和 $r_{n-\frac{1}{2}}$ 通过线性插值计算得到.

3. 匀加速直线运动

物体在运动过程中,其速度的变化量与发生这一变化所用时间的比值称为加速度.若一物体沿直线运动,且在运动过程中加速度保持不变,则称这一物体在做匀加速直线运动.它的加速度为某一定值 a,当这个定值恒为零时对应匀速直线运动或静止.在匀加速直线运动中,速度与时间的关系可以用下式表示:

$$v = v_0 + at, \tag{4-2-5}$$

其中，v_0 为初速度. 将速度对时间积分，即可得到位移与时间的关系为

$$s = v_0 t + \frac{1}{2} a t^2. \qquad (4-2-6)$$

在自由落体运动过程中，其加速度 a 即为重力加速度 g. 根据式(4-2-4)和式(4-2-5)即可求解出重力加速度.

使用数据采集和转换方法进行坐标转换，按照中心差分法，利用下式即可计算出小球每一帧的速度：

$$v_i = \frac{y_{i+1} - y_{i-1}}{2\Delta h}, \qquad (4-2-7)$$

其中，Δh 为帧间间隔时间，取 $\frac{1}{f}$；v_i 为第 i 帧的小球的速度；y_i 为第 i 帧的小球的 y 坐标；y_{i+1} 为时间轴上后一帧的小球的 y 坐标；y_{i-1} 为时间轴上前一帧的小球的 y 坐标. 绘制速度与时间的关系图(分析软件中已经直接绘制)，选取直线上的点或使用拟合的方法求取其斜率，即为重力加速度. 利用下式计算所测得的重力加速度与当地重力加速度参考值的相对误差：

$$\eta = \frac{g - g'}{g'} \times 100\%, \qquad (4-2-8)$$

其中，g' 为当地重力加速度的参考值.

4. 平抛运动的分解

平抛运动通常可以分解为水平方向的匀速直线运动和竖直方向的匀加速直线运动，平抛运动的速度可以看作物体在水平方向和竖直方向上的速度 v_x，v_y 的合成. 分解后的竖直方向的运动速度和位移随时间的变化关系分别满足式(4-2-5)和式(4-2-6)，其合速度的大小和方向(合速度与水平方向的夹角为 θ)可用以下两式表示：

$$v = \sqrt{v_x^2 + v_y^2}, \qquad (4-2-9)$$

$$\theta = \arctan \frac{v_y}{v_x}. \qquad (4-2-10)$$

5. 动量守恒定律

动量守恒定律是物理学中最基本的定律之一，但在经典力学范畴，动量守恒定律可以看作牛顿运动定律的推论.

两个物体在碰撞过程中，它们发生的形变不断变化，因此它们之间的相互作用力是变力，取其平均值，对两个小球分别使用动量定理，有

$$Ft = m_1 v_1' - m_1 v_1, \qquad (4-2-11)$$

$$F't = m_2 v_2' - m_2 v_2, \qquad (4-2-12)$$

$$F = -F', \qquad (4-2-13)$$

$$m_1 v_1 + m_2 v_2 = m_1 v_1' + m_2 v_2', \qquad (4-2-14)$$

其中，m 为质量，v 为速度，下标"1"和"2"分别代表小球1和小球2，上标"'"代表碰撞后的状态.

式(4-2-14)即为动量守恒定律,通过式(4-2-4)获得碰撞前后两个小球的速度,将其代入式(4-2-14),即可验证动量守恒定律.

将两个小球的 x-t 关系曲线绘制于一张图上. 选择两者最近的点作为碰撞点(此时两个小球的 x 坐标的差值的绝对值最小). 取碰撞前后的三个点分别计算两个小球碰撞前后的速度,如果两个小球没有水平碰撞,则其中的蓝色小球会和支架产生相互作用(尽量保证对心水平碰撞以减小此影响),因此选择碰撞后的速度点时,可根据实际情况决定是否选择离碰撞点稍远一两帧. 利用以下两式计算两个小球在碰撞前后的速度:

$$v_b = \frac{x_{i-1} - x_{i-2}}{\Delta h}, \tag{4-2-15}$$

$$v_a = \frac{x_{i+2} - x_{i+1}}{\Delta h}, \tag{4-2-16}$$

其中,v_b 为碰撞前的速度,v_a 为碰撞后的速度,x_i 为碰撞点处的 x 坐标,$i+1$ 为视频中的后一帧,$i-1$ 为视频中的前一帧,Δh 为帧间时间间隔. 计算完成后,以下标"1"和"2"分别代表小球1和小球2,再分别计算两个小球在碰撞前后的总动量:

$$p_b = m_1 v_{b1} + m_2 v_{b2}, \tag{4-2-17}$$

$$p_a = m_1 v_{a1} + m_2 v_{a2}. \tag{4-2-18}$$

利用下式计算碰撞前后的总动量的相对误差,判断小球的碰撞过程是否满足动量守恒定律:

$$\eta_p = \frac{p_a - p_b}{p_b} \times 100\%.$$

6. 简谐振动

小角度单摆和弹簧振子的运动均可看作简谐振动,它们的运动过程通常用下式描述:

$$x = A\cos(\omega t + \varphi), \tag{4-2-19}$$

其中,A 为振幅,$\omega = \frac{2\pi}{T}$ 为角频率,T 为周期,x 为质点位移,φ 为初相位.

一般简谐振动的周期为

$$T = 2\pi\sqrt{\frac{m}{k}}, \tag{4-2-20}$$

其中,m 为振子质量,k 为振动系统的回复力系数. 当振动系统为单摆时,$k = \frac{mg}{l}$,这里,l 为单摆摆长;当振动系统为弹簧振子时,k 为弹簧的刚度系数.

通过式(4-2-4)求得简谐振动的速度-时间关系图,从图中获得运动周期,将周期和质量代入式(4-2-20),即可计算出重力加速度或弹簧的刚度系数.

查看小球的 y 坐标,找到三次或更多的最大值的行数(帧数),利用下式计算出弹簧振子的平均周期 T 和振幅 A:

$$T = \frac{1}{n-1}(f_n - f_1)\Delta h, \tag{4-2-21}$$

$$A = \frac{1}{2n}\left(\sum_{i=1}^{n} y_{i\max} - \sum_{i=1}^{n} y_{i\min}\right), \tag{4-2-22}$$

其中,n 为选择 y 坐标最大值的次数,$y_{i\max}$ 为对应的第 i 次的 y 的最大值,$y_{i\min}$ 为对应的第 i 次的 y 的最小值,f_n 和 f_1 分别为第 n 次和第 1 次的 y 的最大值所对应的帧数,Δh 为帧间时间间隔.

对位移-时间数据按简谐振动方程进行拟合,得到其运动方程为

$$y = A\cos(\omega t + \varphi) + C. \tag{4-2-23}$$

根据弹簧振子和单摆周期公式分别计算出重力加速度 g 和弹簧的刚度系数 k:

$$\begin{cases} T = 2\pi\sqrt{\dfrac{l}{g}}, \\ g = \dfrac{4\pi^2 l}{T^2}, \end{cases} \quad \begin{cases} T = 2\pi\sqrt{\dfrac{m}{k}}, \\ k = \dfrac{4\pi^2 m}{T^2}. \end{cases}$$

可与根据胡克定律计算得到的刚度系数对比,分析本实验所测刚度系数的相对误差:

$$\eta = \frac{k - k'}{k'} \times 100\%, \tag{4-2-24}$$

其中,k' 为根据胡克定律计算得到的刚度系数.

仪器介绍

高速摄影动力学实验平台的正常工作条件如下.
(1) 温度:$0 \sim 40\ ^\circ\text{C}$;
(2) 相对湿度:$\leqslant 90\%$;
(3) 大气压强:$86 \sim 106\ \text{kPa}$;
(4) 电源:$220\ \text{V}$,$50\ \text{Hz}$ 交流电.

仪器如图 4-2-1 所示,主要工作部分可分为拍摄背景与运动物体、高速相机及分析系统.

1. 拍摄背景与运动物体

拍摄背景为黑色,运动物体采用白色金属球和蓝色尼龙球.通常运动小球和背景的对比度越高,识别效果越好.为了去除干扰,小球支架、释放装置(内置电磁铁)、弹簧也全都为黑色,以减少识别干扰.

2. 高速相机

采用了 330 fps 高帧率相机,可以清晰地抓拍到运动的物体,同时配有补光灯,可以在拍摄过程中有效去除实验室灯光频闪引起的画面闪烁.

3. 分析系统

配套有特定的分析软件系统,能够分析出单小球运动和双小球(一蓝一白)运动的坐标与时间的关系,还可进一步计算出小球的运动速度与加速度并进行显示.

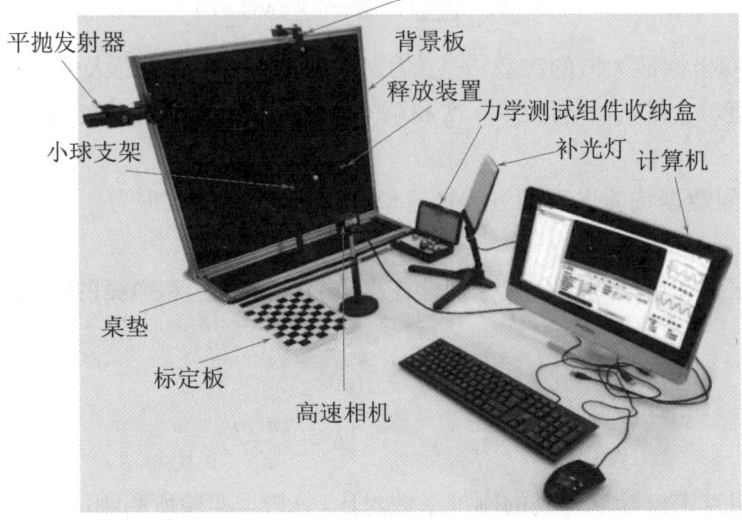

图 4-2-1　高速摄影动力学实验平台

实验内容

1. 镜头畸变校正

软件在安装后第一次使用时,需要对镜头进行畸变校正,使图像中的像素坐标与实际坐标的对应关系为线性关系(即两者仅存在等比缩放的关系),这样拍摄到的画面才符合人类认知且方便处理.

安装好软件及摄像头,确保能通过软件打开摄像头.

保持环境光线明亮,调节镜头,将镜头合焦至离镜头约 40 cm 的位置(拍摄 40 cm 距离的物体最清晰).此处对距离没有严格要求,注意这个位置可以在实验中适当调整,画面在当前分辨率下清晰即可,如果发现画面很暗,可适当调节曝光.如果发现画面闪烁,可使用补光灯进行补光.

在软件中打开相机后,选择相机标定.手持标定板,拍摄软件提示的数量的照片.注意保持拍摄画面能够清晰地拍摄到完整的标定板(无反光且黑白分明,边缘清晰),此处对拍摄背景没有要求,不需要使用背景板.在拍摄多张照片的过程中,应轻微移动标定板,以保证拍摄的多张照片是不同的.拍摄完成后,点击开始校正按钮完成校正.

观察校正后的画面,将钢尺置于画面中的不同位置,观察钢尺是否有明显变形,如果有,则重复以上步骤重新进行校正.

注意校正结束后,如果需要对焦,则不应再调节镜头,而应移动相机位置.每次调节镜头后,建议都重新进行校正.

2. 单摆实验

(1) 通过软件打开摄像头后,打开补光灯,调节摄像头的曝光参数,使小球和背景有较高的对比度.适当移动补光灯的位置,使背景为暗色,且小球在视场中的各个位置均没有特别高光的情况.

(2) 如图 4-2-2 所示,将细绳用螺钉固定在小球上,悬挂于背景板顶部悬挂支架,悬挂时,调节摆长并测量.

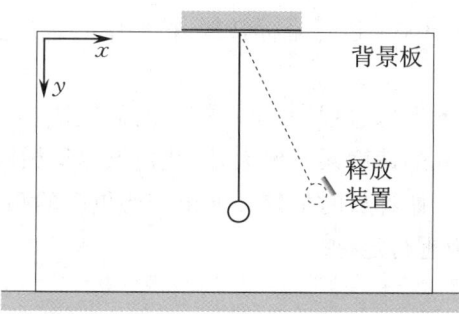

图 4-2-2　单摆实验安装示意图

(3) 适当调节摄像头位置,使小球位于视场内,且镜头中轴线与背景板尽量垂直(可在软件画面右下角打开十字辅助线辅助调节),此时摄像头的成像面与背景板平行.

(4) 放置好释放装置,接通电源.将小球拉至一定高度,吸在释放装置上.实验前先释放几次小球,观察小球的摆动方向是否和背景板平行,如果不平行,则需适当调节释放装置的位置和朝向使其平行.

(5) 调节补光灯的位置,使画面中小球正面清晰可见,且除小球外的其他物体和背景都较暗.断开释放装置开关,使小球自由摆动.

(6) 录制约 30 s 单摆视频后,停止录像并开始分析.打开视频,选择小球开始运动的帧数作为起始帧(也可任意选择小球运动过程中的某一帧作为起始帧),选择一定的运动时长后的帧数作为结束帧.在界面中拖动红框,框选小球的运动范围,并在钢尺或标定板上选择一部分范围,测量其像素长度(在图中使用鼠标大致测量,单位:px)和实际长度(直接读数,单位:mm),将其输入参数框中,并计算出其比例为 q px/mm.

如果没有提前标定像素坐标和实际坐标的比例尺关系,可将钢尺竖直或水平安放于画面中,如果因像素问题导致钢尺刻度不清晰,可适当将摄像头的位置调近或使用标定板代替钢尺(标定板的格子边长为固定的 25 mm).钢尺或标定板所在的平面应选为小球靠近相机一侧的竖直切面.录制一段视频后,可将钢尺或标定板移开,以防干扰实验.

(7) 点击开始分析视频按钮,调节灰度阈值,使其尽量能识别出整个小球,同时其他干扰越少越好.调整好后,点击开始分析按钮进行分析.分析结束后,关闭分析窗口,将会自动生成小球的坐标数据,以及位移-时间图、速度-时间图.可在图表中分析或选择导出数据后进行分析.

注意:(1) 尽量保证摄像头拍摄到的画面与背景板平行,如果想使用单摆周期公式计算的重力加速度尽量准确,则在实验过程中应当注意使单摆满足近似简谐振动的条件.

(2) 小球吸在释放装置上以后,注意使小球球心与摆线在同一直线上,避免在摆动过程中小球出现抖动.

3. 自由落体实验

(1) 将电磁铁连同支撑杆从底座上取下,然后将直杆固定于顶部悬挂支架上(注意电磁铁方向朝下),将小球吸于电磁铁上.

(2) 使用钢尺或标定板进行定标,释放小球,录制自由落体视频后开始分析.

(3) 根据数据采集及转换关系进行坐标转换,按照中心差分法,计算出小球每一帧的速度,并求出重力加速度 g.

注意:由于相机在采集图像的过程中,每一帧的时间间隔会有微小的波动,如果小球下落的速度很快,将会造成计算的速度误差偏大,因此建议尽量拍摄小球刚开始运动速度较小的时候(小球在相机画面内开始释放时最佳).如果需要更高的测量准确性,建议按单摆实验中的方法使用钢尺或标定板进行定标.

4. 平抛运动实验

(1) 如图 4-2-3 所示,将平抛发射器固定在背景板上,调节好平抛发射器的高度,将小球放入发射器中,拉动发射栓.将摄像头置于背景板的正前方,补光灯置于摄像头后方,打开软件录制界面,适当调节摄像头位置使其视场区域内均为背景板内的部分.

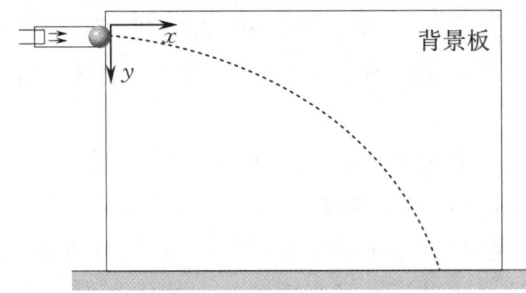

图 4-2-3 平抛运动实验示意图

(2) 摄像头刚打开的短时间内,其帧率并不稳定,等待软件显示帧率稳定后,再进行视频录制,以保证每两帧的时间间隔尽可能一致.如果没有提前标定像素坐标和实际坐标的比例关系,可将钢尺或标定板竖直或水平安放于画面中一段时间,具体方法可参考单摆实验(钢尺安放位置参考附录1).

(3) 在视频录制界面点击开始录像按钮以录制视频,按下平抛发射器开关,发射小球.录制好视频后,框选小球的运动范围,并测量小球的像素直径和实际直径的比例,将其输入至参数框中,然后开始分析.将分析得到的小球坐标-时间信息,以及相关绘图保存导出留作数据分析.

(4) 调节平抛发射器的发射力度,重复以上步骤,研究不同初速度下的平抛运动.

5. 简谐振动实验

通过对弹簧简谐振子的拍摄,分析其运动轨迹,可以直观地观测简谐振动,也可以对复杂运动的运动方式进行分析.

(1) 在实验开始前,先使用天平测量弹簧与小球的总质量 m.使用钢尺测量弹簧挂上小球后小球质心的位置.更换不同的小球后,再次测量弹簧与小球的总质量 m',以及弹簧挂上小球后小球质心的位置.依据胡克定律和当地重力加速度的参考值,计算出弹簧的刚度系数 k'.

(2) 如图 4-2-4 所示,将弹簧悬挂于背景板顶部悬挂支架上,将释放装置置于小球正下方,拉动小球使其吸于释放装置上.释放小球,录制简谐振动视频并开始分析.可在图表中处理数据或选择导出数据后进行处理.

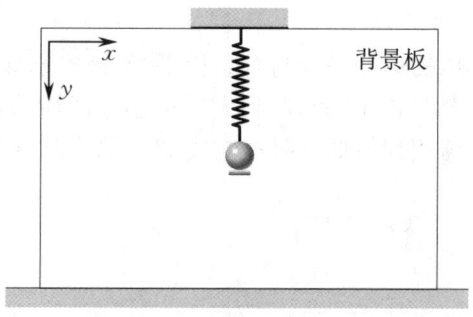

图 4-2-4　简谐振动实验示意图

注意：弹簧的初始振幅不宜过大，否则向上回弹的位置可能超过弹簧收缩的最短位置. 为了得到较好的实验效果，通常推荐的初始振幅在 4 cm 左右，也可根据弹簧的刚度系数选择合适的初始振幅.

6. 动量守恒实验

（1）准备白色和蓝色小球各一个，称量其质量并记录.

（2）如图 4-2-5 所示，选择蓝色小球作为被撞小球，将其安放于小球支架上. 将白色撞击小球用细绳悬挂于背景板顶部悬挂支架（单摆），调节两者位置，使两个小球刚好在平行于背景板的面内等高接触.

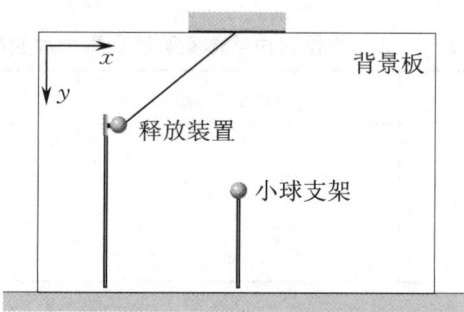

图 4-2-5　动量守恒实验示意图

（3）在顶部悬挂支架安放辅助重垂线（带有金属悬挂环的重垂小球），使其处于被撞小球和撞击小球组成的平面内. 拉动撞击小球，使其吸于释放装置上，调节其位置，使其位于辅助重垂线和被撞小球所在的平面内. 安装好后，将辅助重垂线取下.

（4）将摄像头连接到电脑，打开补光灯后打开软件，打开相机后将曝光调到较低的值（能拍摄到小球的最低值，为防止拍摄过程曝光时间波动过大，不能勾选自动），其他相机参数使用默认值. 适当调节摄像头位置，使小球位于视场内，且镜头中轴线与背景板尽量垂直，此时摄像头的成像面与背景板平行.

（5）释放小球，录制碰撞视频后开始分析. 打开视频，选择白色小球开始运动的帧数作为起始帧，选择一定的运动时长后（碰撞结束且蓝色小球离开视野区前）的帧数作为结束帧. 框选小球的运动范围，并测量任一小球的像素直径和实际直径，将其输入参数框中. 点击开始分析视频按钮，调节灰度阈值，使其尽量能识别出整个小球，同时其他干扰越少越好. 调整好后，点击开始分析按钮进行分析. 分析结束后，关闭分析窗口，将会自动生成小球的坐标数据及数据图,表格中的前两栏为白色小球,后两栏为蓝色小球.可在图表中分析或选择导出数据后进行分析.

注意:尽量保持两个小球的运动平面与背景板平行.撞击小球应当选择质量与被撞小球接近的小球(质量差异太大会导致无法测量到大质量小球碰撞前后的速度变化).两个小球的颜色应当不同.尽量使小球摆到最低点时能与支架上的小球在平行于背景板的平面内发生水平对心碰撞.

数据处理

1. 单摆实验

表 4-2-1　根据单摆实验测量重力加速度

序号	摆长 L/m	周期 T/s	重力加速度 g/(m/s^2)	重力加速度的平均值 $\overline{g}$/(m/s^2)
1				
2				
3				

计算出重力加速度 g,并对比当地重力加速度的参考值 g',计算相对误差.

2. 自由落体实验

表 4-2-2　根据自由落体实验测量重力加速度

时间 /s	y 坐标 /mm	速度 /(m/s)
…	…	…

计算出每一帧的速度及重力加速度 g,并对比当地重力加速度的参考值 g',计算相对误差.

3. 平抛运动实验

表 4-2-3　根据平抛运动实验测量重力加速度

时间 /s	x 坐标 /mm	y 坐标 /mm
…	…	…

计算出初速度及重力加速度 g,并对比当地重力加速度的参考值 g',计算相对误差.

4. 简谐振动实验

表 4-2-4　简谐振动实验

序号	小球与弹簧的总质量 m /g	弹簧长度 L/m	周期 T/s	刚度系数 k/(N/m)	刚度系数的平均值 $\bar{k}$/(N/m)
1					
2					
3					

5. 动量守恒实验

表 4-2-5　动量守恒实验

次数	物理量					
	v_1 /(m/s)	v_1' /(m/s)	v_2 /(m/s)	v_2' /(m/s)	mv_1 /(kg·m/s)	mv_1' /(kg·m/s)
1						
2						
3						

次数	物理量					
	mv_2 /(kg·m/s)	mv_2' /(kg·m/s)	p /(kg·m/s)	p' /(kg·m/s)	η	$\bar{\eta}$
1						
2						
3						

注意：下标"1"和"2"分别代表小球 1 和小球 2，上标"'"代表碰撞后的状态．

附录 1：摄像画面的定标

通过给摄像画面定标，可以获得像素长度和实际长度的比例．只有定标之后，才能将捕捉到的小球坐标单位转换为标准长度单位．

通常情况下，像素长度与实际长度的比例可以通过以下两种方式来确定．

1. 使用小球的直径

小球在摄像画面中的成像是一个圆．设小球的直径为 d mm，画面中的圆的直径为 d' px，于是定标比例为 $\dfrac{d'}{d}$ px/mm．

事实上，小球的直径可以使用游标卡尺较为精确地测量到，但画面中的圆往往并非标准的球的投影．由于越靠近边缘，小球表面的法线和摄像头中轴线的夹角越大，反射进镜头的光也就越少．因此摄像画面中的圆往往会比小球的投影要小，结果会使定标比例偏大．

此种标定方法在精度要求不高的情况下可以简单快速地进行定标.

2. 使用钢尺或标定板进行定标

由于使用小球直径直接进行定标会出现如上所述的问题,因此使用钢尺或标定板这样的平面进行定标会更加准确.

如图 4-2-6 所示,在图像识别的过程中,N 点是小球图像的中心点,因此需要在 N 点所在的竖直平面进行定标.但 N 点由于镜头角度的问题,会因为小球的位置不同而在球面上发生变化.因此,直接在 N 点所在平面进行定标是难以完成的.

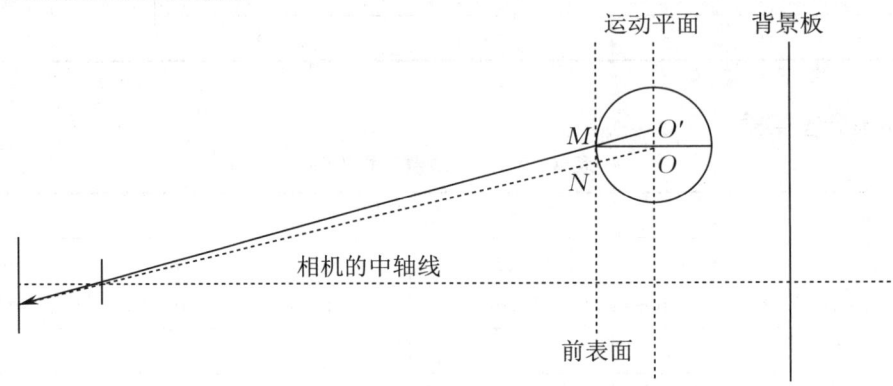

图 4-2-6　相机拍摄小球时的成像情况

由于本实验采用的相机,其镜头角度对小球的成像在一定范围内影响较小,也即小球的中心总是在 M 点附近,因此可以选择图 4-2-6 所示的前表面作为定标面(靠近相机一端的竖直切面),这样定标仍然有一定的误差(可能会导致比例偏小),但所引起的误差将远比将定标面选在运动平面上(导致比例偏大)要小,此处引起的误差在自由落体、平抛运动等对坐标-时间信息非常敏感的实验中表现得较为明显.

如要避免选择前表面所带来的定标误差,可以适当增加摄像头的拍摄距离,这样在小球的运动过程中 N 点将会更加接近 M 点.

附录 2:简单故障排除

实验中部分故障现象及处理办法如表 4-2-6 所示.

表 4-2-6　部分故障现象及处理办法

故障现象	处理办法
平抛发射器发射栓卡住	适当调松扳机的紧固螺栓
电磁铁无磁性	检查电磁铁中表面的导磁螺钉是否松动
视频无法录制	等待帧率稳定,如一直无法稳定,可关闭不用的程序以释放更多的计算机运行资源

实验 4.3　拉伸法测杨氏模量 —— 光杠杆

引　言

机械结构中零件的强度是工程设计人员必须关注的重要问题,为了取得强度设计的依据,必须掌握材料的力学性能,即材料在外力作用下的力学行为,如强度、塑性、弹性、韧性等.杨氏模量(又称为弹性模量)是固体材料的重要力学性质,反映了固体材料抵抗外力产生拉伸(或压缩)形变的能力,是选择机械构件材料的依据之一.固体材料的杨氏模量是材料在弹性形变范围内(正)应力与相应(正)应变的比值,其数值大小与材料的结构、化学成分和加工制造方法有关.它的测量方法有拉伸法和共振法两种.本实验采用拉伸法来测定金属丝的杨氏模量,同时介绍一种测量微小长度变化量的方法——光杠杆法.

实验目的

1. 了解杨氏模量的物理意义及拉伸法.
2. 掌握光杠杆法测量微小长度变化量的原理.
3. 学会用逐差法处理实验数据.

实验仪器

杨氏模量测量仪、光杠杆、望远镜、标尺(望远镜尺组)、米尺、螺旋测微器、砝码、钢丝等.

实验原理

实际的固体并不是大小和形状不变的刚体,而是在外力作用下会发生形变的弹性体.固体的弹性由其内部结构决定,如果把固体看作由分子或原子规则排列而构成的晶格结构体,分子或原子之间的相互作用力使它们紧密地结合在一起,则固体在任何方向受力都会发生一定的形变.在弹性限度内,当卸去外力后固体可恢复其原始形状,称为弹性形变.当超出弹性限度时,卸去外力后固体不能完全恢复其原始形状而留下剩余形变,称为塑性形变.

根据胡克定律,材料在弹性限度内,应力的大小 σ 与应变 ε 成正比,即

$$\sigma = E\varepsilon,$$

其中,E 为杨氏模量,又称弹性模量. E 与材料的性质有关,它反映了材料抵抗形变的能力(见图 4-3-1),单位为 N/m^2. 对于长为 L、横截面积为 S 的均匀金属丝或棒,在沿长度方向的外力 F 的作用下伸长 ΔL,则 $\sigma = \dfrac{F}{S}$,$\varepsilon = \dfrac{\Delta L}{L}$,将其代入 $\sigma = E\varepsilon$ 有

$$\frac{F}{S} = E\frac{\Delta L}{L}. \tag{4-3-1}$$

对于直径为 d 的金属丝,$S = \dfrac{\pi d^2}{4}$,将其代入式(4-3-1)得

$$E = \frac{4FL}{\pi d^2 \Delta L}, \tag{4-3-2}$$

式(4-3-2)为金属丝的杨氏模量的表达式,其中,F,L,d 均容易测量,只有 ΔL 很小,采用一般测量方法不易测准,需采用光杠杆法对其进行放大测量.本实验将测量钢丝的杨氏模量.

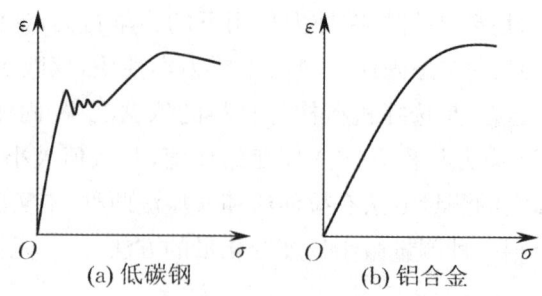

图 4-3-1　两种材料的应变-应力曲线

光杠杆的主要部件有平面镜、T形架、前支脚B和C、后支脚A.图4-3-2(a)是光杠杆的示意图.平面镜的仰角可调,支脚与T形架连成一体.如果将前后支脚均匀地压在水平放置的白纸上,其压痕如图4-3-2(b)所示,A到BC的垂线段长度为b,称为光杠杆常数,b的长短决定了光杠杆的测量灵敏度.

杨氏模量测量仪的装置图如图4-3-3所示.

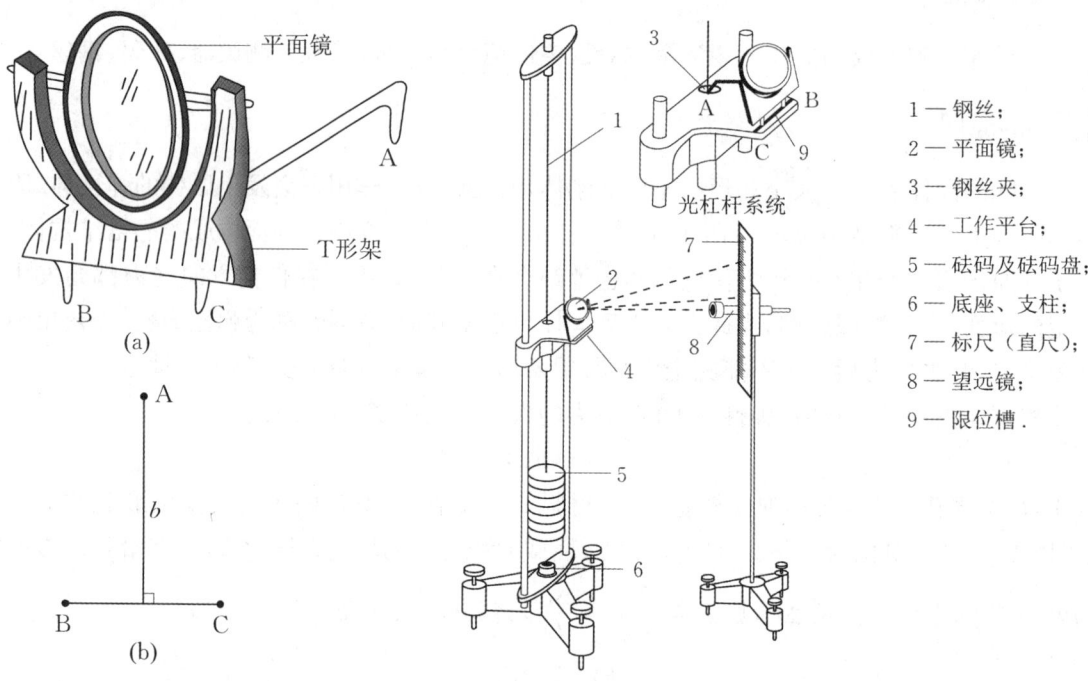

1——钢丝;
2——平面镜;
3——钢丝夹;
4——工作平台;
5——砝码及砝码盘;
6——底座、支柱;
7——标尺(直尺);
8——望远镜;
9——限位槽.

图 4-3-2　光杠杆及压痕示意图　　　　图 4-3-3　杨氏模量测量仪的装置图

光杠杆与被测钢丝的位置关系如图4-3-3所示.被测钢丝顶端固定,下端挂有砝码盘,砝码盘上最多可装载10 kg砝码.钢丝中部的适当部分被钢丝夹夹紧.工作平台固定于支架上,平台的适当部位开一圆孔,钢丝夹可以在圆孔中无摩擦地移动.光杠杆的前支脚放置于工作平台上的限位槽内,后支脚置于钢丝夹的上端面.这样,当钢丝伸长时,钢丝夹下落,后支脚也随之下落,平面镜的仰角将会改变.通过光杠杆,将对微小线量的测量转换成了对微小角量的测量.

图4-3-4是光杠杆系统测量微小长度变化量的原理图.望远镜固定在一个立柱上(立

柱未画出),紧贴立柱有一标尺,标尺在平面镜中成一虚像,测量时从望远镜中应能瞄准这一标尺像,如图 4-3-5 所示,并能清晰地读出标尺像上的刻度值.

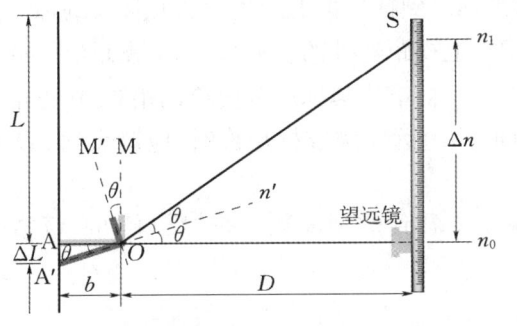
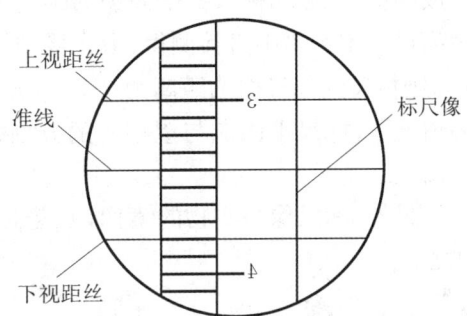

图 4-3-4　光杠杆系统测量微小长度变化量的原理图　　图 4-3-5　标尺在平面镜中成的虚像

测量前调节平面镜的仰角,使其法线水平,并与望远镜光轴水平.再调节望远镜的目镜,使得能看清分划板上的十字准线和上、下视距丝,然后调节物镜,使得能看清标尺像的刻度值,这时目镜中视场的图像如图 4-3-5 所示,标尺读数以水平准线为基准.

设钢丝未伸长时,平面镜 M 的法线 On_0 水平地对准望远镜,标尺 S 上的刻度线 n_0 发出的光通过平面镜 M 反射,进入望远镜被观察到.当钢丝伸长后,光杠杆的后支脚 A 随钢丝下降 ΔL 到 A',带动 M 转动角度 θ 而至 M',法线 On_0 也转动同一角度 θ 至 On'.根据光的反射定律,从 n_0 发出的光将反射至 n_1,且 $\angle n_0 On' = \angle n_1 On' = \theta$,由光线的可逆性,从 n_1 发出的光经平面镜反射后进入望远镜可被观察到.

由图 4-3-4 可知,
$$\tan\theta = \frac{\Delta L}{b}, \quad \tan 2\theta = \frac{\Delta n}{D},$$

由于 θ 很小,因此
$$\theta \approx \frac{\Delta L}{b}, \quad 2\theta \approx \frac{\Delta n}{D},$$

由此可得
$$\Delta L = \frac{b}{2D}\Delta n. \tag{4-3-3}$$

ΔL 是很难测量的微小长度变化量,但当 $D \gg b$ 时,经光杠杆转换后的 Δn 是较大的量,可以从标尺上直接读得.光杠杆装置的放大倍数为 $\frac{\Delta n}{\Delta L} = \frac{2D}{b}$.若 D 越大,b 越小,则放大倍数越大.

将式 (4-3-3) 代入式 (4-3-2),可以得到钢丝的杨氏模量为
$$E = \frac{8FLD}{\pi d^2 b \Delta n} \quad (F = mg, g \text{ 取 } 9.8 \text{ m/s}^2). \tag{4-3-4}$$

杨氏模量测量仪如图 4-3-3 所示,包括支架、望远镜及标尺,支架底部正中设置有水准

仪,实验时应调节支架三个底脚调节纵螺丝使水准仪中的气泡居中,此时支架完全竖直,可正常实验. 望远镜用来观测有限远的物体,这个被观测物体实际上是标尺在光杠杆平面镜中所成的虚像. 假如标尺到平面镜的距离为 D,则标尺到标尺像的距离为 $2D$. 标尺到标尺像的距离可在望远镜中直接测得:取视场中标尺像在上视距丝处的读数 x_1 和下视距丝处的读数 x_2,则标尺到标尺像的距离为 $2D=100|x_1-x_2|$,单位与标尺刻度单位相同. 在正常安装的情况下,标尺平面应与望远镜的分划板共面. 用望远镜瞄准标尺像时,应调焦到 $2D$ 远的距离上.

另外,标尺像是实物的镜像,在望远镜视场中看到的刻度数字是"反写"的,读数时应注意.

实验内容

1. 调节支架底脚调节纵螺丝,使水准仪中气泡居中,确保支架竖直.
2. 在砝码盘上加上两个基准砝码,确保钢丝伸直.
3. 调节光杠杆:使光杠杆前支脚置于平台限位槽中,后支脚置于钢丝夹上,但不可与钢丝相碰;调节平面镜,使人坐在实验台前能从平面镜中看到自己的脸.
4. 寻找标尺像:要想从望远镜中观测到平面镜中标尺的像,首先应能从望远镜外直接观测到反射镜中标尺的像,即沿望远镜瞄准豁口及准星对准并观测平面镜,若有必要可左右移动望远镜,直至能观测到平面镜中标尺的像. 然后微调平面镜的俯仰角度,以能够观测到标尺的中部附近为佳.
5. 调节望远镜:先调节望远镜的目镜,使得能从目镜中清晰地观测到镜中上、中、下 3 条横刻线及居中的竖刻线,然后再调节调焦手轮,从望远镜中寻找平面镜的清晰的像,微调望远镜的左右及俯仰角度,使平面镜像在视场中居中. 由于标尺像在平面镜中的更远处,因此应继续调节调焦手轮,直至观测到清晰的标尺像.
6. 测读 Δn:测读未加砝码时居中横刻线在标尺像上的读数 n_0,逐次增加砝码,分别测读其居中横刻线读数 n_1, n_2, n_3, n_4, n_5;然后逐次减少砝码,分别测读其居中横刻线读数 n_5', $n_4', n_3', n_2', n_1', n_0'$. 求出同一荷重下两读数的平均值 $\overline{n_i}=\dfrac{n_i+n_i'}{2}(i=0,1,2,3,4,5)$,并用逐差法求出 $\overline{\Delta n_1}, \overline{\Delta n_2}, \overline{\Delta n_3}$ 和 $\overline{\Delta n}(\Delta n_i=|\overline{n_{i+2}}-\overline{n_{i-1}}|)$.
7. 测读 D:D 为平面镜到标尺的距离,刚好为望远镜到标尺像的距离的一半. 分别测读上、下横刻线在标尺像上的读数 x_1, x_2,因为望远镜到标尺像的距离为 $2D=100|x_1-x_2|$,所以平面镜到标尺的距离 $D=50|x_1-x_2|$,单位与标尺单位相同.
8. 测读 d, b 与 L:用螺旋测微器测量钢丝直径 d,测量前应读取螺旋测微器的初始读数,测量读数减去初始读数即为钢丝直径 d. b 为光杠杆后支脚到两个前支脚连线的垂直距离,测量时,只需将光杠杆的三个支脚在纸上印上压痕,直接用米尺测出后支脚压痕到两个前支脚压痕连线的垂直距离 b 即可. L 为钢丝上、下夹持点之间的长度,可直接用米尺测量.
9. 由 $\overline{E}=\dfrac{8FLD}{\pi d^2 b \Delta n}(F=\Delta mg, \Delta m=3 \text{ kg}, g=9.8 \text{ m/s}^2)$,求出钢丝的杨氏模量.

10. 计算杨氏模量 E 的标准偏差 $u(E)=\sqrt{\dfrac{\sum_{i=1}^{n}(E_i-\overline{E})^2}{n(n-1)}}$，其中，$E_i=\dfrac{8FLD}{\pi d^2 b \Delta n_i}$.

表 4-3-1　实验数据记录一

$d=$ ( )	$b=$ ( )	$L=$ ( )
$x_1=$ ( )	$x_2=$ ( )	$D=50\|x_1-x_2\|=$ ( )

表 4-3-2　实验数据记录二

荷重 /kg	望远镜中准线处的读数 n_i			每 3 kg 增重的读数增量 /cm
	增重 n_i/cm	减重 n_i'/cm	平均值 $\overline{n}_i$/cm	
0(不含基准砝码)				$\Delta n_1=\overline{n}_3-\overline{n}_0$
1				
2				$\Delta n_2=\overline{n}_4-\overline{n}_1$
3				
4				$\Delta n_3=\overline{n}_5-\overline{n}_2$
5				

1. 每 3 kg 增重对应的读数增量平均值 $\overline{\Delta n}=\dfrac{\Delta n_1+\Delta n_2+\Delta n_3}{3}=$ ＿＿＿＿ cm.

2. 杨氏模量的平均值 $\overline{E}=$ ＿＿＿＿ N/m².

3. 杨氏模量的标准偏差 $u(E)=$ ＿＿＿＿ N/m².

4. 杨氏模量 $E=$ ＿＿＿＿ N/m².

1. 增加砝码，测出 n_i 随砝码个数的变化，然后减少砝码，测出对应荷重的 n_i' 值，n_i 与 n_i' 有可能不同，取两者的平均值即可．采用正、反向测量取平均的办法是为了消除弹性形变的滞后效应带来的系统误差，测量之前，砝码盘上要加上两个基准砝码，把钢丝拉直．

2. 加减砝码时要轻拿轻放，钢丝的晃动容易使光杠杆的位置发生变化．

思　考　题

1. 光杠杆平面镜的镜架应怎样放置？平面镜的方向应调到什么状态？

2. 光杠杆法的优点是什么？怎样提高光杠杆的灵敏度？

3. 什么情况下测出的数据可采用逐差法处理？

附录1:光杠杆系统的快速调节方法

光杠杆系统由光杠杆和望远镜尺组(由读数望远镜和读数标尺组合在一起构成)组成,其测量原理如图4-3-4所示.利用光杠杆系统可以准确地测量微小长度的变化量,只要场地允许,其测量的放大倍数几乎不受限制.因此,在物理实验的测量手段中,用光杠杆测量微小长度变化量的方法具有非常重要的地位.

光杠杆的调节主要有以下几个关键步骤.

(1) 准备.调节光杠杆长度,使其后支脚尖位于被测物体的伸长(缩短)端平面(或钢丝夹)上,前支脚位于平台限位槽中;平面镜朝向望远镜,其法线大致处于水平方向.

(2) 调节望远镜尺组的高度.使望远镜与平面镜处于同一水平高度,其中心轴线与平面镜法线大致重合(凭目测).

(3) 不打开望远镜的镜头盖,从望远镜靠近支架竖杆一侧,沿其水平方向观察平面镜,观察在平面镜中是否能够看到望远镜的像(镜头),如果看不到,应先仔细调节平面镜的俯仰角度或左右移动望远镜尺组(连同底座一起),在镜头前上方或下方挥手直到恰好将手放在镜头前时能够看到为止.

(4) 松开望远镜固定螺丝,用其瞄准器瞄准平面镜中的标尺像,然后旋紧固定螺丝.

(5) 去掉望远镜的镜头盖,调节目镜聚焦,使观察到的十字叉丝最清晰.

(6) 调节望远镜物镜聚焦旋钮,通过望远镜目镜观察标尺像,使观察到的标尺像最清晰.同时进一步调整望远镜的位置和标尺的灯光照明情况,使望远镜中的标尺像位于视场正中,并且清晰、明亮.如果望远镜视场中标尺像的上部或下部模糊,则可能是望远镜与平面镜不在同一水平位置,可通过调整望远镜的高度及其俯仰角度,使视场中的标尺像上下部均匀且清晰.

(7) 观察者在目镜前上下、左右适度晃动眼睛,在望远镜中观察到的标尺刻度线和十字叉丝间应当没有位置偏移(即无视差),若有,则应进一步调节物镜和目镜聚焦,直到消除视差为止.

(8) 调节标尺高度,使十字叉丝横线位于标尺零刻度线附近.

这时光杠杆系统已完全调好,可利用其进行测量了.

附录2:望远镜简介

望远镜是一种利用凹透镜和凸透镜观测遥远物体的光学仪器.望远镜的第一个作用是放大远处物体的张角,使人眼能看清角距更小的细节.望远镜的第二个作用是把物镜收集到的比瞳孔直径粗得多的光束送入人眼,使观测者能看到原来看不到的暗弱物体.17世纪初,荷兰人利伯希(Lipperhey)发明了第一部望远镜.1609年,意大利科学家伽利略(Galileo)展出了人类历史上第一架按照科学原理制造出来的望远镜.

在日常生活中,光学望远镜通常是呈筒状的一种光学仪器,它通过透镜的折射,或者通过凹面镜的反射使光线聚焦直接成像,再经过一个放大目镜进行观察.日常生活中的光学望远镜主要包括业余天文望远镜、观剧望远镜和军用双筒望远镜.

在日常生活中,望远镜主要指光学望远镜.在现代天文学中,望远镜包括了射电望远镜、红外望远镜、X射线和γ射线望远镜.近年来,天文望远镜的概念又进一步延伸到了引力波、宇宙线和暗物质的领域.

实验4.4 拉伸法测杨氏模量——显微镜

本实验将测量钢丝的杨氏模量.不同于实验4.3采用光杠杆法测量钢丝的微小伸长量,

本实验采用读数显微镜测量钢丝的微小伸长量.

实验目的

1. 了解拉伸法测量钢丝杨氏模量的原理.
2. 学习读数显微镜、调焦镜头的调节方法.
3. 掌握逐差法处理实验数据的方法.

实验仪器

杨氏模量测量仪（WYM-1型）主体结构、显微镜组、调焦镜头、螺旋测微器、钢卷尺、钢丝等.

实验原理

设钢丝的横截面积为 S，原长为 L，沿其长度方向施加一拉力 F 后，钢丝的伸长量为 ΔL. 根据胡克定律，在弹性限度内，钢丝所承受的应力 $\dfrac{F}{S}$ 与其发生的应变 $\dfrac{\Delta L}{L}$ 成正比，即

$$\frac{F}{S}=E\frac{\Delta L}{L}, \tag{4-4-1}$$

其中，比例常数 E 称为该材料的杨氏模量. 钢丝的横截面积 $S=\dfrac{\pi d^2}{4}$，这里，d 为钢丝的直径，将其代入式(4-4-1)可得

$$E=\frac{FL}{S\Delta L}=\frac{4FL}{\pi d^2 \Delta L}, \tag{4-4-2}$$

其中，ΔL 是一个很小的长度变化量，可采用读数显微镜直接观测.

仪器介绍

用拉伸法测量杨氏模量的实验装置如图4-4-1所示，包括以下几部分.

1. 钢丝支架

S为钢丝支架，高约1.32 m，可置于实验桌上，支架顶端设有钢丝悬挂装置，钢丝长度可调，约95 cm，钢丝下端连接一小圆柱，小圆柱中部方形窗中有细横线供读数用，小圆柱下端附有砝码盘，支架下方还有一钳形平台，设有限制小圆柱转动的转置（未画出），支架底脚螺丝可调.

2. 读数显微镜

读数显微镜 M 用来观测钢丝下端小圆柱中部方形窗中细横线的位置及其变化，目镜前方装有分划板，分划板上有刻度，其刻度范围为 0~6 mm，分度值为 0.01 mm，每隔 1 mm 刻一数字. H_1 为读数显微镜支架.

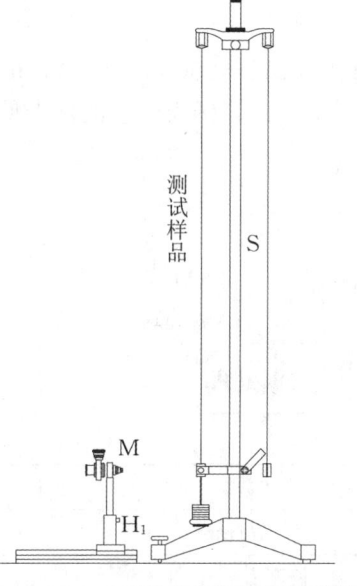

图 4-4-1 用拉伸法测量杨氏模量的实验装置示意图

实验内容

1. 支架调节. 旋动底脚螺丝调节支架S竖直,使钢丝下端的小圆柱相对于钳形平台可无摩擦地上下自由移动. 旋转钢丝上端夹具,使小圆柱两侧刻槽对准钳形平台两侧的限制小圆柱转动的螺丝,同时对称地将两侧旋转螺丝旋入刻槽中部,以减小摩擦.

2. 读数显微镜调节. 首先调节显微镜目镜,使得能用眼睛看到清晰的分划板像. 再将物镜对准小圆柱平面中部,调节显微镜的前后位置,然后微调显微镜旁螺丝直到看清小圆柱平面中部细横刻线的像,并消除视差,即当左右或上下稍微改变视线方向时,两个像之间没有相对移动. 只有无视差的调焦才能保证测量精度.

3. 观测钢丝伸长量变化. 首先在钢丝下端的砝码盘上放入一块基准砝码,确保钢丝拉直、砝码盘平稳,然后在砝码盘上逐次加 50 g 砝码,记录细横刻线对应读数 $Y_i(i=1,2,\cdots,10)$. 为消除弹性形变的滞后效应带来的系统误差,再将所加的砝码逐个减去,记下对应的细横刻线读数 $Y_i'(i=1,2,\cdots,10)$,求出同一荷重下两读数的平均值:

$$\overline{Y}_i = \frac{Y_i + Y_i'}{2}. \tag{4-4-3}$$

4. 钢丝几何尺寸的测量. 用钢卷尺测量钢丝长度 L,测量三次;用螺旋测微器测量钢丝直径 d(上、中、下部分各测一次),注意记下螺旋测微器的零位读数.

5. 用逐差法对 $\overline{Y}_i(i=1,2,\cdots,10)$ 进行处理,计算 $\overline{\Delta L}$ 及 $\overline{E}$ 的值:

$$\overline{\Delta L} = \frac{(\overline{Y}_6 - \overline{Y}_1) + (\overline{Y}_7 - \overline{Y}_2) + (\overline{Y}_8 - \overline{Y}_3) + (\overline{Y}_9 - \overline{Y}_4) + (\overline{Y}_{10} - \overline{Y}_5)}{5},$$

$$\tag{4-4-4}$$

结合式(4-4-2)及 $F = \Delta Mg$,代入实验数据,可得

$$\overline{E} = \frac{4\Delta MgL}{\pi d^2 \overline{\Delta L}}, \tag{4-4-5}$$

其中, $\Delta M = 250$ g, g 取 9.8 m/s^2.

6. 计算杨氏模量的标准偏差:

$$u(E) = \sqrt{\frac{\sum_{i=1}^{n}(E_i - \overline{E})^2}{n(n-1)}}, \tag{4-4-6}$$

其中, $E_i = \frac{4\Delta MgL}{\pi d^2 \Delta Y_i}$.

表 4-4-1 测量钢丝的几何尺寸

次数	1	2	3	平均值
直径 d/mm				
长度 L/cm				

表 4-4-2　测量钢丝受力后的伸长量

砝码个数	细横刻线对应的刻度 Y_i			每 250 g(5 个砝码)增重的读数增量 /mm
	增重 Y_i/mm	减重 Y_i'/mm	平均值 $\overline{Y}_i$/mm	
1				$\Delta Y_1 = \overline{Y}_6 - \overline{Y}_1 =$
2				
3				$\Delta Y_2 = \overline{Y}_7 - \overline{Y}_2 =$
4				
5				$\Delta Y_3 = \overline{Y}_8 - \overline{Y}_3 =$
6				
7				$\Delta Y_4 = \overline{Y}_9 - \overline{Y}_4 =$
8				
9				$\Delta Y_5 = \overline{Y}_{10} - \overline{Y}_5 =$
10				

1. 每 250 g 增重的读数增量平均值 $\overline{\Delta L} =$ _____ mm.
2. 杨氏模量的平均值 $\overline{E} =$ _____ N/m².
3. 杨氏模量的标准偏差 $u(E) =$ _____ N/m².
4. 杨氏模量 $E =$ _____ N/m².

1. 实验前必须检查钢丝是否处于平直状态,如果有弯折或弯曲,必须用木质螺丝刀柄的圆凹槽部位沿钢丝来回拉动,直至钢丝平直后方可进行实验.
2. 注意维护钢丝的平直状态,使用螺旋测微器测量其直径时勿将其扭折.

1. 实验中影响杨氏模量标准偏差的因素有哪些? 如何减小或避免其影响?
2. 对微小伸长量的测量,除读数显微镜方法外还有哪些方法?

实验 4.5　切变模量与转动惯量的测量

引　言

切变模量(又称剪切模量)是指材料在弹性形变阶段内,剪切应力与对应剪切应变的比值,是材料的力学性能指标之一. 转动惯量是刚体力学中描述刚体转动惯性的物理量,是大学物理课程中的一个学习重点. 在科学技术日新月异的今天,切变模量、转动惯量在越来越多的领域受到重视,在科学实验、工程技术等多个领域都是重要参量. 切变模量与转动惯量的测量实验就是让学生学会用理论和实验的方法对切变模量与转动惯量进行计算和测量.

1. 学习用扭摆法测量材料的切变模量,了解测量材料切变模量的基本方法.
2. 学习用扭摆法测量各种形状刚体绕同一轴转动的转动惯量,以及同一刚体绕不同轴转动的转动惯量.
3. 验证垂直轴定理.

FD-TM-B型切变模量与转动惯量实验仪、电子天平、游标卡尺、螺旋测微器、直尺.

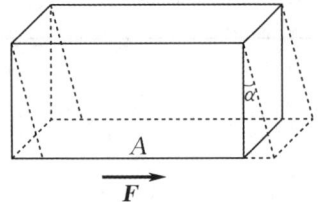

如图 4-5-1 所示,设某一弹性固体的一个长方形体积元的顶面固定,在它的底面 A 上作用一个与底面平行且均匀分布的切力 **F**,在该力的作用下,两个侧面将转过一定的角度,此角度称为切变角,用 α 表示,通常称这种弹性形变为切变.在切变角比较小的情况下,作用在单位面积上的切力大小 $\dfrac{F}{A}$ 与切变角 α 成正比,即

图 4-5-1 长方形体积元切变角的示意图

$$\dfrac{F}{A} = G\alpha, \qquad (4\text{-}5\text{-}1)$$

其中,G 是一个与材料有关的常量,称为切变模量.G 的单位为 N/m²,大多数材料的切变模量是杨氏模量的 $\dfrac{1}{3} \sim \dfrac{1}{2}$.由式(4-5-1)可知,G 值越大,表示该材料在受外力作用时,其切变角越小.在实验中,待测样品是一根上下均匀而细长的钢丝或铜丝,从几何上说,就是一个细长圆柱体,如图 4-5-2 所示.设圆柱体的半径为 R,高为 L,其上端固定,下端面受到一个外加扭转力矩的作用,即沿着圆面上各点的切向施加外力,于是圆柱体中各体积元(取半径为 r、厚为 dr、高为 L 的圆环状柱体为体积元)均发生切变.总的效果是圆柱体下端面绕中心轴线 OO' 扭转了一个角度 φ_0,如底面圆周上的 P 点转至 P' 点位置.因为圆柱体很长,所以各体积元均满足 α ≪ 1° 的条件,利用关系式 $\alpha L = R\varphi_0$ 及式(4-5-1),通过积分可求得如下关系式:

$$M_{\text{外}} = \dfrac{\pi}{2} G \dfrac{R^4}{L} \varphi_0, \qquad (4\text{-}5\text{-}2)$$

其中,$M_{\text{外}}$ 为外力矩.设圆柱体内部的反向弹性力矩为 M_0,在平衡时,则有 $M_0 = -M_{\text{外}}$,由此可见,$M_0 = -\dfrac{\pi}{2} G \dfrac{R^4}{L} \varphi_0$.令 $D = \dfrac{\pi}{2} G \dfrac{R^4}{L}$,则有

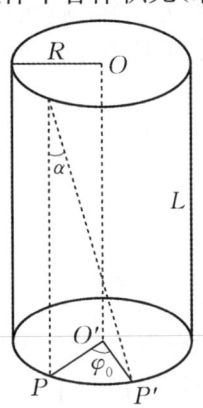

图 4-5-2 细长圆柱体扭转示意图

$$M_0 = -D\varphi_0. \tag{4-5-3}$$

对于一定的物体(如上述钢丝),D 是常量,称为扭转系数.

扭摆的结构如图 4-5-3 所示,爪手及圆环安放位置如图 4-5-4 所示. 若使爪手绕中心轴转过某一角度 φ_0,然后松开,则爪手将在钢丝(或铜丝)弹性扭转力矩 M 的作用下做周期性转动.

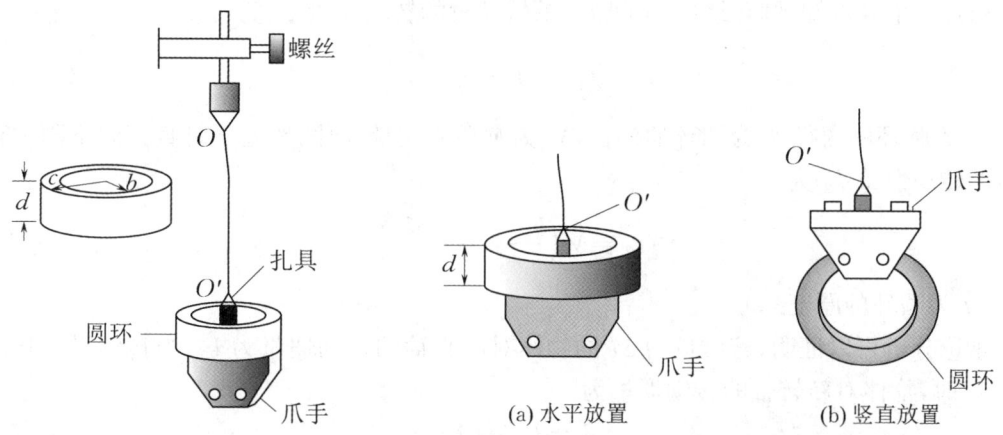

图 4-5-3　扭摆结构图　　　图 4-5-4　爪手及圆环安放位置示意图

钢丝(或铜丝)在转动中的角位移以 φ 表示,若对其中心轴的转动惯量为 I_0,根据转动定律,则有

$$M = -D\varphi = I_0 \frac{\mathrm{d}^2\varphi}{\mathrm{d}t^2},$$

即

$$\frac{\mathrm{d}^2\varphi}{\mathrm{d}t^2} + \frac{D}{I_0}\varphi = 0.$$

此方程是一个常见的简谐振动微分方程,简谐振动的周期为

$$T_0 = 2\pi\sqrt{\frac{I_0}{D}}. \tag{4-5-4}$$

如图 4-5-4 所示,将一个已知内外径、厚度和质量的圆环分别水平或竖直放在爪手上,绕同一轴(钢丝)转动,测得的转动周期分别为 T_1 和 T_2. 而圆环在绕轴做水平转动时的转动惯量为 I_1,处于竖直方向绕同一轴转动时的转动惯量为 I_2,爪手绕轴转动的转动惯量为 I_0,测得的转动周期为 T_0,那么,由式(4-5-4)可知

$$T_0^2 = \frac{4\pi^2}{D}I_0, \quad T_1^2 = \frac{4\pi^2}{D}(I_0 + I_1).$$

将此两式相减可消去 I_0,得

$$T_1^2 - T_0^2 = \frac{4\pi^2}{D}I_1, \tag{4-5-5}$$

而 $D = \frac{\pi}{2}G\frac{R^4}{L}$,所以切变模量为

$$G = \frac{8\pi L}{R^4} \cdot \frac{I_1}{T_1^2 - T_0^2}. \qquad (4-5-6)$$

由式(4-5-6),同理可得圆环处于竖直方向绕同一轴转动时的转动惯量 I_2 为

$$I_2 = G \frac{R^4(T_2^2 - T_0^2)}{8\pi L}.$$

由理论推导可知,圆环绕中心轴做水平转动时的转动惯量 I_1 为

$$I_1 = M \frac{b^2 + c^2}{2}, \qquad (4-5-7)$$

其中,b 为圆环的内径,c 为圆环的外径,M 为圆环的质量.而圆环处于竖直方向绕同一轴转动时的转动惯量 I_2 为

$$I_2 = M\left(\frac{b^2 + c^2}{4} + \frac{d^2}{12}\right), \qquad (4-5-8)$$

其中,d 为圆环的厚度.

理论分析可以证明,若质量为 M 的物体对质心轴的转动惯量为 I_0,当转轴平行移动距离为 x 时,物体对新转轴的转动惯量为

$$I = I_0 + Mx^2. \qquad (4-5-9)$$

这一结论称为平行轴定理.

若已知一块薄板(或薄环)对位于板(或环)上且相互垂直的轴(设为 x 轴和 y 轴)的转动惯量分别为 I_x 和 I_y,则薄板(或薄环)绕 z 轴的转动惯量为

$$I_z = I_x + I_y, \qquad (4-5-10)$$

此即垂直轴定理.由垂直轴定理可知,薄圆盘(或圆环)通过中心且垂直于盘面的转轴的转动惯量为圆盘绕其直径的转动惯量的两倍.

FD-TM-B 型切变模量与转动惯量实验仪包括实验架、数字式计数计时仪及待测物体,如图 4-5-5 所示.

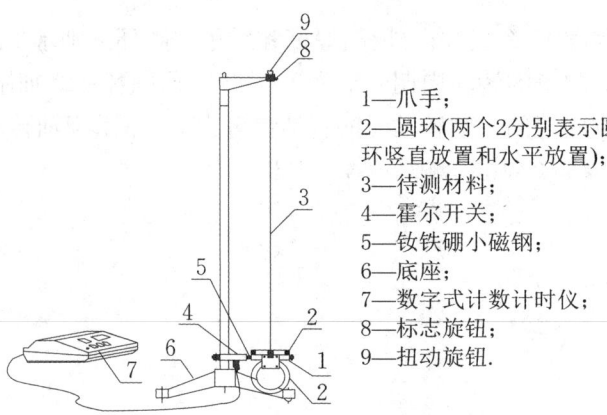

图 4-5-5 切变模量与转动惯量实验仪简图

多功能金属爪手上分别设置了放置环状刚体或球状刚体的凹槽,爪盘的下方分别可悬挂环状刚体或放置条形棒状、方形棒状刚体.

(1) 数字式计数计时仪.

在转动物体上放置一个钕铁硼小磁钢,当物体经过霍尔开关时给计时仪一个触发信号,通过对不同触发信号间隔进行计时测量周期.

先开启电源开关,使仪器预热 10 min. 按住上升键 ,使预置计数值达到实验要求. 使爪手转动,当钕铁硼小磁钢靠近霍尔开关约 8 mm 距离时,霍尔开关将导通,即产生计时触发脉冲信号. 数字式计数计时仪有延时功能,当扭摆做第一个周期转动时,将不计时,计数为 0;当计数显示 1 时,才显示计时半个周期. 计数计时结束后,可读出由于爪手转动在霍尔开关上产生计时脉冲的计数值和总时间,其中,计数 2 次为一个周期. 要查阅每半个周期时间,只需依次按住下降键 ▼ 即可.

(2) 待测物体.

钢丝、铜丝、圆环、方柱、圆柱和小球.

实验内容

1. 圆环平放、圆环竖放、方柱、圆柱及两小球绕钢丝转动惯量的直接测量

用电子天平称量圆环、方柱、圆柱及小球的质量;用游标卡尺测量圆环的内外直径、厚度及小球直径;用直尺测量方柱、圆柱的长度. 求出圆环平放、圆环竖放、方柱、圆柱及两小球绕钢丝转动惯量的理论值.

2. 钢丝扭转系数、切变模量的测定

用直尺测出待测钢丝的长度(从钢丝上端夹具固定点到爪手上端钢丝固定点),用螺旋测微器测量钢丝直径.

打开数字式计数计时仪电源开关,预热 10 min. 将钕铁硼小磁钢放置在爪手上靠近霍尔开关一侧的旋钮上,调节仪器底座螺丝,旋转扭动旋钮使小磁钢与霍尔开关相距 8 mm 左右. 此时计时仪触发指示灯为灭的状态,若触发指示灯无反应,则是小磁钢的磁极放反了,应取下来换个方向,再进行实验. 按住上升键 ▲,使预置计数值设定为 2. 扭转爪手做转动,当小磁钢靠近霍尔开关约 8 mm 距离时,霍尔开关将导通,产生计时触发脉冲信号. 注意计时仪有延时功能,当扭摆做第一个周期转动时,将不计时,计数为 0;当计数显示 1 时,才显示计时半个周期;当计数显示 2 时,一个周期时间测量完成.

将圆环水平放置在爪手上,用手旋转夹具至某一角度,再回到原来位置,使爪手与水平圆环做周期转动. 用数字式计数计时仪测量此时的转动周期. 选取圆环为标准刚体,用其水平绕钢丝转动的转动惯量理论值代替实验值,结合转动周期公式及测量的爪手空转周期和爪手水平放置圆环转动周期计算出爪手的转动惯量、钢丝的扭转系数和切变模量.

3. 方柱、圆柱和两小球绕钢丝转动惯量的测定

分别将方柱、圆柱水平吊装在爪手上,注意方柱、圆柱的轴应和爪手中心转轴重合;将两小球分别放置在爪手两侧凹陷位置. 用手旋转夹具至某一角度,再回到原来位置,使爪手与吊装物品做周期转动. 用数字式计数计时仪测量此时的转动周期. 利用转动周期及爪手空转周期计算方柱、圆柱和两小球绕钢丝的转动惯量,并与理论值进行比较.

4. 验证垂直轴定理

将圆环竖直吊装在爪手上,用手旋转夹具至某一角度,再回到原来位置,使爪手与圆环做周期转动.用数字式计数计时仪测量此时的转动周期.利用转动周期及爪手空转周期计算竖直放置圆环的转动惯量.不考虑圆环厚度影响,水平放置圆环的转动惯量应为竖直放置圆环的转动惯量的两倍.比较两种情况下的转动惯量,验证垂直轴定理.

5. 铜丝切变模量的测量

旋转钢丝的上下固定端,小心取下钢丝,注意不要弯折.将铜丝固定在实验架上,下端与爪手相连.用螺旋测微器测量铜丝的直径,用直尺测量铜丝的长度.用计时仪测量爪手的空转周期.用爪手绕铜丝的转动惯量及转动周期公式先计算铜丝的扭转系数,再利用扭转系数与切变模量的关系计算铜丝的切变模量,并与钢丝的切变模量进行比较.

数据处理

表 4-5-1　圆环平放、圆环竖放、方柱、圆柱及两小球绕钢丝转动惯量的直接测量

球心到钢丝的距离:5 cm

圆环质量 m_1/g	方柱质量 m_2/g	圆柱质量 m_3/g	小球质量 m_4/g	圆环外直径 d_1/cm

圆环内直径 d_2/cm	圆环厚度 d/cm	方柱长度 l_2/cm	圆柱长度 l_3/cm	小球直径 d_4/cm

圆环平放的转动惯量 $I_1 = \frac{1}{8}m_1(d_1^2 + d_2^2) =$ ＿＿＿＿＿ kg·m^2

圆环竖放的转动惯量 $I_1' = m_1\left(\frac{d_1^2 + d_2^2}{16} + \frac{d^2}{12}\right) =$ ＿＿＿＿＿ kg·m^2

方柱的转动惯量 $I_2' = \frac{1}{12}m_2 l_2^2 =$ ＿＿＿＿＿ kg·m^2

圆柱的转动惯量 $I_3' = \frac{1}{12}m_3 l_3^2 =$ ＿＿＿＿＿ kg·m^2

两小球的转动惯量 $I_4' = 2m_4\left[(0.05)^2 + \frac{2}{5}\left(\frac{d_4}{2}\right)^2\right] =$ ＿＿＿＿＿ kg·m^2

表 4-5-2　钢丝扭转系数、切变模量的测定

爪手转动周期 T_0/s	圆环平放转动周期 T_1/s	钢丝长度 l_0/cm	钢丝直径 d_0/cm

爪手的转动惯量 $I_0 = \frac{T_0^2}{T_1^2 - T_0^2} I_1 =$ ＿＿＿＿＿ kg·m^2

钢丝的扭转系数 $D = \frac{4\pi^2}{T_1^2 - T_0^2} I_1 =$ ＿＿＿＿＿ N·m

钢丝的切变模量 $G = \frac{8\pi l_0}{(d_0/2)^4} \times \frac{I_1}{T_1^2 - T_0^2} =$ ＿＿＿＿＿ N/m^2

表 4-5-3 方柱、圆柱和两小球绕钢丝转动惯量的测定

方柱转动周期 T_2/s	圆柱转动周期 T_3/s	两小球转动周期 T_4/s

方柱的转动惯量 $I_2 = \dfrac{T_2^2}{4\pi^2}D - I_0 =$ _____ kg·m²

圆柱的转动惯量 $I_3 = \dfrac{T_3^2}{4\pi^2}D - I_0 =$ _____ kg·m²

两小球的转动惯量 $I_4 = \dfrac{T_4^2}{4\pi^2}D - I_0 =$ _____ kg·m²

表 4-5-4 验证垂直轴定理

圆环竖放转动周期 T_1'/s	
圆环竖放的转动惯量 $I_1'' = \dfrac{T_1'^2}{4\pi^2}D - I_0 =$ _____ kg·m²	
验证垂直轴定理 $I_1 : I_1'' =$ _____	

表 4-5-5 铜丝切变模量的测量

爪手转动周期 T_0'/s	铜丝长度 l_0'/cm	铜丝直径 d_0'/cm

铜丝的扭转系数 $D' = \dfrac{4\pi^2}{T_0'^2}I_0 =$ _____ N·m

铜丝的切变模量 $G' = \dfrac{8\pi l_0'}{(d_0'/2)^4} \times \dfrac{I_0}{T_0'^2} =$ _____ N/m²

1. 由于钢丝很长,容易满足 $\alpha \ll 1°$ 的条件,因此实验时扭摆自由转动的角振幅可以取得很大,如 2π 等.

2. 用数字式计数计时仪测量扭摆的转动周期时,注意扭摆应只做转动,爪手等不可左右或前后晃动.

3. 请勿用手将爪手托起又突然放下,铁制爪手自由下落时的冲力较大,易将钢丝或铜丝拉断.

4. 实验结束后请将圆环放在桌上,以减轻钢丝负重.

思考题

1. 实验中圆环厚度对垂直轴定理的验证有什么影响?
2. 转动周期的测量次数对实验结果有什么影响?

实验 4.6　角动量守恒定律的验证

引言

角动量在物理学中是与物体到原点的位矢和动量有关的物理量. 它表征质点径矢扫过的面积变化的快慢,或刚体做定轴转动的剧烈程度.

角动量又称为动量矩,它是描述物体转动状态的矢量. 质点的角动量在通过原点的某一轴上的投影就是质点对该轴的角动量(标量). 质点系或刚体对某点(或某轴)的角动量等于其中各质点对该点(或该轴)的角动量的矢量(或代数)和. 角动量守恒定律指出,在合外力矩为零时,物体与原点的连线在单位时间内扫过的面积恒定,在天体运动中表现为开普勒(Kepler)第二定律. 角动量在量子力学中与角位移是一对共轭物理量. 角动量是刚体力学中与动量对应的概念,它的大小取决于转动的角速度和转动刚体的质量分布.

在常见的情况下,角动量和角速度的方向相同,但更一般地讲,两者的方向不必相同,甚至在刚体做定轴转动的情况下也是如此(利用向量的三重矢积运算法则可证,此略).

实验目的

1. 学习用恒力矩转动法测定刚体转动惯量的原理和方法.
2. 观测刚体的转动惯量随其质量大小、质量分布及转轴不同而改变的情况,验证平行轴定理.
3. 验证角动量守恒定律.

实验仪器

角动量守恒定律实验仪、砝码和挂钩、待测试样、水准仪等.

实验原理

1. 恒力矩转动法测定刚体转动惯量的原理

由刚体的定轴转动定律

$$M = J\beta \tag{4-6-1}$$

可知,只要测定刚体做定轴转动时所受的合外力矩 M 及在该力矩作用下刚体转动的角加速度 β,即可计算出刚体的转动惯量 J.

设以某初始角速度转动的空载物台的转动惯量为 J_1,将砝码用细线绕在半径为 R 的载物台塔轮上,并让砝码下落,系统在恒外力矩的作用下将做匀加速运动. 若砝码的加速度为 a,则细线所受张力为 $T = m(g-a)$,其中, m 是砝码和挂钩的质量之和. 若此时载物台的角加速度为 β_1,则绕线塔轮边缘处的切向加速度 $a_t = a = R\beta_1$. 经线施加给载物台的力矩为 $TR = mR(g - R\beta_1)$,此时有

$$mR(g - R\beta_1) - M_\mu = J_1\beta_1, \tag{4-6-2}$$

其中,M_μ 为摩擦阻力矩. 当砝码脱落后,在摩擦阻力矩 M_μ 的作用下,载物台将以角加速度 β_2 做匀减速运动,即

$$-M_\mu = J_1 \beta_2. \qquad (4-6-3)$$

将式(4-6-2)与式(4-6-3)联立并消去 M_μ 后,可得

$$J_1 = \frac{mR(g - R\beta_1)}{\beta_1 - \beta_2}. \qquad (4-6-4)$$

同理,设在载物台上加上待测试样后系统的转动惯量为 J_2,砝码脱落前后的角加速度分别为 β_3 与 β_4,则有

$$J_2 = \frac{mR(g - R\beta_3)}{\beta_3 - \beta_4}. \qquad (4-6-5)$$

由转动惯量的叠加原理可知,待测试样的转动惯量为

$$J_3 = J_2 - J_1. \qquad (4-6-6)$$

实验中,测得 $R, m, \beta_1, \beta_2, \beta_3$ 及 β_4,由式(4-6-4)、式(4-6-5)及式(4-6-6)即可计算待测试样的转动惯量.

2. 角加速度的测量

实验中,采用角动量守恒定律实验仪记录遮挡次数和相应的时间. 固定的载物台圆周边缘相差角度 π 的两遮光细棒,每转动半圈遮挡一次固定在底座上的光电门,即产生一个计数光电脉冲,实验仪记录遮挡次数 k 和相应的时间 t. 若从第一次挡光 ($k=0, t=0$) 开始计次、计时,t_m 作为第 k_m 次遮挡时所用的总时间,且初始角速度为 ω_0,则对于匀变速运动中测量得到的任意两组数据 (k_m, t_m) 和 (k_n, t_n),相应的角位移 $\Delta \theta_m, \Delta \theta_n$ 分别为

$$\Delta \theta_m = k_m \pi = \omega_0 t_m + \frac{1}{2} \beta t_m^2, \qquad (4-6-7)$$

$$\Delta \theta_n = k_n \pi = \omega_0 t_n + \frac{1}{2} \beta t_n^2. \qquad (4-6-8)$$

将式(4-6-7)与式(4-6-8)联立并消去 ω_0 后,可得

$$\beta = \frac{2\pi(k_n t_m - k_m t_n)}{t_n^2 t_m - t_m^2 t_n}. \qquad (4-6-9)$$

由式(4-6-9)即可计算角加速度 β.

此外,还可测出角位移 θ 和时间 t 的关系,通过曲线拟合计算匀加速或匀减速时的角加速度.

3. 平行轴定理

理论分析表明,质量为 m 的刚体绕通过质心的转轴转动时的转动惯量 J_c 最小. 当转轴平移距离 d 后,刚体绕新转轴转动的转动惯量为

$$J_{平行} = J_c + md^2. \qquad (4-6-10)$$

在式(4-6-10)两边都加上空载物台的转动惯量 J_1,则有

$$J_{平行} + J_1 = J_c + J_1 + md^2.$$

令 $J_{平行} + J_1 = J$,又由于 J_c, J_1 都为定值,因此载物台与待测试样的总转动惯量 J 与 d^2 呈线性关系,实验中若测得此关系,则验证了平行轴定理.

4. 验证角动量守恒定律

对于一固定点 O，若质点所受的合外力矩为零，则此质点的角动量保持不变，这就是质点的角动量守恒定律. 例如，利用茹科夫斯基(Joukowsky)转椅可定性观察合外力矩为零的条件下，物体系统角动量守恒的现象，即对于角动量守恒的物体系统，当其转动惯量变大时，其角速度会变小，反之亦然.

5. 转动惯量的理论公式

设待测圆盘（或圆柱）的质量为 m、半径为 R，则圆盘、圆柱绕其几何中心轴的转动惯量理论值为

$$J = \frac{1}{2}mR^2. \tag{4-6-11}$$

设待测圆环的质量为 m，内、外半径分别为 $R_内, R_外$，则圆环绕其几何中心轴的转动惯量理论值为

$$J = \frac{m}{2}(R_外^2 + R_内^2). \tag{4-6-12}$$

仪器介绍

1. 角动量守恒定律实验仪（测试架部分）

角动量守恒定律实验仪（测试架部分）如图 4-6-1 所示，绕线塔轮通过特制的轴承安装在主轴上，使转动时的摩擦力矩很小. 载物台用螺钉与塔轮连接在一起，随塔轮转动. 随仪器配的待测试样有 1 个圆盘、1 个圆环、2 个圆柱. 圆柱试样可插入载物台上的不同孔（由内向外距离主轴 50 mm 和 75 mm）内，便于验证平行轴定理. 小滑轮的转动惯量与载物台相比可忽略不计. 仪器还配有 2 只光电门（1 只用于测量，1 只备用）.

仪器的主要技术参数如下.

(1) 塔轮半径分别为 15 mm，20 mm，25 mm，30 mm，共 4 挡；
(2) 挂钩（44 g）和 5 g，10 g，20 g 的砝码组合，可产生大小不同的力矩；
(3) 圆盘的质量约 486 g，半径 $R = 100$ mm；
(4) 圆环的质量约 460 g，外半径 $R_外 = 100$ mm，内半径 $R_内 = 90$ mm；
(5) 圆柱的质量约 138 g，半径 $R = 15$ mm；
(6) 大圆柱的质量约 1 050 g，半径 $R = 44$ mm.

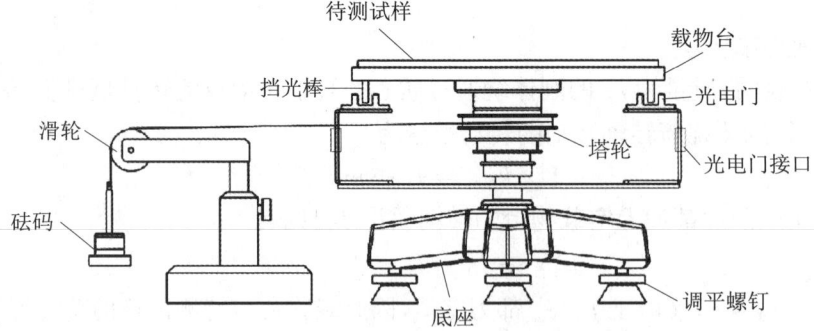

图 4-6-1　角动量守恒定律实验仪（测试架部分）

2. 角动量守恒定律实验仪(测试仪部分)

角动量守恒定律实验仪(测试仪部分)如图 4-6-2 所示.

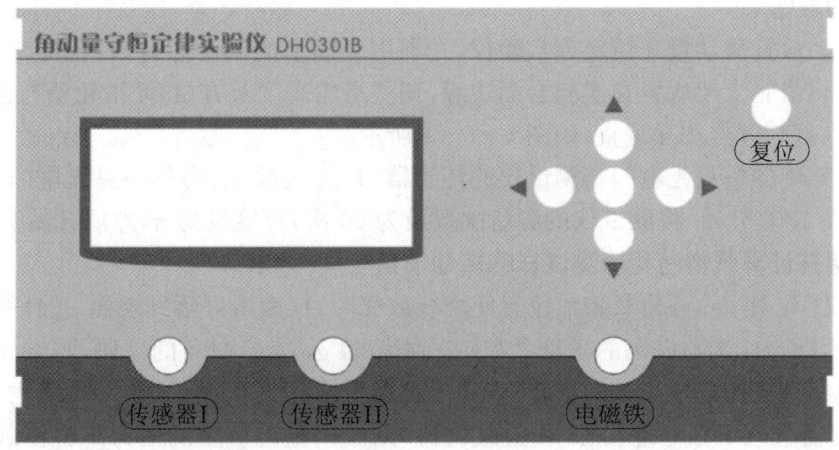

图 4-6-2　角动量守恒定律实验仪(测试仪部分)

1) 测定转动惯量的实验操作方法.

(1) 将测试架中的一只光电门与测试仪的传感器 Ⅰ 连接起来,检查载物台下方的两个挡光棒在载物台旋转过程中是否有效触发光电门.

(2) 开启测试仪电源,进入"角加速度测量"功能,将"设置次数"设为 50 次. 由于挡光棒选择的是两个,因此将"设置弧度"设为 π.

(3) 参数设定好后,按"开始"准备测量,然后释放砝码,载物台开始旋转,同时测试仪开始计时. 挡光棒每经过光电门一次,计数次数＋1,直到达到设定的次数(50 次)时停止计时,并自动测出 β_1(匀加速阶段的角加速度)和 β_2(匀减速阶段的角加速度). β_1 和 β_2 是测试仪利用测得的数据,通过数据拟合得到的,准确度较高.

(4) 测量结束后,按"保存"对数据进行存储. 通过"数据查询"功能,可以查询测量的数据,数据中的 $t_{01}-t_{50}$ 为对应的 50 次挡光总时间,根据时间和弧度的关系,也可以计算匀加速阶段的角加速度 β_1 和匀减速阶段的角加速度 β_2(可借助 Excel 完成).

2) 验证角动量守恒定律的实验操作方法.

(1) 返回主菜单. 进入"角速度测量"功能,将"设置次数"设为 50 次. 由于挡光棒选择的是两个,因此将"设置弧度"设为 π.

(2) 参数设定好后,释放砝码,载物台开始旋转,当砝码绳子脱落,即合外力矩为零后,按"开始"准备测量角速度,随后将待测圆环轻放在载物台上,等待测量结束.

(3) 测量结束后,按"保存"对数据进行存储,点击进入"数据查询"界面,数据中的 $\omega_{01}-\omega_{50}$ 为对应的 50 次挡光时的角速度.

(4) 通过查看角速度,借助 Excel 作出 $\omega-t$ 曲线,找出两次角速度突变的临界值. 根据 $J_1\omega_1 \approx J_2\omega_2$,验证角动量守恒定律.

1. 实验准备

在桌面上放置角动量守恒定律实验仪,并利用底座上的调平螺钉,将仪器调平(利用水准仪验证).将滑轮支架放置在实验台面边缘,调整滑轮高度及方位,使滑轮槽与选取的绕线塔轮槽等高,且其方位相互垂直,如图 4-6-1 所示.

将测试架中的一只光电门与测试仪的传感器 Ⅰ 连接起来,另外一只光电门备用.挡光棒 2 个,间隔 180° 分布.将测试仪的测量次数设为 50 次,弧度设为 π,然后开始实验.

2. 测量并计算载物台和待测试样的转动惯量

(1)测量 β_1 和 β_2.调整载物台位置使绕线放完时,挂钩恰好落到地面.选择某一塔轮半径及质量(实际为挂钩与砝码的质量之和)分别为 49 g,54 g,64 g 的砝码,将细线一端沿塔轮不重叠地密绕于所选定半径的塔轮上,另一端通过滑轮连接挂钩,用手将载物台稳住,按"开始"使仪器进入工作等待状态.释放载物台,则砝码重力产生的恒力矩将使载物台做匀加速转动.当绕线释放完毕后,载物台将在系统阻力的作用下做匀减速转动.

(2)计时完毕后,记录测试仪测出的 β_1 和 β_2,分别对应匀加速阶段的角加速度和匀减速阶段的角加速度,由式(4-6-4)即可算出 J_1 值.

(3)测量并计算载物台放上待测试样后的转动惯量 J_2,计算待测试样的转动惯量 J_3,并与理论值对比.将待测试样放上载物台并使待测试样几何中心轴与转轴中心重合,按与测量 J_1 同样的方法可分别测量加砝码后的匀加速阶段的角加速度 β_3 与砝码脱落后的匀减速阶段的角加速度 β_4.由式(4-6-5)可计算 J_2,由式(4-6-6)可计算待测试样的转动惯量 J_3,并与理论值对比,计算误差.

3. 验证平行轴定理

将两圆柱对称地插入载物台上与中心距离为 d 的圆孔中,测量并计算两圆柱在此位置的转动惯量.将测量值与由式(4-6-11)及式(4-6-10)所得的计算值对比,若一致即验证了平行轴定理.

4. 验证角动量守恒定律

选择某一塔轮半径及某一质量的砝码,将细线一端沿塔轮不重叠地密绕于所选定半径的塔轮上,另一端通过滑轮连接挂钩,用手将载物台稳住.释放载物台,则砝码重力产生的恒力矩将使载物台做匀加速转动.当绕线释放完毕后,载物台将在系统阻力的作用下做匀减速转动.

(1)按"开始"使仪器开始计数.随后迅速在载物台放上待测试样,等待计数结束.

(2)计数结束后保存数据.在"数据查询"界面查看挡光棒每次经过光电门时的角速度.找到待测试样落在载物台上前后一段时间的角速度,并将待测试样落在载物台上前后两次角速度突变的临界值分别记为 ω_1 和 ω_2.

(3)结合实验内容2中得到的转动惯量 J_1 和 J_2,计算 $J_1\omega_1$ 和 $J_2\omega_2$,验证在合外力矩为零的情况下,转动系统的角动量是否守恒.

(4)分析实验误差来源.

表 4-6-1 测量载物台的转动惯量

$R_{塔轮} = \quad$ mm

砝码质量 $m_{砝码}$	49 g		54 g		64 g	
数据组	$\beta_1/(\mathrm{rad/s^2})$	$\beta_2/(\mathrm{rad/s^2})$	$\beta_1/(\mathrm{rad/s^2})$	$\beta_2/(\mathrm{rad/s^2})$	$\beta_1/(\mathrm{rad/s^2})$	$\beta_2/(\mathrm{rad/s^2})$
1						
2						
3						
平均值						
$J_1/(\mathrm{g \cdot m^2})$						

注意：待测试样若选为圆柱，则需要加上固定座.

表 4-6-2 测量形状规则待测试样（圆环、圆盘和圆柱可选）的转动惯量

待测试样的规格参数 ， $R_{塔轮} = \quad$ mm

砝码质量 $m_{砝码}$	49 g		54 g		64 g	
数据组	$\beta_3/(\mathrm{rad/s^2})$	$\beta_4/(\mathrm{rad/s^2})$	$\beta_3/(\mathrm{rad/s^2})$	$\beta_4/(\mathrm{rad/s^2})$	$\beta_3/(\mathrm{rad/s^2})$	$\beta_4/(\mathrm{rad/s^2})$
1						
2						
3						
平均值						
$J_2/(\mathrm{g \cdot m^2})$						
$J_3/(\mathrm{g \cdot m^2})$						
理论值 $J_3'/(\mathrm{g \cdot m^2})$						
误差						

注意：表中 J_1 为表 4-6-1 中对应的计算值.

表 4-6-3 测量两圆柱中心与转轴距离为 d 时的转动惯量

待测试样的规格参数 ， $R_{塔轮} = \quad$ mm

砝码质量 $m_{砝码}$	49 g		54 g		64 g	
数据组	$\beta_3/(\mathrm{rad/s^2})$	$\beta_4/(\mathrm{rad/s^2})$	$\beta_3/(\mathrm{rad/s^2})$	$\beta_4/(\mathrm{rad/s^2})$	$\beta_3/(\mathrm{rad/s^2})$	$\beta_4/(\mathrm{rad/s^2})$
1						
2						
3						
平均值						

续表

砝码质量 $m_{砝码}$	49 g	54 g	64 g
$J_2/(\text{g}\cdot\text{m}^2)$			
$J_3/(\text{g}\cdot\text{m}^2)$			
理论值 $J_3'/(\text{g}\cdot\text{m}^2)$			
误差			

注意：$J_3' = \dfrac{1}{2} m_{圆柱} R_{圆柱}^2 + m_{圆柱} d^2$.

表 4-6-4　验证角动量守恒定律的实验（大圆柱、圆环试样可选）

待测试样的规格参数　　，$R_{塔轮}=$　　mm，$m_{砝码}=$　　g

第1次计数序号					
角速度					
第2次计数序号					
角速度					
第3次计数序号					
角速度					
第4次计数序号					
角速度					

表 4-6-5　角速度突变的临界值

次数	1	2	3	4
落入前的角速度 $\omega_1/(\text{rad/s})$				
落入后的角速度 $\omega_2/(\text{rad/s})$				
$\dfrac{J_1\omega_1}{J_2\omega_2}$				

注意：J_1，J_2 分别为表 4-6-1 和表 4-6-2 中对应的 J_1 的平均值和 J_2 的平均值.

注意事项

1. 绕线放完时，挂钩要恰好落到地面.
2. 绕线要紧密且不能重叠.
3. 滑轮槽应与选取的绕线塔轮槽等高，且其方位相互垂直.
4. 要旋紧挡光棒，防止触碰光电门.
5. 释放砝码瞬间，挡光棒不要离光电门太近，避免误触发.
6. 测量圆柱的转动惯量时，转速不要过快，以防止圆柱脱落（砝码质量可以小一点）.
7. 质量 $m_{砝码}$ 为挂钩和砝码质量的总和.

1. 有哪些因素会对验证角动量守恒定律带来影响?
2. 转动周期的测量次数对实验结果有什么影响?

科学家发现,地球的自转似乎开始加速了. 例如,2022 年 6 月 29 日,地球的自转周期要比 24 h 少了 1.59 ms,而上一次发生这种情况还是在 2020 年 7 月 19 日,当时地球的自转周期要比 24 h 少了 1.47 ms.

虽然 1.59 ms 只相当于 0.001 59 s,对于地球上的我们来说,是根本察觉不出来的,但是却可以影响我们的导航系统和卫星系统,如果持续下去,最终会影响到我们的生活.

值得一提的是,事实上,在过去的数十亿年时间里,地球的自转原本就是一个逐渐减慢的过程. 例如,在 40 多亿年前,地球的自转周期仅为 5 h,而在 35 亿年前,就延长到了 12 h,等到了距今 14 亿年前,则已经超过了 18 h.

由此可见,地球上一天的时间理应不断增加,那么,究竟发生了什么,使地球突然开始神秘加速了呢?

人类生活在地球上,受到了地球重力的影响,这也使我们根本就感受不到地球在旋转,毕竟我们本身就是随着地球一起在进行同步运动. 但对于在太空驻留的航天员们来说,他们看到的地球就是在转动的,而且速度还很快.

那么,是什么影响着地球的自转呢? 以现有的研究来看,一个是角动量守恒,另一个就是太阳引力.

由于地球不是一个完美的球体,因此它在自转的时候,赤道地区会凸起,这样一来,旋转半径就会随之增大,从而转动惯量也会增大,地球的自转角速度也会因此而不断降低.

太阳引力除了对地球公转有影响外,对地球自转也有一定的影响.

不过,从地球诞生起,由于以上原因,再加上月球和地球的潮汐力作用,事实上,正常情况下,地球就应该是自转速度不断变慢的. 此前有研究认为,再过 10 亿年,地球的自转周期就会是 28 h 了.

但是,现如今地球的自转变化显然是出乎人们意料的. 所以,通过分析,不少科学家都认为或许是人类活动对地球气候的影响,才会使地球在持续升温的情况下,突然加快自转速度.

为何温室效应会导致地球自转加速呢? 这可能是地球上冰川大量融化导致的,因为温室效应引起的全球变暖,会导致海平面不断升高,海水不断升温,这样一来,也会影响到地球的海洋环境、潮汐等,并同时影响着地球内外层的大气环境.

最终在极端环境下,地球就好像是一个突然收紧双臂的滑冰者,转动惯量突然减小,突然就让自身的旋转速度开始变快了.

从原理角度来说,这其实也是为了确保地球的角动量守恒. 因为在这一过程中,地球受到的外力影响可忽略不计,所以通过加速旋转来让自身的角动量不变.

那么,这对于人类来说,究竟是好是坏呢? 其实从一天中的时间变化来说,人类是感受不到的. 但是,如果真的是全球变暖影响了地球的自转速度,那么也意味着人类对地球的影响远比我们想象中的严重. 换句话说,就是未来情况有可能会变得越来越糟糕. 所以,事实上,地球突然加速自转并不是一件好事,因为这或许意味着,地球的气候平衡正在被打破,未来全球升温的速度对环境的影响也将越来越大. 或许人类应该考虑,如何让地球自转回到原有的自然变化,而不再受人类活动影响. 这是一个值得我们思考的问题.

实验4.7 稳态法测不良导体的导热系数

导热系数又称为热导率,是表征物质热传导性质的物理量,它是反映材料导热性能的重要参数之一,与材料的结构和杂质的含量有关. 导热系数大、导热性能好的材料称为热的良导体,导热系数小、导热性能差的材料称为热的不良导体. 一般情况下,金属的导热系数比非金属材料的要大,固体的导热系数比液体的要大,而气体的导热系数最小.

导热系数不仅是评价材料热学特性的依据,也是材料在应用时的一个依据. 在科学研究和工程实际应用中,材料的导热性能是一个非常重要的研究课题,在新型材料的研发、设备及装置的热设计等方面都有涉及. 锅炉、传热管道、散热器、加热器及日常生活中常用的保温瓶、冰箱等,都要考虑它们所使用的材料的导热性能,这样,导热系数的研究和测量就显得很有必要. 因为材料的导热系数不仅随温度和压力的改变而改变,而且会因为材料的杂质含量不同或结构变化而产生明显的改变,所以在科学研究和工程技术中,常用实验的方法来测量材料的导热系数. 测量的方法一般分为稳态法和动态法两类. 稳态法利用热源传热,在待测样品内部形成一稳定的温度分布,采用热电偶测出其温度,进而求出其导热系数. 动态法中,待测样品中的温度分布是随时间变化的,如周期性变化等. 本实验采用稳态法来测量不良导体的导热系数.

1. 了解热传导现象的物理过程.
2. 学习热电偶测量温度的原理和方法.
3. 掌握用稳态法测量不良导体的导热系数.
4. 掌握通过作图法求冷却速率的方法.

YBF-2型导热系数测试仪、热电偶、杜瓦(Dewar)瓶、待测样品、游标卡尺等.

实验原理

1. 热传导定律

当物体内部存在温度的不均匀分布时,就会有热量从高温端向低温端传递,这种现象称为热传导. 1822年,法国著名数学家、物理学家傅里叶(Fourier)就提出了热传导定律,并给出了导热方程式,目前各种测量导热系数的方法都建立在傅里叶热传导定律的基础上. 该方程式指出:在物体内部垂直于热传导方向上,两个相距为 h、面积均为 S、温度分别为 T_1 和 T_2 的平行平面,在 Δt 时间内,从一个平面传到另一个平面的热量 ΔQ 满足下述表达式:

$$\frac{\Delta Q}{\Delta t} = -\lambda S \frac{T_2 - T_1}{h}, \qquad (4-7-1)$$

其中,$\frac{\Delta Q}{\Delta t}$ 定义为传热速率,"—"号表示热量由高温向低温方向传递,λ 定义为该物质的导热系数. λ 的大小在数值上等于当两个相距单位长度的平行平面的温差为单位温差时,在垂直于热传导方向上单位时间内流过单位面积的热量,单位是 W/(m·K). 由此可知,

$$\lambda = \frac{\Delta Q}{\Delta t} \cdot \frac{h}{S(T_1 - T_2)}, \qquad (4-7-2)$$

其中,h,S 和 T 都易直接测得,而 $\frac{\Delta Q}{\Delta t}$ 可由稳态法测出.

2. 传热速率的测量

对于如图 4-7-1 所示的热学系统,当其处于稳态时,样品 B 上、下表面的温度 T_1,T_2 不变($T_1 > T_2$),表明加热过程中,通过上铜板 A 向样品 B 的传热速率与样品 B 通过下铜板 P 的散热速率相等,系统达到一个动态平衡. 此时,下铜板 P 的散热速率就是样品 B 内的传热速率. 因此,可通过求下铜板 P 的散热速率得到样品 B 的传热速率,而下铜板 P 的散热速率可由其冷却曲线求出.

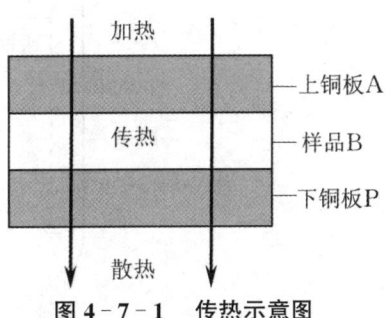

图 4-7-1　传热示意图

在实验中,当温度 T_1,T_2 不变时,取走样品 B,让上铜板 A 的底直接与下铜板 P 的顶接触加热,使下铜板 P 的温度上升到比 T_2 高 10 ℃左右后,再将上铜板 A 移开让下铜板 P 自然冷却,测量其每隔 30 s 的温度值,直到比 T_2 低 5 ℃左右时停止,然后作出下铜板 P 的冷却曲线,并求出其在温度 T_2 附近的冷却速率 $\frac{\Delta T}{\Delta t}\Big|_{T=T_2}$,进而求出下铜板 P 在温度 T_2 附近的散热速率:

$$\frac{\Delta Q}{\Delta t} = mc \frac{\Delta T}{\Delta t}\Big|_{T=T_2}, \qquad (4-7-3)$$

其中,m,c 分别为下铜板 P 的质量和比热.

考虑到上铜板 A 移开后,在下铜板 P 散热时,其表面全部暴露在空气中冷却,即其散热面积为 $2\pi R_P^2 + 2\pi R_P h_P$,而实验中通过加热达到稳态传热时,下铜板 P 的上表面(面积为 πR_P^2)是被样品覆盖着的,因此下铜板 P 的散热面积为 $\pi R_P^2 + 2\pi R_P h_P$. 基于物体的散热速率与它的散热面积成正比,故需对散热速率做如下修正,即

$$\frac{\Delta Q}{\Delta t} = mc \cdot \frac{2\pi R_P h_P + \pi R_P^2}{2\pi R_P h_P + 2\pi R_P^2} \cdot \frac{\Delta T}{\Delta t}\Big|_{T=T_2} = mc \cdot \frac{2h_P + R_P}{2h_P + 2R_P} \cdot \frac{\Delta T}{\Delta t}\Big|_{T=T_2},$$

$$(4-7-4)$$

其中,R_P,h_P 分别为下铜板 P 的半径和厚度.

又因为 $S_B = \pi R_B^2$,所以导热系数

$$\lambda = \frac{h_B}{S_B(T_1-T_2)} \cdot \frac{\Delta Q}{\Delta t} = \frac{h_B}{\pi R_B^2(T_1-T_2)} \cdot mc \cdot \frac{2h_P+R_P}{2h_P+2R_P} \cdot \frac{\Delta T}{\Delta t}\bigg|_{T=T_2}.$$

(4-7-5)

3. 热电偶测温原理

将两种不同的导体结合成闭合回路,若两接点的温度不同,回路中将产生电动势,这个电动势就称为热电动势(或温差电动势),这种现象称为热电效应,这两种不同的导体组合就称为热电偶(或温差电偶). 热电偶温度计(见图4-7-2)就是利用热电效应来测量温度的,直接用作测量介质温度的一端叫作工作端(也称为测温点),另一端叫作冷端(也称为参考点). 两端与显示仪表或配套仪表连接,显示仪表会显示出热电偶所产生的热电动势.

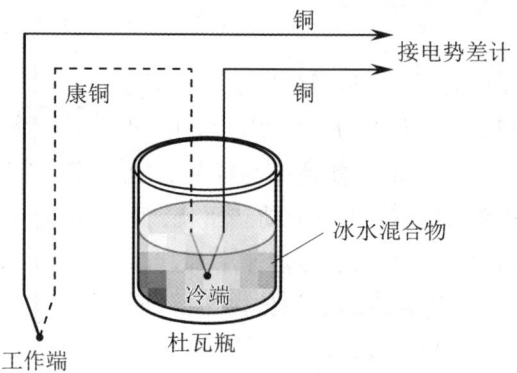

图4-7-2　热电偶温度计

两种导体的材料固定以后,热电动势就由工作端和冷端的温差确定,即温差已知时,热电动势随之确定,反之亦然. 若将冷端放在温度已知的恒温物质(如冰水混合物)中,工作端放在温度待测的环境中,那么测量出热电动势就可以确定待测温度.

热电偶实际上是一种能量转换器,它可以将热能转换为电能,用所产生的热电动势测量温度. 对于热电偶的热电动势,应当注意如下几个问题.

(1) 热电偶的热电动势是热电偶两端温差的函数,而不是热电偶两端温度的函数.

(2) 当热电偶材料均匀时,热电偶所产生的热电动势的大小与热电偶的长度和直径无关,只与热电偶材料的成分和两端的温差有关.

(3) 当热电偶材料成分确定以后,热电动势的大小只与热电偶的温差有关;当热电偶冷端的温度保持一定时,热电动势仅是工作端温度的单值函数.

本实验选用的是铜-康铜热电偶,该热电偶的正极为纯铜,负极为康铜(铜-镍合金),当温度变化范围不大时,热电偶的热电动势V与两端的温差$T-T_0$的比值是一个常量,即$V=\alpha(T-T_0)$,其中,α为热电偶常数. 令$T_0=0\,℃$,则热电动势为$V=\alpha T$,只与工作端的温度有关.

实验中使用数字式电压表测量热电偶在有温度变化时所反映出的电压V,由于电压V与温度T的比值为常量,因此导热系数的测量表达式(4-7-5)又可写为

$$\lambda = \frac{mch_B}{\pi R_B^2(V_1-V_2)} \cdot \frac{2h_P+R_P}{2h_P+2R_P} \cdot \frac{\Delta V}{\Delta t}\bigg|_{V=V_2},$$

(4-7-6)

其中，V_1，V_2 对应于温度为 T_1，T_2 时数字式电压表的读数．

YBF-2 型导热系数测试仪（见图 4-7-3）可采用稳态法对橡胶、陶瓷、牛筋、金属、空气的导热系数进行测定，也可对"铜-康铜"热电偶温度计进行定标．温度可采用手动和自动两种方式进行控制．自动控制由 PID（比例、积分、微分）智能温度控制器实现，它可以任意设定加热温度（从室温到 100 ℃）．整个加热圆筒可沿支撑立柱上下升降或绕立柱左右转动，上铜板 A 和下铜板 P 的侧面各有一小孔，为放置热电偶所用．下铜板 P 放在可以调节的 3 个螺旋头上，可使样品 B 的上、下表面分别与上铜板 A 和下铜板 P 紧密贴合．下铜板 P 下方有一个轴流式风扇，用于快速散热．两个热电偶的冷端分别插在放有冰水混合物的杜瓦瓶中．两个工作端分别插入上铜板 A 和下铜板 P 的侧面小孔内．冷端和工作端插入时，涂少量的硅脂，热电偶的两个接线端分别插在仪器面板上的相应插孔内，利用面板上的转换开关可以方便地测出两个热电动势．

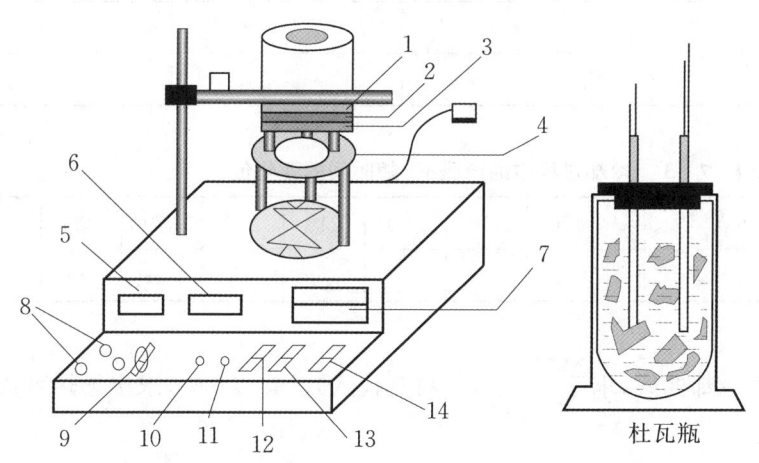

1—上铜板A；
2—样品B；
3—下铜板P；
4—支架D；
5—电压显示；
6—时间显示；
7—温度显示；
8—热电偶插孔；
9—切换开关；
10—计时；
11—复位；
12—风扇开关；
13—加热方式；
14—加热控制．

图 4-7-3　YBF-2 型导热系数测试仪示意图

1. 用游标卡尺测量样品（橡胶盘）的厚度，下铜板 P 的几何尺寸及质量已在其侧面标出，其比热 $c = 3.805 \times 10^2$ J/(kg·℃)．

2. 先放置好待测样品及下铜板 P，调节支架 D 上的 3 个微调螺丝，使样品与上、下铜板接触良好．安置样品、铜板时必须使放置热电偶的小孔与杜瓦瓶在同侧．热电偶 Ⅰ 插入上铜板 A 小孔，热电偶 Ⅱ 插入下铜板 P 小孔．插热电偶时，要涂抹适量硅脂，并插到小孔底部，使热电偶的工作端与铜板接触良好，热电偶的冷端插在放有冰水混合物的杜瓦瓶中．

3. 开启风扇电源，实验结束后再关闭．

4. 将温度设定为 60 ℃．控制方式选为"自动"，手动控制选为"高"，约 30 min 后，按"计数"键，每隔 60 s 记录一次热电偶 Ⅰ，Ⅱ 的读数 V_1，V_2，如连续 3 组 V_1，V_2 值不变，即可认为系统已达到稳态,请将此时的 V_2 值标记为稳态电压 V_c.

5. 移去样品,让上、下铜板直接接触,当 V_2 比 V_c 高出 0.3 mV 时,撤去上铜板,使下铜板自然冷却,每隔 30 s 记录一次 V_2,当 V_2 比 V_c 低 0.2 mV 时,停止记录.作出下铜板的 V_2-t 冷却曲线,并求出稳态电压 V_c 点的冷却速率.

6. 根据导热系数的测量公式,计算样品的导热系数 λ.

表 4-7-1　基本物理量的测量

下铜板的质量	样品的半径	样品的厚度	下铜板的比热	下铜板的厚度	下铜板的半径
			3.805×10^2 J/(kg·℃)		

表 4-7-2　稳态时的电压 V_1 和 V_2

V_1/mV				
V_2/mV				

表 4-7-3　冷却过程中的电压 V_2 随时间的变化值

t/s	0	30	60	90	120	150	180	210	240	270	300	330
V_2/mV												

作出下铜板的 V_2-t 冷却曲线,求 $\left.\dfrac{\Delta V}{\Delta t}\right|_{V=V_c}$,并将其代入式(4-7-6),求出导热系数(列出详细的数据运算过程).

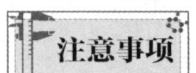

1. 使用前将上铜板 A 与下铜板 P 的表面,以及样品 B 的两端面擦净.

2. 上铜板 A 的侧面和下铜板 P 的侧面都有放置热电偶的小孔,插入上铜板和下铜板时这两个小孔都应该朝向杜瓦瓶一侧,以免线路错乱.同时,热电偶插入小孔时,要涂抹一些硅脂,并插到小孔底部,以保证接触良好,热电偶的冷端插在放有冰水混合物的杜瓦瓶中.

3. 实验过程中,移开加热圆筒时,手应拿住固定轴转动,以免烫伤手.

4. 不要使样品两端划伤或在上面乱涂乱画,以免影响实验的精度.

5. 当数字式电压表出现示数不稳定或加热时数值不变化的情况时,应先检查热电偶的工作端和冷端及各个环节的接触是否良好.

1. 测量冷却速率时,为什么要在 V_c 附近选值?如何计算冷却速率?

2. 导热系数的大小与什么因素有关？实验过程中,哪些因素会对导热系数的测量造成影响？

附　录

表 4-7-4　铜-康铜热电偶分度表

温度(十位)/℃	热电动势 /mV									
	温度(个位)/℃									
	0	1	2	3	4	5	6	7	8	9
−10	−0.383	−0.421	−0.458	−0.496	−0.534	−0.571	−0.608	−0.646	−0.683	−0.720
−0	0.000	−0.039	−0.077	−0.116	−0.154	−0.193	−0.231	−0.269	−0.307	−0.345
0	0.000	0.039	0.078	0.117	0.156	0.195	0.234	0.273	0.312	0.351
10	0.391	0.430	0.470	0.510	0.549	0.589	0.629	0.669	0.709	0.749
20	0.789	0.830	0.870	0.911	0.951	0.992	1.032	1.073	1.114	1.155
30	1.196	1.237	1.279	1.320	1.361	1.403	1.444	1.486	1.528	1.569
40	1.611	1.653	1.695	1.738	1.780	1.822	1.865	1.907	1.950	1.992
50	2.035	2.078	2.121	2.164	2.207	2.250	2.294	2.337	2.380	2.424
60	2.467	2.511	2.555	2.599	2.643	2.687	2.731	2.775	2.819	2.864
70	2.908	2.953	2.997	3.042	3.087	3.131	3.176	3.221	3.266	2.312
80	3.357	3.402	3.447	3.493	3.538	3.584	3.630	3.676	3.721	3.767
90	3.813	3.859	3.906	3.952	3.998	4.044	4.091	4.137	4.184	4.231
100	4.277	4.324	4.371	4.418	4.465	4.512	4.559	4.607	4.654	4.701
110	4.749	4.796	4.844	4.891	4.939	4.987	5.035	5.083	5.131	5.179

实验 4.8　弦振动的研究

引　言

　　任何一个物理量在某个特定值附近做往复变化,都称为振动.振动是产生波动的根源,波动是振动的传播.均匀弦振动的传播,实际上是两列振幅相同的相干波在同一直线上沿相反方向传播的叠加,在一定条件下可形成驻波.波的叠加引起的驻波是一种重要的振动现象,它广泛存在于自然现象之中.管、弦、板、膜等的振动都可形成驻波.驻波在声学、无线电学和光学等领域都有重要的应用.弦振动可视为一维的波动,绷紧的弦线上一点做横向受迫振动,导致横波沿弦线传播并在其端点发生反射,前进波与反射波发生干涉就产生了驻波.

本实验验证了弦线上横波的传播规律:横波的波长与弦线张力的平方根成正比,且与振动频率的倒数成正比.

实验目的

1. 理解驻波形成的条件,观察弦线上形成的驻波.
2. 学习在波源振动频率不变时,弦线上驻波波长与张力的关系.
3. 学习在弦线张力不变时,弦线上驻波波长与振动频率的关系.
4. 学习对数作图法.

实验仪器

DH-SWE-Ⅱ型驻波实验仪(包括可调频率的数显机械振动源、实验平台、固定滑轮、可动刀口、标尺、弦线、砝码等).

实验原理

1. 驻波形成的原理

振动方向相同、频率相同、相位差恒定的两列波叠加时,在空间某些点处,振动加强,而在另一些点处,振动减弱或完全抵消,这种现象称为波的干涉现象,产生干涉现象的两列波称为相干波.

若在一条弦线上有振动方向相反、频率相同的两列波叠加,可设沿弦线正、反方向传播的波的波函数分别为

$$y_1 = A_1 \cos 2\pi \left(ft - \frac{x}{\lambda} \right), \qquad (4-8-1)$$

$$y_2 = A_2 \cos 2\pi \left(ft + \frac{x}{\lambda} \right). \qquad (4-8-2)$$

假设波在传播和反射时均无能量损失,入射波和反射波的振幅相等,即 $A_1 = A_2 = A$,则两列波叠加的结果为

$$y = y_1 + y_2 = 2A \cos \frac{2\pi}{\lambda} x \cos 2\pi ft, \qquad (4-8-3)$$

式(4-8-3)即为驻波方程. 从驻波方程中可以看出,弦线上各点的振幅 $\left| 2A \cos \frac{2\pi}{\lambda} x \right|$ 与时间 t 无关,它只是位置 x 的函数.

当

$$\frac{2\pi}{\lambda} x = (2k+1) \frac{\pi}{2}, \quad k = 0, 1, 2, \cdots, \qquad (4-8-4)$$

即 $x = (2k+1) \frac{\lambda}{4}$ 时,这些点的振幅始终为零,称为波节. 两相邻波节之间的距离为 $x_{k+1} - x_k = \frac{\lambda}{2}$,即半个波长.

当

$$\frac{2\pi}{\lambda}x = k\pi, \quad k=0,1,2,\cdots, \tag{4-8-5}$$

即 $x = k\dfrac{\lambda}{2}$ 时,这些点的振幅最大,称为波腹. 同理可知,两相邻波腹之间的距离也是半个波长.

两相邻波节之间各点的振幅不同,在零和最大值之间波动,但振动相位相同;而波节两侧各点的相位相反,形成分段独立振动,不发生波形和能量的传播,故这种波称为驻波. 本实验讨论在弦线上形成的横驻波.

2. 弦线上横波的传播速度

在一根拉紧的弦线上,若弦线的张力为 T,线密度为 ρ,则沿弦线传播的横波的波动方程为

$$\frac{\partial^2 y}{\partial t^2} = \frac{T}{\rho}\frac{\partial^2 y}{\partial x^2}, \tag{4-8-6}$$

其中,x 为波传播方向(与弦线平行)上弦线质元的位置坐标,y 为弦线质元的振动位移. 将式(4-8-6)与简谐波的波动方程 $\dfrac{\partial^2 y}{\partial t^2} = v^2 \dfrac{\partial^2 y}{\partial x^2}$ 相比较,可以得到波的传播速度

$$v = \sqrt{\frac{T}{\rho}}. \tag{4-8-7}$$

3. 弦振动规律

设波源的振动频率为 f,横波波长为 λ,由于 $v=f\lambda$,因此波长与张力及线密度的关系为

$$\lambda = \frac{1}{f}\sqrt{\frac{T}{\rho}}. \tag{4-8-8}$$

为了证明式(4-8-8)成立,将该式两边取对数得

$$\ln\lambda = \frac{1}{2}\ln T - \frac{1}{2}\ln\rho - \ln f.$$

固定频率 f 及线密度 ρ,而改变张力 T,并测出各相应波长 λ,作 $\ln\lambda$-$\ln T$ 图,若得到一直线,计算其斜率值,如为 $\dfrac{1}{2}$,则证明了 $\lambda \propto T^{\frac{1}{2}}$ 的关系成立. 同理,固定线密度 ρ 及张力 T,而改变振动频率 f,测出各相应波长 λ,作 $\ln\lambda$-$\ln f$ 图,若得到一斜率为 -1 的直线,则证明了 $\lambda \propto f^{-1}$ 的关系成立.

4. 波长的测量

弦线上的波长可利用驻波原理测量. 当两列振幅和频率相同的相干波在同一直线上相向传播时,它们叠加即形成驻波,一维驻波是波干涉中的一种特殊情形,在弦线上出现许多静止点(驻波的波节),两相邻波节之间的距离为半个波长(见图 4-8-1).

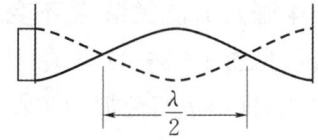

图 4-8-1 驻波的两相邻波节之间的距离

本实验采用DH-SWE-Ⅱ型驻波实验仪,其结构如图4-8-2所示.

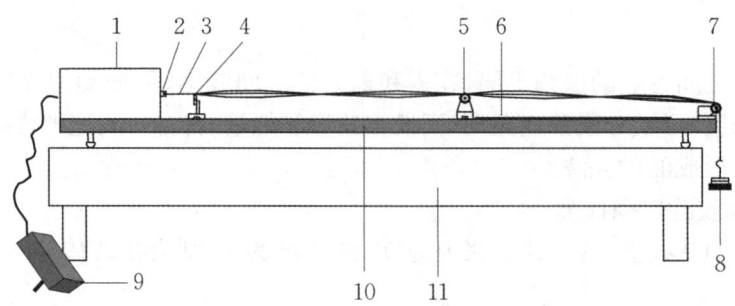

1—机械振动源；2—振簧片；3—弦线；4,5—可动刀口；6—标尺；7—固定滑轮；
8—砝码与砝码盘；9—振动力学通用信号源；10—实验平台；11—实验桌.

图 4-8-2 DH-SWE-Ⅱ型驻波实验仪的结构图

弦线的一端系在能做水平方向振动的可调频率的数显机械振动源1的振簧片2上(频率为0~200 Hz连续可调,最小变化量为0.001 Hz),弦线另一端通过固定滑轮7悬挂砝码与砝码盘8.在振簧片2的附近有可动刀口4,在实验平台10上还有一个可沿弦线方向左右移动并撑住弦线的可动刀口5.固定滑轮7固定在实验平台10上,其产生的摩擦力很小,可以忽略不计.若弦线下端所悬挂的砝码与砝码盘的质量为m,则张力$T=mg$.当波源振动时,在弦线上形成向右传播的横波,当波传播到可动刀口5与弦线相切点时,由于弦线在该点处受到可动刀口两壁的阻挡而不能振动,因此波在该点被反射而形成了向左传播的反射波.这两列传播方向相反的波叠加即形成驻波.当振簧片2与弦线固定点至可动刀口5与弦线切点的长度L等于半波长的整数倍时,即可得到振幅较大且稳定的驻波(振簧片2与弦线固定点近似为波节,弦线与可动刀口5的相切点为波节).上述条件的数学表达式为

$$L = n\frac{\lambda}{2}, \tag{4-8-9}$$

其中,n为正整数.利用式(4-8-9),即可测量弦线上的横波波长.由于振簧片2与弦线固定点在振动,不易测准,因此实验中也可将最靠近振动端的波节作为L的起始点,并用可动刀口4指示读数,求出该点离弦线与可动刀口5的相切点的距离L.

1. 验证横波的波长λ与弦线中张力T的关系(f不变)

(1)打开振动力学通用信号源(见图4-8-3)开关,使信号源通电.按"编码开关"键使输出为正弦波.通电预热2 min左右,即可进行弦振动实验.

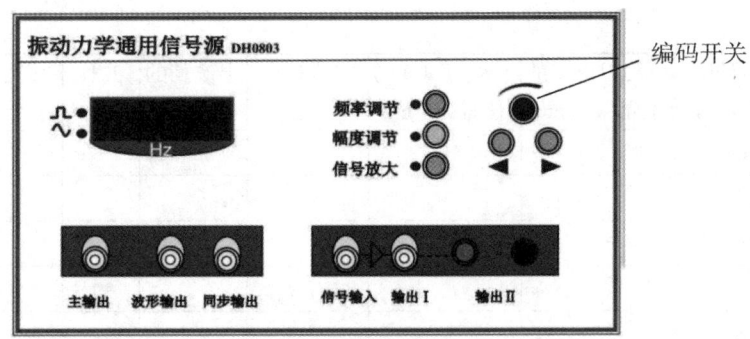

图 4-8-3　振动力学通用信号源

（2）将实验平台信号输入接至振动力学通用信号源的"主输出"端，用于驱动机械振动源（本实验采用正弦波作为驱动信号）．

（3）仪器频率的最小变化量为 0.001 Hz．由于弦线的共振频率范围很小，因此应仔细调节，不可过快，以免错过相应的共振频率．

（4）当弦线振动幅度过大时，应减小信号输出幅度；当弦线振动幅度过小时，应增大信号输出幅度．

（5）固定波源振动的频率 f 不变，在砝码盘上从 20 g 砝码开始每次增加 20 g 砝码，直至 200 g．每改变一次张力（即增加一次砝码），均要左右移动可动刀口 4（保持在第一波节点）和可动刀口 5 的位置，使弦线出现振幅较大且稳定的驻波．用实验平台 10 上的标尺 6 测量 L 值．记录振动频率、砝码质量、产生驻波时的弦线长度及半波长的个数．

（6）根据 $L = n\dfrac{\lambda}{2}$ 算出波长 λ，以 $\ln \lambda$ 为纵坐标、$\ln T$ 为横坐标作图求其斜率，确定 λ 与 T 的关系．

2. 验证横波的波长 λ 与波源振动频率 f 的关系（T 不变）

在砝码盘上放 6 块质量为 20 g 的砝码，改变波源振动的频率，用驻波法测量各相应的波长 λ，作 $\ln \lambda - \ln f$ 图，求其斜率．f 值的起始范围为 65～100 Hz，其递增量为 5 Hz．

1. 验证横波的波长 λ 与弦线中张力 T 的关系（f 不变）

波源振动频率为 _____；m_0 为砝码盘的质量（$m_0 = 20$ g），L 为产生驻波的弦线长度，n 为在 L 长度内驻波半波长的个数．

表 4-8-1　验证横波的波长 λ 与弦线中张力 T 的关系（f 不变）

砝码质量 m/g	总质量 $(m+m_0)/\text{g}$	可动刀口 4 的位置 x_1/cm	可动刀口 5 的位置 x_2/cm	弦线长度 L/cm	半波长的个数 n	波长 λ/m	张力 T/N	$\ln \lambda$	$\ln T$
20	40								
40	60								
60	80								

续表

砝码质量 m/g	总质量 $(m+m_0)/\text{g}$	可动刀口4的位置 x_1/cm	可动刀口5的位置 x_2/cm	弦线长度 L/cm	半波长的个数 n	波长 λ/m	张力 T/N	$\ln \lambda$	$\ln T$
80	100								
100	120								
120	140								
140	160								
160	180								
180	200								
200	220								

根据表 4-8-1 中的数据作 $\ln \lambda - \ln T$ 图,由图求出其斜率为 _____.

2. 验证横波的波长 λ 与波源振动频率 f 的关系(T 不变)

砝码与砝码盘的总质量 $m = 140 \text{ g}$,重力加速度取为 9.8 m/s^2.

张力 $T = 140 \times 10^{-3} \times 9.8 \text{ N} = 1.372 \text{ N}$.

表 4-8-2 验证横波的波长 λ 与波源振动频率 f 的关系(T 不变)

频率 f/Hz	可动刀口4的位置 x_1/cm	可动刀口5的位置 x_2/cm	弦线长度 L/cm	半波长的个数 n	波长 λ/m	$\ln \lambda$	$\ln f$
65							
70							
75							
80							
85							
90							
95							
100							

根据表 4-8-2 中的数据作 $\ln \lambda - \ln f$ 图,由图求出其斜率为 _____.

注意事项

1. 频率调节、弦线长度调节都要缓慢操作. 当弦线上出现振幅较大且稳定的驻波时,再测量驻波波长.

2. 计算张力时要考虑砝码与砝码盘的质量,砝码盘的质量用电子天平称量(数据处理中已给出).

3. 实验中发现波源发生机械共振时,应减小振幅或改变波源频率,以便于调节出振幅较大且稳定的驻波.

1. 什么叫作驻波？它有何特性？
2. 如何确定弦线上波节的位置？
3. 两相邻波节之间的距离有什么意义？
4. 实验中如何改变弦线的张力？
5. 如何用驻波法测量未知振源的频率？
6. 本实验的误差主要来自哪里？你认为应该如何克服（改进实验）？请提出方案.

实验 4.9　空气中声速的测定

声波是一种在弹性介质中传播的机械纵波. 频率在 20 Hz～20 kHz 的声波可以被人耳听到，称为可闻声波；频率低于 20 Hz 的声波称为次声波；频率高于 20 kHz 的声波称为超声波. 次声波和超声波都是人耳不能听到和辨别的. 在同一介质中，声速基本与频率无关，所以超声波的传播速度就是声速. 由于超声波具有波长短、易于定向发射、不会造成听觉污染等特点，因此本实验采用超声波测量声速. 实际应用中，超声波在测距、定位、测液体的流速、测比重、测溶液的浓度、测材料的杨氏模量、考察气体温度变化等方面都有重要意义.

1. 熟练掌握用共振干涉法（驻波法）、相位法和时差法测量声波在空气中的传播速度.
2. 进一步熟悉示波器的使用.
3. 学会运用逐差法处理测量数据.

FD‑SV‑A 型声速测量实验仪、（双踪）示波器.

实验原理

1. 超声波的产生与接收

超声波的产生与接收可以由两只结构完全相同的超声压电陶瓷换能器分别完成，压电陶瓷换能器可以实现声压和电压之间的转换. 超声波由压电陶瓷换能器将电信号通过逆压电效应（电声转换）产生并发射；超声波也可由压电陶瓷换能器接收并通过压电效应（声电转换）再转换成电信号. 压电陶瓷换能器在声电转换过程中保持信号频率不变. 如图 4‑9‑1 所示，信号源将几万赫兹的交流电信号送入压电陶瓷换能器 S_1，S_1 由逆压电效应发出一平面超声波，传输给压电陶瓷换能器 S_2，S_2 由压电效应将接收到的声压转换成电信号，送入示波器后，通过示波器便可观察到电信号的大小强弱变化.

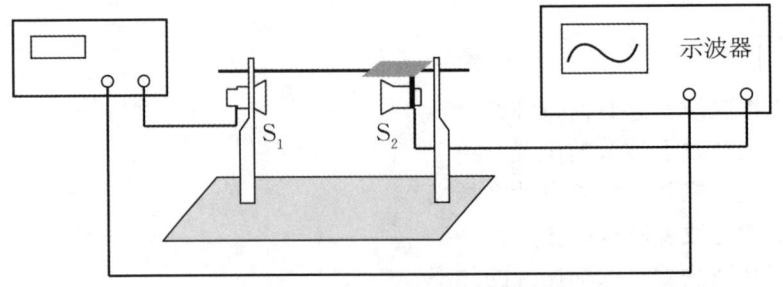

图 4-9-1　声速测量实验装置

压电陶瓷换能器具有固有的谐振频率,当输入电信号的频率等于谐振频率时,压电陶瓷换能器处于谐振状态,此时它的振幅最大,发射器发出超声波的功率最大,仪器处于最佳工作状态.

2. 测量声速的实验方法

声速的测量方法可以分为两大类:一是直接法(时差法),即测读出超声波的传输时间 t 及距离 L,由 $v=\dfrac{L}{t}$ 求出声速 v;二是间接法(波长-频率法),利用关系式 $v=\lambda f$,测出其频率 f 和波长 λ,即可求出声速 v. 本实验采用的共振干涉法(驻波法)和相位法就属于间接法.

(1) 共振干涉法测声速.

如图 4-9-1 所示,由超声压电陶瓷换能器(发射器)S_1 发出的超声波,经介质(空气)传播到超声压电陶瓷换能器(接收器)S_2,S_2 在接收超声波信号的同时还反射一部分超声波信号. 如果接收器 S_2 与发射器 S_1 严格平行,则发射波与反射波沿相反方向传播,振动方向一致,且振幅大致相等,两者满足相干条件,相干叠加即形成驻波.

假设发射波和反射波的波函数分别为

$$y_1 = A\cos\left(\omega t - \frac{2\pi}{\lambda}x\right), \tag{4-9-1}$$

$$y_2 = A\cos\left(\omega t + \frac{2\pi}{\lambda}x\right), \tag{4-9-2}$$

则两列波叠加后合成波的波函数为

$$y = y_1 + y_2 = 2A\cos\frac{2\pi}{\lambda}x\cos\omega t. \tag{4-9-3}$$

当 $\left|\cos\dfrac{2\pi}{\lambda}x\right|=1$,即 $\dfrac{2\pi}{\lambda}x=n\pi(n=0,1,2,\cdots)$ 时,振幅最大,即当两个超声压电陶瓷换能器之间的距离等于半波长的整数倍时,将产生驻波现象.

在示波器上观察到的是这两列相干波合成后在接收器 S_2 处的振动情况. 沿声波传播方向移动接收器 S_2(即改变两个换能器之间的距离),当接收器 S_2 处于一系列特定位置上时,介质中出现稳定的驻波共振现象,此时接收器 S_2 上的声压达到极大值,示波器上显示电信号的幅值最大,接收器 S_2 处的位置即为驻波引起的介质振动位移对应的波节. 由纵波的性质可以证明,"位移波节"处是声压的波腹,故接收器 S_2 处为声压波腹,如图 4-9-2 所示.

根据波的干涉理论,接收器两相邻声压极大值之间的距离为 $\dfrac{\lambda}{2}$. 因此,若保持频率 f 不变,通过测量两相邻信号幅值最大时 S_1 与 S_2 之间的距离差,则可以得到声波的半波长 $\dfrac{\lambda}{2}$, 由 $v=\lambda f$ 即可求出声速 v.

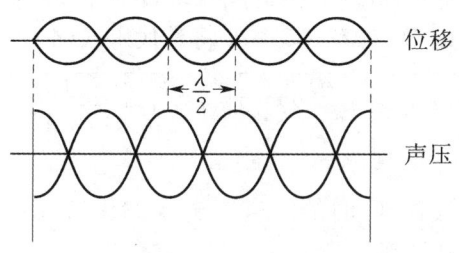

图 4-9-2 驻波

(2) 相位法测声速.

如果用示波器测李萨如图形的方法观察超声波的发射波形与接收波形,则屏幕上一般会显示一个倾斜的椭圆,这是由于发射波在空间传播一段距离后,会有相位变化,椭圆倾斜情况反映发射与接收信号之间的相位差. 缓慢改变接收器的位置,接收信号的相位会随之缓慢变化,导致椭圆倾斜角度随之变化,如图 4-9-3 所示. 当椭圆变成通过第一、三象限的一条直线段时,发射信号与接收信号同相,相位差为 0;继续移动接收器,当椭圆变成通过第二、四象限的一条直线段时,发射信号与接收信号反相,相位差为 π. 相位差从 0 到 π,接收器移动的距离应为半个波长,因此可以精确测定超声波在空气中传播时的波长,由 $v=\lambda f$ 即可求出声速 v.

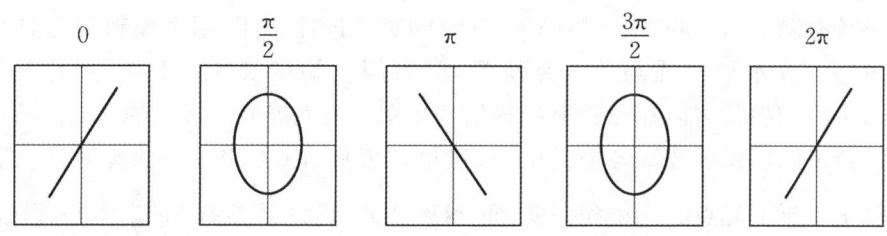

图 4-9-3 不同相位差的李萨如图形

(3) 时差法测声速.

将施加在发射器 S_1 上的连续正弦电信号换成一脉冲电信号,超声发射器 S_1 产生一在介质中传播的超声脉冲,经过时间 t 后,到达距离 L 处的接收器 S_2,测读出超声波的传输时间 t 及距离 L,由 $v=\dfrac{L}{t}$ 可求出声速 v. 实际测量时,通常采用测量距离变化 ΔL 和时间变化 Δt 的方法求出声速 $v=\dfrac{\Delta L}{\Delta t}$.

3. 理想气体中的声速值

声波在理想气体中的传播过程是绝热过程,声速为

$$v=\sqrt{\frac{\gamma R\Theta}{\mu}}, \tag{4-9-4}$$

其中,γ 为气体的绝热系数(空气的定压热容与定容热容之比),$R=8.31$ J/(mol·K) 为普适气体常量,μ 为相对分子质量,Θ 为气体的热力学温度. 由此可见,气体中的声速 v 不仅与温度 Θ 有关,还与绝热系数 γ 和相对分子质量 μ 有关(γ 和 μ 与气体的成分有关).

若以摄氏温度 θ 计算,则 $\Theta=273.15+\theta$. 将其代入式(4-9-4)可得

$$v=\sqrt{\frac{\gamma R}{\mu}(273.15+\theta)}=\sqrt{\frac{\gamma R}{\mu}273.15}\cdot\sqrt{1+\frac{\theta}{273.15}}=v_0\sqrt{1+\frac{\theta}{273.15}}. \tag{4-9-5}$$

在标准状态下,对于空气,0 ℃ 时的声速为 $v_0=331.45$ m/s. 若同时考虑到空气中蒸汽的影响,则校准后声速的表达式为

$$v=331.45\sqrt{1+\frac{\theta}{\Theta_0}\left(1+\frac{0.319p_w}{p}\right)}\ \text{m/s}, \tag{4-9-6}$$

其中,p_w 为蒸汽的分压强,p 为大气压强.

仪器介绍

FD-SV-A 型声速测量实验仪采用小型高效超声波传感器,该传感器有金属外壳屏蔽,抗干扰能力强. 长度的测量采用 50 分度的游标卡尺,精度为 0.02 mm. 游标卡尺的游标上装有微调螺母,可以精细调节 S_2 的位置. 超声波传感器有两个信号输出端口,输出正弦信号的频率范围为 38～42 kHz. 超声压电陶瓷换能器的振荡频率为 (40.1 ± 0.4) kHz.

双踪示波器由垂直放大系统、水平扫描与放大系统、示波管显示系统和电源组成,其中,垂直放大系统有调节信号的"伏/格(VOLTS/DIV)"选择功能,用于控制荧光屏上所显示的 Y 信号的大小;水平扫描与放大系统具有"时间/格(TIME/DIV)"选择和"伏/格(VOLTS/DIV)"选择功能,用于控制扫描信号频率或荧光屏上所显示的 X 信号的大小;示波管显示系统电路提供示波管各极的电压,这里,"聚焦(FOCUS)"和"辉度(INTEN)"功能用于控制荧光屏上光点的大小和亮度,而"◀▶POSITION"选择和"▲▼POSITION"选择功能分别用于控制荧光屏上光点的水平位置和垂直位置.

实验内容

1. 共振干涉法测声速

(1) 将声速测量实验仪的一个发射信号输出端口与发射器 S_1 相连,接收器 S_2 与示波器的"CH2"输入端口相连.

(2) 接通示波器,将工作模式(MODE)拨到"CH2"处,触发源选择"CH2",触发方式选择"AUTO",垂直轴输入信号的输入方式选择"AC",调节"时间/格(TIME/DIV)"旋钮,使屏上出现信号波形,调节"LEVEL"旋钮,使屏上出现稳定的信号波形.

(3) 打开声速测量实验仪开关. 将接收器 S_2 相对于发射器 S_1 移开一定距离. 调节信号

源的频率,当频率接近 40 kHz 左右时缓慢调节,观察示波器的电压幅度,使之达到最大,此时信号源的输出频率即等于换能器系统的谐振频率.记录频率值 f,此后整个实验过程中不必再改变信号频率.

(4) 调节示波器的"时间／格(TIME/DIV)"旋钮至屏上出现多个周期波形,调节"伏／格(VOLTS/DIV)"旋钮使屏上的波形幅值大小适中.

(5) 使 S_1 距 S_2 大约 30 mm,缓慢移动 S_2,当信号波形幅值达到极大值时即可确认 S_1,S_2 间形成驻波.旋转游标卡尺游标后面的微调螺母,精确定位此时 S_2 的位置坐标值 x_1.然后继续往大调节 S_2 的位置,使信号波形幅值达到又一极大值时,采用前述方法精确定位 S_2 的位置坐标值 x_2.连续精确定位出 10 个极大值时的 S_2 位置坐标值,由逐差法可得

$$\bar{\lambda} = \frac{2(|x_{10}-x_5|+\cdots+|x_6-x_1|)}{25}. \tag{4-9-7}$$

由式(4-9-7)即可求出空气中的声波波长.

(6) 由 $v = \lambda f$ 求出空气中的声速.

2. 相位法测声速

(1) 将声速测量实验仪的另一个发射信号输出端口与示波器的"CH1"输入端口相连,接收器 S_2 与示波器的"CH2"输入端口相连.

(2) 逆时针旋转示波器"时间／格(TIME/DIV)"旋钮到底部 X-Y 位置,示波器上显示一椭圆,调节 CH1 和 CH2 的"伏／格(VOLTS/DIV)"旋钮,使椭圆大小合适.

(3) 改变 S_2 的位置,观察示波器显示的椭圆变化.椭圆变为"第一、三象限"和"第二、四象限"的一条直线段时,旋转游标卡尺游标后面的微调螺母,精确定位图形变为直线段时 S_2 的位置坐标值,位置坐标值之差的绝对值即为半个波长.连续精确定位出 10 个椭圆变为直线段时 S_2 的位置坐标值,利用逐差法计算波长及声速.

数据处理

表 4-9-1　共振干涉法测声速

$f =$		(kHz)		
x_1/mm	x_2/mm	x_3/mm	x_4/mm	x_5/mm
x_6/mm	x_7/mm	x_8/mm	x_9/mm	x_{10}/mm
(x_6-x_1)/mm	(x_7-x_2)/mm	(x_8-x_3)/mm	(x_9-x_4)/mm	$(x_{10}-x_5)$/mm
$\bar{\lambda} =$	(	); $\bar{v} = \bar{\lambda} f =$	(	)
$u(v) =$	(	); $v =$	±	( )

表 4-9-2　相位法测声速

$f=$		(kHz)		
x_1/mm	x_2/mm	x_3/mm	x_4/mm	x_5/mm
x_6/mm	x_7/mm	x_8/mm	x_9/mm	x_{10}/mm
(x_6-x_1)/mm	(x_7-x_2)/mm	(x_8-x_3)/mm	(x_9-x_4)/mm	$(x_{10}-x_5)$/mm
$\bar{\lambda}=$		( );	$\bar{v}=\bar{\lambda}f=$	( )
$u(v)=$		( );	$v=$ ±	( )

注意事项

1. 为保证实验仪器性能稳定,应预热 10 min 后再使用.
2. 调节仪器旋钮时要轻缓,以免损坏.
3. 实验中 S_2 的位置测量是连续进行的,绝不可进行跳跃式测量.
4. 换能器的接收面与发射面要保持平行,且不能相接触.
5. 由于声波在空气中随着传播距离而减弱,接收到的信号幅度会变小,因此实验中必要时应调节示波器输入通道的灵敏度调节旋钮.

思 考 题

1. 本实验采用什么方法测量声速？具体测量的是哪些物理量？
2. 如何判断超声压电陶瓷换能器是否处于共振状态？
3. 干涉共振法中,为什么 S_1 与 S_2 之间的距离越远,示波器上显示的波形最大振幅越小？
4. 相位法测声速过程中,当示波器上出现一主轴平行于 X 轴或 Y 轴的椭圆时,发射、接收信号的相位差是多少？

拓展阅读

超声波已应用于许多不同的工业过程,但我们还需积极地探索新的应用领域.下面对超声波的应用进行简单介绍.

一、超声波雾化喷涂

超声波雾化是利用超声波的能量将水或液体打散,形成几十微米大小的液体颗粒,用于喷涂、镀膜、制粒等.相对于传统的气压式二流体喷涂,超声波雾化喷涂能实现更好的均匀度、更薄的涂层厚度及更高的精密度,利用率是传统的气压式二流体喷涂的4倍以上.超声波雾化喷涂设备主要用于燃料电池、助焊剂喷涂、医用支架喷涂、薄膜太阳能涂料、太阳能电池、石墨烯涂层、硅光伏电池、玻璃镀膜等.

二、超声波声化学

在高强度超声波下的液体会发生超声空化,它可以被看作在超声波工具头附近形成的一团气泡云,并伴随有强烈的嘶嘶声．超声空化产生剧烈不对称内爆的真空气泡，并引起具有极强机械剪切力的微射流．这使超声波具有驱动许多物理和化学过程进行的能力．超声波作用于介质时，会引起质点高速细微的振动，产生速度、加速度、声压、声强等力学量的变化，可用于提取、破碎、乳化、分散、消泡等．

三、超声波靶材焊接

超声波靶材焊接可用于平面、内圆、外圆靶的表面涂层．超声波靶材焊接提供了一种不使用助焊剂的环保型焊接解决方案，并且从根本上避免了常规助焊剂焊接的各种问题，从而提供了稳定可靠的焊接．

四、超声波切割

超声波切割可类比于一把"刀"在锯切动作中以每秒三万次的频率前后移动，移动的距离非常小，但加速度非常大，以至于没有任何东西可以随"刀"移动或粘在上面．外科医生使用超声波手术刀可以在不施加任何压力的情况下进行切割．超声波切割工具可用于食品、塑料、橡胶等其他方式难以切割的产品．

五、超声波清洗

清洗是超声波最早的工业应用之一．将要清洗的物体放置在由多个超声波换能器剧烈搅动的液体中．超声波会以多种方式影响清洗过程．液体中的快速运动有助于减小表面张力，还有助于去除污垢颗粒并将它们从表面带走．空化使得该工艺非常适用于其他方法无法清洗的部件．

六、超声波塑料焊接

超声波塑料焊接用于各种各样的产品，从泡罩包装、纸箱和小型消费品到汽车油箱和仪表板都有使用．它的工作原理是在需要焊接的地方准确地产生热量．

七、超声波金属焊接

超声波可用于将不同金属焊接在一起，不需要焊料、助焊剂或特殊准备．超声波通过分解表面氧化层促使原始金属接触．但该过程有一些限制，它仅适用于相对较小的部件（如将连接器焊接到汽车电池的引线上），因为焊接较大部件所需的功率将高于此方法实际提供的功率．此外，由于必须使用高夹紧力和带有锯齿状工作面的超声发生器来牢牢抓住工件，因此该过程往往会使工件产生损伤和变形．

八、超声波筛分

工业筛子通常以低频振荡搅动，以使产品在表面上均匀分布并使小颗粒通过筛网．以超声波频率振动筛网可以显著提高流速，防止产品堵塞筛网中的孔并有助于将小颗粒与大颗粒分开．

实验 4.10 微波光学特性实验

微波是指频率为 300 MHz ~ 300 GHz 的电磁波，是无线电波中一个有限频带的简称，即波长在 1 m(不含 1 m) 到 1 mm 之间的电磁波，是分米波、厘米波、毫米波的统称．微波比一般的无线电波频率高，通常也称为超高频电磁波．

微波通常呈现出穿透、反射、吸收三个特性．对于玻璃、塑料和瓷器，微波几乎完全穿透而不被吸收．水和食物等会吸收微波而使自身发热．金属类制品则会反射微波．微波通常作为信息传递而用于雷达、通信技术中．近代应用中又将它扩展为一种新能源，在工农业上用作加热、干燥；在化学工业中促进化学反应；在科研中激发等离子体等．家用微波炉就是微波应用的一个典型例子．我国目前用于工业加热的微波频率为 915 MHz 和 2 450 MHz．使用中,可根据加热材料的形状、大小、含水量来选择微波的频率.

微波和光波一样都是电磁波,都具有波动这一共性,即能产生反射、折射、干涉和衍射等现象.由于微波的波长比光波的波长大 4 个数量级左右,因此用微波仪器做波动实验比光学实验现象更直观、方便和安全.

1. 了解微波的基本性质.
2. 研究微波的偏振.
3. 学会利用杨氏双缝干涉测量双缝间距.
4. 学会利用微波的布拉格(Bragg)衍射模拟晶体结构分析中的 X 射线衍射.

DH962B 型微波分光仪(包括微波信号源、微波实验仪)、反射板、双缝板、模拟晶体及梳状调整板等.

1. 反射实验

微波遵从光波的反射定律,如图 4-10-1 所示.一束微波从发射喇叭 A 发出,射向金属板 MN,入射角为 α.如果在反射方向的位置上放一接收喇叭 B,那么只有当 B 处在反射角 $\beta=\alpha$ 的方向上时,接收到的强度才最大,即反射角等于入射角.

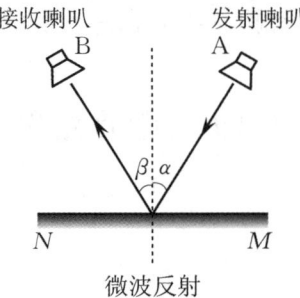

图 4-10-1 微波反射

2. 偏振实验

1809 年前后,马吕斯(Malus)在研究线偏振光通过检偏器后的透射光光强时发现,如果入射线偏振光的光强为 I_0,透过检偏器后,透射光的光强为

$$I=I_0\cos^2\theta, \qquad (4-10-1)$$

其中,θ 是线偏振光的振动方向与检偏器的透光轴方向之间的夹角.式(4-10-1)称为马吕斯定律.

在微波实验仪上形成线偏振微波,通过定量测量及研究分析并与光的偏振特性相比较,能让我们更好地认识微波,更精确地描述电磁波的偏振特性.

3. 双缝干涉实验

微波是电磁波,具有波的干涉特性.如图 4-10-2 所示,当一束平面波垂直入射到一金属板的两条狭缝上时,每一条狭缝可看作一个微波波源,且由两条狭缝发出的两束波是相干波.因此,在金属板后的空间将产生干涉现象.

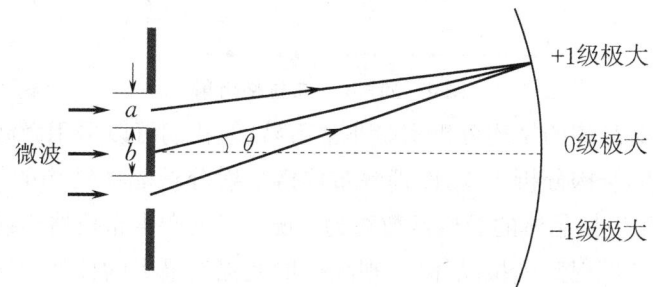

图 4-10-2 微波的双缝干涉实验

干涉强度极大的微波束的方向角 θ 与双缝间距 $a+b$ 及微波波长 λ 满足如下关系:
$$(a+b)\sin\theta = k\lambda, \quad k = 0, \pm 1, \pm 2, \cdots, \pm n,$$
其中,$k=0$ 为中央极大(0 级极大),其他分别为 ± 1 级,± 2 级,$\cdots$,$\pm n$ 级极大.若测读出 k 级极大微波束的方向角 θ,则可由 $a+b = \dfrac{k\lambda}{\sin\theta}$ 求出双缝间距 $a+b$.

4. 布拉格衍射实验

1913 年,英国物理学家布拉格父子在研究 X 射线在晶面上的衍射时,得到了著名的布拉格公式,奠定了用 X 射线衍射对晶体结构进行分析的基础.布拉格父子因此获得了 1915 年的诺贝尔物理学奖.

衍射现象是所有波的共性,微波同样可以产生布拉格衍射.微波的波长比 X 射线的波长大 7 个数量级,其产生布拉格衍射的晶格也比 X 射线衍射的晶格大 7 个数量级.通过"放大了的晶体"(模拟晶体)研究微波的布拉格衍射现象,可以让我们更直观地观察布拉格衍射现象,认识波的本性,也可以帮助我们深入理解 X 射线的晶体衍射理论.

任何真实晶体所具有的自然外形及各向异性的性质均与晶体内的离子、原子或分子在空间按一定几何规律排列分布密切相关.

晶体内的离子、原子或分子均成点阵分布,两相邻结点即两相邻晶面之间的距离 d 为晶体的晶格常数.真实晶体的晶格常数约为 10^{-10} m 的数量级,而 X 射线的波长约为 $0.5\times 10^{-10} \sim 2.5\times 10^{-10}$ m,与晶体的晶格常数在同一数量级.因此晶体对入射的 X 射线起着衍射光栅的作用.通常是利用 X 射线在晶体点阵上的衍射现象来研究晶体点阵的间距和相互位置的排列,以达到对晶体结构的了解.

如图 4-10-3 所示,一束 X 射线入射到晶体的不同晶面上,若 X 射线与晶面的掠射角 θ 满足
$$2d\sin\theta = k\lambda, \quad k = 1, 2, \cdots,$$
则衍射波的强度最大,此公式称为布拉格公式.

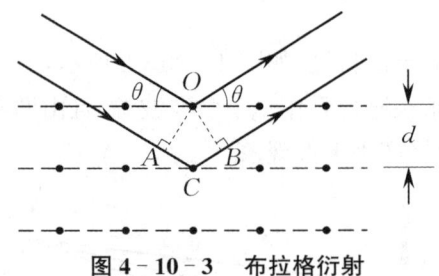

图 4-10-3 布拉格衍射

要进行 X 射线对晶体的结构分析实验非常不易,但我们可以采用微波来代替 X 射线,进行微波对模拟晶体的结构分析实验,以理解布拉格衍射分析晶体结构的规律. 实验中,微波的波长约为 3 cm,而模拟晶体的晶格常数约为 4 cm,满足产生布拉格衍射的条件. 将一束微波以不同的掠射角 θ 照射到模拟晶体上,观测衍射波强度最大的掠射角 θ,依据 $2d\sin\theta = \lambda$ 可求得模拟晶体的晶格常数 $d = \dfrac{\lambda}{2\sin\theta}$.

微波信号源由直流稳压电源和体效应固态源组成. 接通电源,电压输入至固态源,固态源开始振荡,具有单一波长的微波信号便从波导口输出.

微波实验仪由可变衰减器、发射喇叭天线、接收喇叭天线、晶体检波器和直流微安表组成. 固态源、可变衰减器和发射喇叭天线安装在固定臂上,接收喇叭天线、晶体检波器和直流微安表安装在活动臂上,活动臂转过的角度可在分度转台上读出. 同时,分度转台也可相对于固定臂转动.

可变衰减器可用来改变微波信号的强度. 发射喇叭天线将微波定向发射出去,微波信号是偏振的,其中,电矢量 E 的偏振方向与喇叭天线口的轴线和宽边相垂直. 接收喇叭天线将接收到的微波信号汇集至波导段中的晶体检波器处,发射喇叭可绕喇叭口转轴旋转,旋转角度由轴承环上的刻度读出. 晶体检波器兼有检偏和转换功能,微波信号中与接收喇叭口转轴和宽边相垂直的电振动分量被转换为直流电信号,通过直流微安表指示. 直流微安表指针指示的电流大小与接收喇叭天线接收到的微波信号的强度成正比.

实验内容

1. 微波偏振

在关闭微波发射器电源的情况下对微安表校零,如果此时微安表未指零,则应稍微调节微安表前的小旋钮,使其准确指零.

调整实验仪,使发射喇叭轴承环指针指向 0.0° 处,并使活动臂与固定臂在同一直线上,发射喇叭与接收喇叭轴线在同一直线上,喇叭口正对,宽边与宽边、窄边与窄边平行. 接通电源,指示灯亮,信号源有微波信号输出. 调节可变衰减器使微安表指示接近 100.0 μA. 使发射喇叭绕自身转轴旋转,轴承环每转动 10.0°,记录一次微安表的读数. 由定量的测量数据进行规律分析,写出微波偏振特性的定性描述.

2. 微波的双缝干涉

将双缝铝板放置在分度转台上,粘有吸波材料的一面与发射喇叭正对. 调节可变衰减器使微安表指示接近满刻度. 旋转活动臂,分别寻找接收喇叭接收到 $+1$ 级极大和 -1 级极大微波信号时的角度位置,分别测读其角度位置读数 α_{+1} 和 α_{-1},求出其 $+1$ 级极大角 $\theta = \dfrac{|\alpha_{+1} - \alpha_{-1}|}{2}$. 由 $a + b = \dfrac{\lambda}{\sin\theta}$ 求出双缝间距 $a+b$.

3. 微波的布拉格衍射

首先,由微波波长 λ(约为 3 cm)及晶格常数 d(约为 4 cm)来估算产生布拉格衍射时的掠射角 θ(约为 22°). 然后,将模拟晶体放置在分度转台上,使被研究晶面的法线与分度盘上的 0° 刻度对齐,入射微波束与反射微波束的方向在分度盘上有相同的示数,这样不易搞错,操作也方便. 第 1 次测量时,旋转分度转台,使晶面与入射微波束之间的掠射角 $\theta_{入1} = 22°$,在反射微波束方向转动接收喇叭直至微安表示数最大,测读此时的出射角 $\theta_{出1}$;第 2 次测量以 $\theta_{入2} = \dfrac{\theta_{入1} + \theta_{出1}}{2}$,采用与第 1 次测量相同的方法测读 $\theta_{出2}$;同理,第 3 次测量以 $\theta_{入3} = \dfrac{\theta_{入2} + \theta_{出2}}{2}$ 来测读 $\theta_{出3}$. 经过这样的 3 组测量,最后得到的平均值 $\theta_入$ 对应逐渐逼近真实入射方向的掠射角 $\theta_入$,并且与出射角 $\theta_出$ 相等. 取 $\theta = \dfrac{\theta_入 + \theta_出}{2}$,由 $d = \dfrac{\lambda}{2\sin\theta}$ 求出模拟晶体的晶格常数 d,重复测量 3 次,取平均值.

数据处理

表 4-10-1 微波偏振实验数据

$\theta/(°)$	0.0	10.0	20.0	30.0	40.0	50.0	60.0	70.0	80.0	90.0
$I_{理论}/\mu A$										
$I_{实验}/\mu A$										

在实验报告上用坐标纸作图,写出微波偏振特性的定性描述. 分析实验偏差,并解释原因.

表 4-10-2 微波的双缝干涉实验数据

$\lambda = 3.2$ cm

角度位置读数	$+1$ 级极大 $\alpha_{+1} =$	(°)	-1 级极大 $\alpha_{-1} =$	(°)
$\theta = \dfrac{|\alpha_{+1} - \alpha_{-1}|}{2} =$		(°)	$a + b = \dfrac{\lambda}{\sin\theta} =$	(cm)

表 4-10-3　微波的布拉格衍射实验数据

$\lambda = 3.2\text{ cm}$

接收信号最强时 $\theta_入/(°)$			
接收信号最强时 $\theta_出/(°)$			
$\theta = \dfrac{\theta_入 + \theta_出}{2}/(°)$			
$\bar{\theta} =$ 　　(°)		$d = \dfrac{\lambda}{2\sin\bar{\theta}} =$ 　　(cm)	

1. 两个喇叭需正对,否则将严重影响实验结果.
2. 做微波布拉格衍射实验前,应仔细将模拟晶体排成方形点阵,并将小球调整到指定位置.
3. 可变衰减器的调整要适当,太小则观察不便,太大则可能使微安表指针满偏.
4. 微波波长比较长,在调节和观察实验现象时变化不如光波灵敏,要注意仔细调节和观察.

1. 实验前,为什么必须将两个喇叭正对?如果不正对,对实验结果将产生什么影响?
2. 在微波布拉格衍射实验中,如何选取并逐渐逼近真实入射方向的掠射角 $\theta_入$?

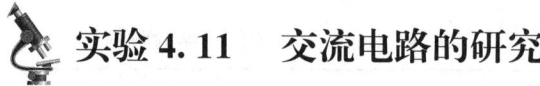 实验 4.11　交流电路的研究

电阻、电容及电感是交流电路中的基本元件,RC,RL 及 RLC 串联电路具有不同的特性,包括暂态特性、稳态特性、谐振特性. 它们在实际应用中都起着重要的作用.

实验目的

1. 研究相移电路的工作特性并测量其电路工作参数.
2. 研究谐振电路的工作特性并测量其电路工作参数.

(双踪)示波器、函数/任意波形发生器、十进式电容箱、十进式电感箱、旋转式电阻箱.

实验原理

交流电是指电流或电压的大小和方向都发生周期性变化,不同于方向不随时间改变的直流电.

1. 相移电路

正弦交流电的电流或电压的大小与方向都随时间的变化而变化,其电压表达式为

$$V_1 = V_m \sin(\omega t + \varphi_1),$$

其中,V_m 为电压的幅值,ω 为电压的角频率,φ_1 为电压的初相位. 若有另一频率相同的电压信号

$$V_2 = V_m \sin(\omega t + \varphi_2),$$

则这两个同频率交流电压信号的相位差为 $\Delta\varphi = \varphi_1 - \varphi_2$. 若 $\Delta\varphi > 0$,则称电压信号 V_1 比电压信号 V_2 的相位超前;若 $\Delta\varphi < 0$,则称电压信号 V_1 比电压信号 V_2 的相位滞后. 将这两个电压信号通过示波器显示出来,其波形如图 4-11-1 所示. 从图 4-11-1 可以看出,相位差可以反映两个电压信号彼此之间到达正的最大值、零值或负的最大值时的一段时间差. 若 V_1 比 V_2 先到达正的最大值或零值,则称 V_1 的相位超前于 V_2 或 V_2 的相位滞后于 V_1. 相位差 $\Delta\varphi$ 可以通过测量出周期波形所占据的宽度 D 及两个信号的两相邻波峰的间距 d 得到. 根据正弦函数的特征可知,$\Delta\varphi = 2\pi \dfrac{d}{D}$.

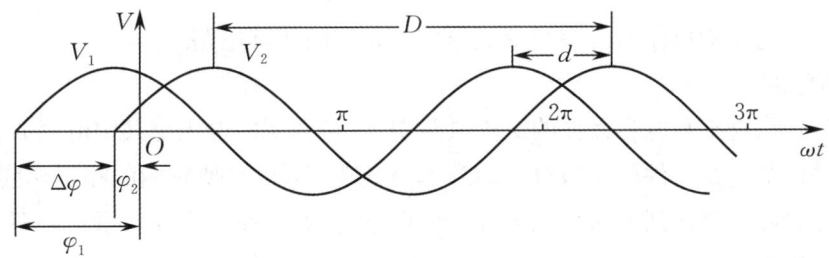

图 4-11-1 电压波形图

将电容器接入交流电路,变化的电压使电容器时而充电,时而放电,并使交流电有一定程度的导通. 电容对交流电的阻碍作用称为容抗,表示为 $X_C = \dfrac{1}{2\pi f C}$,其中,$C$ 为电容器的电容值. 频率 f 越高,电容对交流电的阻碍作用越小,容抗越小;电容 C 越大,容抗也越小. 在交流电路中,常用容抗的频率特性为"通高频、阻低频",电容具有"通交流、隔直流"的特点.

将电感线圈接入交流电路,变化的电流使电感线圈产生自感电动势,自感电动势反过来又阻碍电流的改变. 电感线圈对交流电的阻碍作用称为感抗,表示为 $X_L = 2\pi f L$,其中,L 为电感线圈的电感值. 电感线圈的感抗也与交流电频率有关,频率 f 越高,电感对交流电的阻碍作用越大,感抗越大;电感越大,感抗也越大. 电感起着"阻交流、通直流"的作用,在交流电路中常用感抗的特性来通直流电和低频交流电,阻止高频交流电.

电阻对交流电的阻碍作用与交流电的频率 f 无关,其阻抗为 $X_R = R$,电阻越大,阻抗越大.

纯电容元件上电压比电流相位滞后 $\frac{\pi}{2}$；纯电感元件上电压比电流相位超前 $\frac{\pi}{2}$；纯电阻元件上电压与电流同相.

由于示波器显示的是电压波形，因此如果要观察通过某一待测元件的电流波形，必须将一个电阻与待测元件串联。电阻上电压与电流的相位相同，待测元件上的电压与串联电阻上的电压的相位关系反映了待测元件上电压与电流的相位关系.

如图 4-11-2 所示，若在电容与电阻的串联电路上加上交变电压 V_{in}，则电阻两端的输出电压 V_{out}（V_{out} 与电路中的电流相位相同）与 V_{in} 相比相位超前 $\Delta\varphi = \arctan\dfrac{1}{2\pi fCR}$.

如图 4-11-3 所示，若在电感与电阻的串联电路上加上交变电压 V_{in}，则电阻两端的输出电压 V_{out}（V_{out} 与电路中的电流相位相同）与 V_{in} 相比相位滞后 $\Delta\varphi = \arctan\dfrac{2\pi fL}{R}$.

图 4-11-2　RC 串联电路　　　　　　图 4-11-3　RL 串联电路

RC 及 RL 电路均可作为改变交变电压信号相位的相移电路.

2. 谐振电路

在具有电阻、电感和电容元件的交流电路中，电路两端的电压与其中电流的相位一般是不同的。如果调节电路元件的参数（L 或 C）或电源频率，可以使它们的相位相同，整个电路呈现为纯电阻性。电路达到的这种状态称为谐振状态。可以在一个或若干个频率上达到谐振状态的电路，称为谐振电路.

在电子和无线电工程中，经常要从许多电信号中选取出我们所需要的电信号，而同时把不需要的电信号加以抑制或滤出，为此，就需要有一个选择电路，即谐振电路，因为谐振电路有选频特性。另外，在电力工程中，电路中出现谐振有可能产生某些危害。因此，对谐振电路的研究，无论是从利用方面还是从限制其危害方面来看，都有重要意义.

图 4-11-4 所示为串联谐振电路，在串联电路中，L 和 C 均对电流有阻碍作用，但相位不同。当电流频率到达某一值时，感抗和容抗相等并相互抵消，外加电压完全用来克服电阻上的电压降。电流所受阻碍作用极小，电路达到最小阻抗状态，电流达到极大值状态，此时称电路产生谐振，谐振频率 $f_0 = \dfrac{1}{2\pi\sqrt{LC}}$.

图 4-11-5 所示为并联谐振电路，并联电路达到谐振时，可呈现出最大阻抗状态，电路两端电压具有极大值，谐振频率 $f_0 = \dfrac{1}{2\pi\sqrt{LC}}$.

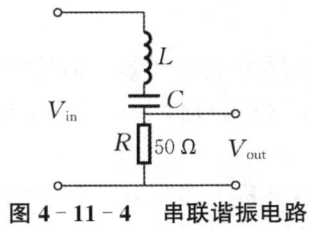
图 4-11-4 串联谐振电路

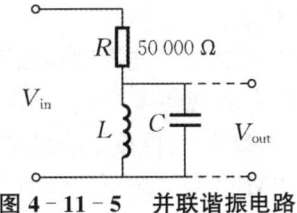
图 4-11-5 并联谐振电路

1. 函数/任意波形发生器

UTG2000A 系列双通道函数/任意波形发生器的最大输出频率为 25 MHz(或 60 MHz),全频段低至 1 μHz 的分辨率和 14 bit 的垂直分辨率;标配等性能双通道,且有通道独立输出模式;4.3 in(1 in ≈ 2.54 cm)高分辨率 TFT 彩色液晶显示;具备调制、扫频、脉冲等多种复杂波形的产生功能.

2. 十进式电容箱

十进式电容箱由多个云母电容和容量选择开关组成,其电容可变范围为(0~10)×0.1 μF,实验时,将箱上"1""2"端接入电路,旋转转换开关至合适的电容值.

3. 十进式电感箱

十进式电感箱采用一个具有 10 个抽头的标准电感线圈连接到一转换开关上组成,其电感可变范围为(0~10)×0.01 H. 实验时,将两个端钮接入电路,旋转转换开关至合适的电感值.

4. 旋转式电阻箱

旋转式电阻箱由多个精密标准线绕电阻和 6 个转换开关组成,其电阻可变范围为 0~111.111 kΩ. 实验时,若选择阻值大于 11 Ω,则应将"111.111 kΩ"和"0 Ω"端接入电路;若选择阻值小于 11 Ω,则应将"11 Ω"和"0 Ω"端接入电路.

1. 相移电路

(1) 相位超前.

按图 4-11-6 所示连接线路,输入信号"V_{in}"接至示波器"CH1"端,"V_{out}"接至"CH2"端.

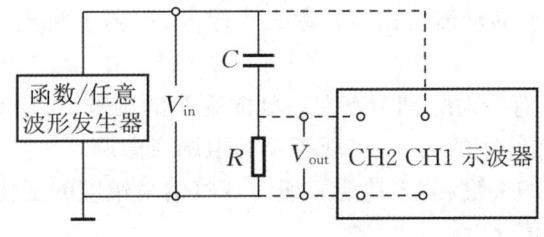

图 4-11-6 RC 相移电路连接示意图

开启函数/任意波形发生器,按下"CH1"按键,CH1 信息标签高亮,此时参数列表显示通道 1 的相关信息.

依次按下"MENU""波形""参数"和"幅度"按键,屏幕上出现幅度标签(如果按"参数"按键,屏幕上没有出现幅度标签,则需要再次按"参数"按键进行下一屏的子标签显示),使用数字键盘输入数字 4,再按下方的单位按键"V_{pp}".

依次按下"MENU""波形""参数"和"频率"按键,屏幕上出现频率标签(如果按"参数"按键,屏幕上没有出现频率标签,则需要再次按"参数"按键进行下一屏的子标签显示),使用数字键盘输入数字 10,再按下方的单位按键"kHz".

接通示波器,拨向开关分别置于"AC""AC""AC"及"CH1",将工作模式(MODE)拨到"DUAL"处,调节 CH1 和 CH2 的"伏/格"旋钮,使屏幕上的 V_{in} 和 V_{out} 两个信号的幅度大小合适,调节"时间/格"旋钮使屏幕上出现几个周期的波形,调节"触发电平"旋钮使 V_{in} 和 V_{out} 两个信号的波形稳定.

电容 C 取 $1\times0.1~\mu F$,电阻箱取 100 Ω 挡,旋转电阻箱的转换开关分别至 ×1,×2,×3,×4,×5,×6,×7,×8,×9,×10 时,观察屏幕上输出信号 V_{out} 与输入信号 V_{in} 之间的相移.

画出 C 为 $1\times0.1~\mu F$,R 为 1×100 Ω 时,输出信号 V_{out} 与输入信号 V_{in} 的波形.

(2) 相位滞后.

按图 4-11-7 所示连接线路,电感 L 取 1×0.01 H,电阻箱取 100 Ω 挡,旋转电阻箱的转换开关分别至 ×1,×2,×3,×4,×5,×6,×7,×8,×9,×10 时,观察屏幕上输出信号 V_{out} 与输入信号 V_{in} 之间的相移.

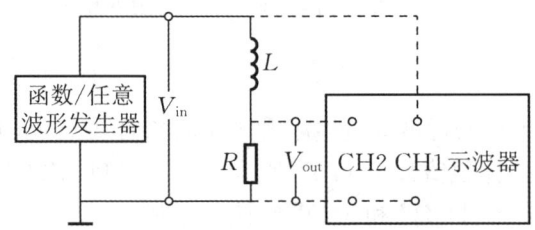

图 4-11-7 RL 相移电路连接示意图

画出 L 为 1×0.01 H,R 为 1×100 Ω 时,输出信号 V_{out} 与输入信号 V_{in} 的波形.

2. 谐振电路

(1) 串联谐振电路.

按图 4-11-8 所示连接线路,取 $R=50$ Ω.

依次按下函数/任意波形发生器的"MENU""波形""参数"和"频率"按键,屏幕上出现频率标签,调节右上方的"多功能旋钮",频率大小改变,屏幕上将出现不同幅度大小的正弦波形.

"多功能旋钮"下方有一对分别标有左右朝向箭头的按键,可用来移动光标到数字的不同位数,调整不同位数的数字的大小,实现频率的粗调或微调.

调节左右朝向箭头的按键和"多功能旋钮",观察信号幅度的变化.测读当信号幅度值达到最大值时的谐振频率值 f.

电感 L 取 0.01 H 不变,测读 C 分别为 $1\times0.1~\mu F$,$3\times0.1~\mu F$,$6\times0.1~\mu F$ 时电路的谐振频率 f.电容 C 取 $0.1~\mu F$ 不变,测读 L 分别为 1×0.01 H,3×0.01 H,6×0.01 H 时电路的谐

振频率 f.

(2) 并联谐振电路.

按图 4-11-9 所示连接线路,取 $R = 50\ 000\ \Omega$.

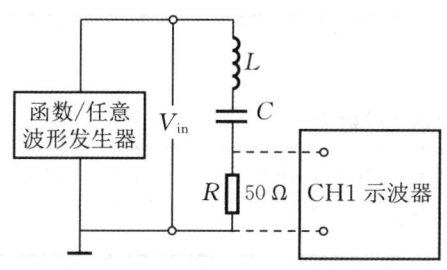

| 图 4-11-8 串联谐振电路连接示意图 | 图 4-11-9 并联谐振电路连接示意图 |

电感 L 取 0.01 H 不变,测读 C 分别为 $1\times0.1\ \mu\mathrm{F}$,$3\times0.1\ \mu\mathrm{F}$,$6\times0.1\ \mu\mathrm{F}$ 时电路的谐振频率 f. 电容 C 取 $0.1\ \mu\mathrm{F}$ 不变,测读 L 分别为 $1\times0.01\ \mathrm{H}$,$3\times0.01\ \mathrm{H}$,$6\times0.01\ \mathrm{H}$ 时电路的谐振频率 f.

数据处理

1. 相移电路

(1) 相位超前.

V_{out} 与 V_{in} 信号波形图(要求:画出横、纵坐标轴,具体标出每条波形曲线对应的信号)	相位差的测量 $D = $ _____ $d = $ _____ 相位差 $\Delta\varphi = 2\pi\dfrac{d}{D} = $ _____

(2) 相位滞后.

V_{out} 与 V_{in} 信号波形图(要求:画出横、纵坐标轴,具体标出每条波形曲线对应的信号)	相位差的测量 $D = $ _____ $d = $ _____ 相位差 $\Delta\varphi = 2\pi\dfrac{d}{D} = $ _____

2. 谐振电路

(1) 串联谐振电路.

表 4-11-1 串联谐振电路实验数据 1

$L = 0.01$ H	$C = 1\times0.1\ \mu\mathrm{F}$	$C = 3\times0.1\ \mu\mathrm{F}$	$C = 6\times0.1\ \mu\mathrm{F}$
f /kHz			

表 4-11-2　串联谐振电路实验数据 2

$C=0.1\,\mu\text{F}$	$L=1\times0.01\text{ H}$	$L=3\times0.01\text{ H}$	$L=6\times0.01\text{ H}$
f /kHz			

(2) 并联谐振电路.

表 4-11-3　并联谐振电路实验数据 1

$L=0.01\text{ H}$	$C=1\times0.1\,\mu\text{F}$	$C=3\times0.1\,\mu\text{F}$	$C=6\times0.1\,\mu\text{F}$
f /kHz			

表 4-11-4　并联谐振电路实验数据 2

$C=0.1\,\mu\text{F}$	$L=1\times0.01\text{ H}$	$L=3\times0.01\text{ H}$	$L=6\times0.01\text{ H}$
f /kHz			

思 考 题

1. 为何说串联谐振是电压谐振，并联谐振是电流谐振？
2. 在串联谐振电路相频特性的测定中，怎样测定谐振频率？

实验 4.12　迈克耳孙干涉仪

引　言

迈克耳孙干涉仪是美国物理学家迈克耳孙精心设计的可实现双光束干涉的精密光学仪器，自 1881 年问世以来，迈克耳孙与其合作者用此仪器进行了三项著名的实验：否定以太存在的迈克耳孙-莫雷(Michelson-Morley)实验、确定光谱的精细结构及利用光波波长确定标准米的长度. 迈克耳孙干涉仪具有结构简单、光路直观和精度高的特点，其调整和使用具有典型性. 后来，在迈克耳孙干涉仪的基础上发展了多种形式的干涉测量仪器，特别是激光问世，提供了单色性非常好的光源，从而使迈克耳孙干涉仪获得了更为广泛的应用. 迈克耳孙本人因发明此干涉仪及在光谱学和基本度量方面的研究而成为美国第一位诺贝尔物理学奖获得者.

实验目的

1. 了解迈克耳孙干涉仪的结构和工作原理，掌握其调节方法.
2. 学会用迈克耳孙干涉仪测量氦氖激光的波长.

迈克耳孙干涉仪、氦氖激光器、扩束镜.

1. 迈克耳孙干涉仪的光路原理

迈克耳孙干涉仪是一种利用振幅分割法实现双光束干涉的仪器,其光路如图 4 - 12 - 1 所示. M_1 和 M_2 是两块精密磨光的平面反射镜,分别安装在相互垂直的两臂上. M_2 固定不动, M_1 通过精密丝杆的带动,可以沿丝杆轴线方向移动. G_1 和 G_2 是两块厚度相同、折射率相同、相互平行的且与 M_1 和 M_2 成 45°角的平面玻璃板. 其中, G_1 背面镀有半反半透膜 K,它可使入射光分成强度相等的反射光束 Ⅰ 和透射光束 Ⅱ,故 G_1 称为分光板;设置 G_2 的目的是补偿光束 Ⅱ 的光程,使光束 Ⅱ 与光束 Ⅰ 在玻璃中的光程相等,以避免两束光的光程差较大而不能产生干涉现象,因此 G_2 称为补偿板. 在使用复色光(尤其是白光)作光源时,因玻璃和空气的色散不同,故补偿板更不可缺少.

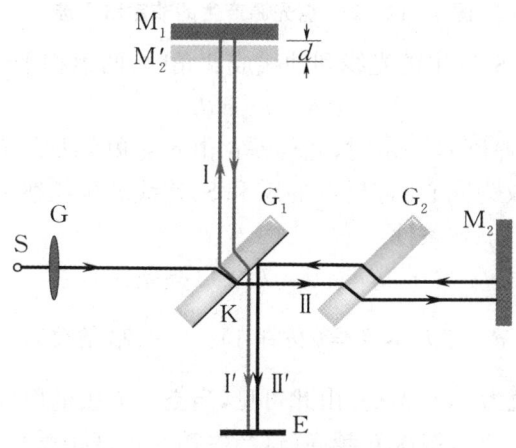

图 4 - 12 - 1 迈克耳孙干涉仪的光路图

光源 S 发出的一束光,经扩束镜 G 后,照射到分光板 G_1 后面的半反半透膜 K 上,被 K 分成强度相等的反射光束 Ⅰ 和透射光束 Ⅱ,两束光被平面镜反射后,在 K 处再次被分束,它们各有一束光返回光源方向,同时各有一束光(即光束 Ⅰ′ 和光束 Ⅱ′)向观察屏 E 的方向射出. 光束 Ⅰ′ 和光束 Ⅱ′ 是相干光,可在观察屏 E 上产生干涉现象. 图中的 M_2' 是 M_2 被 G_1 反射所成的虚像,在 E 处观察时,两相干光像是从 M_1 和 M_2' 反射而来的,其光程差为 M_1 和 M_2' 之间空气薄膜厚度的两倍,即 $2d$. 因此迈克耳孙干涉仪产生的干涉可等效为 M_1 和 M_2' 之间的空气薄膜所产生的薄膜干涉.

2. 光波波长的测量

如图 4 - 12 - 2 所示,当平面镜 M_1 和 M_2 相互垂直,即 M_1 平行于 M_2' 时,S 处的点光源经 G_1 分束和 M_1, M_2 反射后射向观察屏 E 的光可看作是由虚光源 S_1' 和 S_2' 发出的,其中, S_1' 为点光源 S 经 G_1 和 M_1 反射后成的像, S_2' 为 S 经 M_2 和 G_1 反射后成的像. 点光源 S 经平面镜 M_1 和 M_2 反射相干的结果,可以等价地看作是虚光源 S_1' 和 S_2' 发出的光相干的结果,虚光

源 S_1' 和 S_2' 发出的光在相遇的空间处处相干,形成非定域干涉条纹. 如果 M_1 和 M_2' 之间的距离为 d,则 S_1' 和 S_2' 之间的距离为 $2d$,观察屏 E 垂直于 S_1' 和 S_2' 的连线.

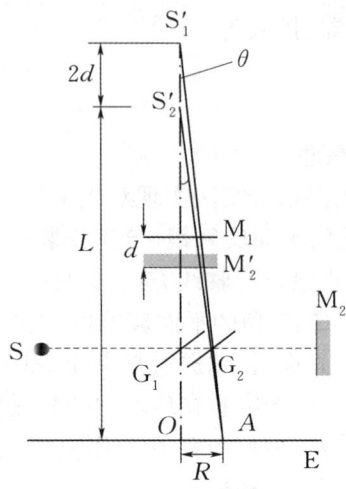

图 4-12-2　点光源产生的非定域干涉

可以证明,当虚光源 S_1' 发出的光线和轴线成 θ 角时,两束相干光的光程差为

$$\delta = 2d\cos\theta. \tag{4-12-1}$$

由此可见,当空气薄膜的厚度 d 一定时,光程差 δ 由入射角 θ 决定. 这种干涉称为等倾干涉,点光源 S 产生的干涉条纹为同心圆,圆心在 S_1' 和 S_2' 连线的延长线上.

干涉条纹的亮暗满足下列条件:

$$\delta = 2d\cos\theta = k\lambda \quad (\text{亮条纹}), \tag{4-12-2}$$

$$\delta = 2d\cos\theta = (2k+1)\frac{\lambda}{2} \quad (\text{暗条纹}), \tag{4-12-3}$$

其中,k 为干涉级次,取值为 $0,1,2,\cdots$. 由此可见,当空气薄膜的厚度 d 一定时,入射角 θ 越小,圆环条纹越靠近中心,干涉级次 k 越高(这与牛顿环正好相反). 在中心处,$\theta=0$,级次最高. 若此时中心处刚好是亮斑,则有

$$\delta = 2d = k\lambda, \tag{4-12-4}$$

由式(4-12-4)可得

$$2(\Delta d) = (\Delta k)\lambda, \tag{4-12-5}$$

其中,Δd 为空气薄膜厚度的变化量,Δk 为相应的干涉级次的变化量.

由此可见,移动 M_1 改变空气薄膜的厚度 d,中心亮斑的级次 k 也会改变. 当中心亮斑变化一个级次($\Delta k = \pm 1$),即冒出或吞入一条亮条纹时,就意味着空气薄膜的厚度改变了 $\frac{\lambda}{2}$,也就是 M_1 移动了 $\frac{\lambda}{2}$ 的距离. 显然,当中心亮斑变化了 N 个级次($\Delta k = \pm N$),即冒出或吞入 N 条亮条纹时,则有

$$\Delta d = N\frac{\lambda}{2}. \tag{4-12-6}$$

只要测出 M_1 移动的距离 Δd（可从仪器读出），并数出冒出或吞入亮条纹的条数 N，就可以通过式(4-12-6)计算出光源的波长 λ.

仪器介绍

图 4-12-3 所示是迈克耳孙干涉仪的实物图片，它由底座、两平面玻璃板、两平面镜、两调节手轮、读数装置等构成. 干涉仪的底座下有 3 个调平螺丝. 平面镜 M_1、M_2 后均有调节螺丝（视图中是 3 个），可以调节平面镜的方位. M_2 固定不动，M_1 在精密导轨上的移动由粗调手轮和微调手轮来调节. 粗调手轮转动一周，M_1 在精密导轨上移动 1 mm，粗调手轮读数窗口的分度值为 10^{-2} mm. 微调手轮转动一周，M_1 在精密导轨上移动 10^{-2} mm，微调手轮的分度值为 10^{-4} mm，可估读至 10^{-5} mm. 在精密导轨上固定的钢直尺称为主尺，分度值为 1 mm. 主尺、读数窗口、微调手轮这三者的读数之和为 M_1 的位置读数.

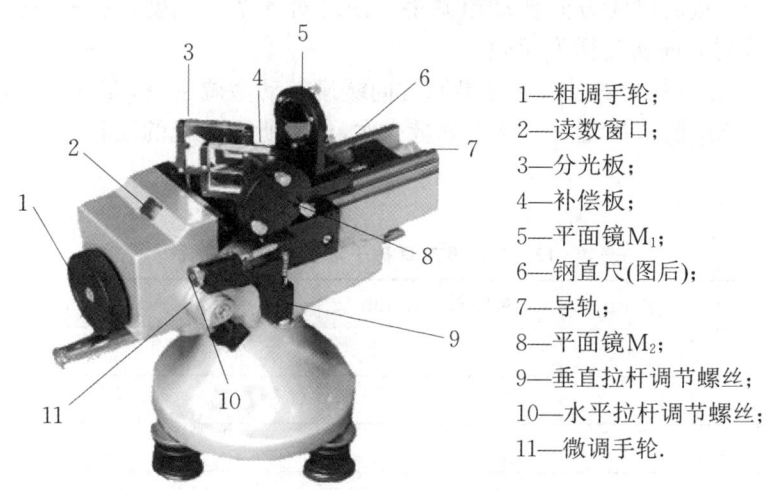

1——粗调手轮；
2——读数窗口；
3——分光板；
4——补偿板；
5——平面镜 M_1；
6——钢直尺（图后）；
7——导轨；
8——平面镜 M_2；
9——垂直拉杆调节螺丝；
10——水平拉杆调节螺丝；
11——微调手轮.

图 4-12-3　迈克耳孙干涉仪的实物图片

相对运动的机械部件之间必然存在一定的间隙，所以反复的动作（如旋钮的顺时针旋转和逆时针旋转）过程中将产生空程，这会给测量带来误差，称为空程误差（或回程误差）. 迈克耳孙干涉仪采用的是螺旋杆传动，有机械间隙，所以在一次测量过程中微调手轮和粗调手轮只能朝一个方向旋转，如果中途转过头了，不能再往回转，只能重新测量. 例如，若顺时针转动迈克耳孙干涉仪的微调手轮，M_1 移动，当开始逆时针转动微调手轮时，刚开始旋转极小的角度过程中，M_1 是静止不动的，只有当微调手轮逆时针转过较大角度之后，M_1 才开始正常移动.

迈克耳孙干涉仪是精密光学仪器，不能用手触摸其光学面. 调节时动作要轻缓，M_1 与 M_2 背面的调节螺丝不能调节得太紧或太松.

实验内容

1. 转动粗调手轮，使平面镜 M_1 与 M_2 到分光板 G_1 的距离大致相等.
2. 打开并调节氦氖激光器，使激光束打到分光板 G_1 上，经反射镜 M_1 和 M_2 反射后会在激光器出光口附近和观察屏上分别看到两排光点.

3. 调节反射镜 M_1 和 M_2 后面的调节螺丝,使激光器出光口附近两排光点中的最亮光点重合.此时,观察屏上的两排光点中的最亮光点也重合,M_1 与 M_2 垂直,M_1 和 M_2' 平行.然后调节迈克耳孙干涉仪底座下的调平螺丝及左右方向,使激光器出光口附近的最亮光点进入激光器出光口.

4. 在氦氖激光器与迈克耳孙干涉仪间放置扩束透镜,使激光均匀照亮分光板 G_1,在观察屏上可看到同心圆环.若看不到此现象,可重复步骤 2 和步骤 3.若同心圆环不在屏幕中央,则可调节水平及垂直拉杆调节螺丝,使圆环中心出现在屏幕中央.

5. 转动微调手轮,观察圆环的冒出和吞入现象.

6. 对干涉仪的读数系统进行校准.转动微调手轮时,粗调手轮随着转动,但转动粗调手轮时,微调手轮并不随着转动,因此,在读数前先进行校准.将微调手轮沿某一方向(如顺时针方向)旋转至零,然后以同方向转动粗调手轮使之对齐某一刻度,这一步称为"校准".此后,测量时只能以同方向转动微调手轮.

7. 首先记录 M_1 的初位置 x_1,继续沿原方向缓慢转动微调手轮,在冒出或吞入 100 条干涉条纹时,再记录 M_1 的末位置 x_2.反复测量 3 次,求出所用激光的波长.

表 4-12-1　迈克耳孙干涉仪测激光波长

N/个	初位置 x_1/mm	末位置 x_2/mm	$\Delta d = |x_1 - x_2|$/mm	$\overline{\Delta d}$/mm
100				
100				
100				

$$\lambda = \frac{2\overline{\Delta d}}{N} = \qquad \text{(nm)}$$

$\lambda_0 = 632.8 \text{ nm}$　　　$E = \dfrac{|\lambda - \lambda_0|}{\lambda_0} \times 100\% = \qquad \%$

注意:3 次测量不要连续,即下一次测量的起始位置不能用上一次测量结束时的位置数据.

1. 迈克耳孙干涉仪是精密仪器,在旋转调节螺丝和手轮时动作要轻、要稳,不能强拧硬扳.严禁用手触摸镜片.

2. 激光不能直接射入眼睛.

1. 在迈克耳孙干涉仪中利用什么光学器件产生两束相干光?
2. 测波长时,微调手轮为什么始终只能朝一个方向转动?
3. 补偿板在干涉仪光路中起什么作用?
4. 为什么干涉仪读数系统每次测量使用前需要校准?校准的方法是什么?

 **实验 4.13　太阳能电池的特性研究**

引　言

太阳能是一种具有广泛应用前景的新型清洁能源. 太阳能电池是通过光电效应把太阳能转化成电能的器件,这种光电转换过程通常叫作光生伏打效应,简称光伏效应,因此太阳能电池又称为光伏电池.

已知的制造太阳能电池的半导体材料有十几种,因此太阳能电池的种类也很多. 目前,技术上最成熟、并具有商业价值的太阳能电池是硅太阳能电池,分为单晶硅太阳能电池、多晶硅太阳能电池和非晶硅太阳能电池三种. 本实验以硅太阳能电池为例,介绍硅太阳能电池的工作原理,并测量其伏安特性和输出特性.

实验目的

1. 了解太阳能电池的基本原理.
2. 测量太阳能电池的伏安特性.
3. 测量不同光照强度下太阳能电池的开路电压 U_{oc} 和短路电流 I_{sc}.
4. 测量太阳能电池的输出特性.

实验仪器

太阳能电池、光功率计、太阳能电池基本特性测试仪、光源、电流表、电阻箱、导轨等.

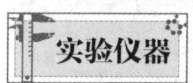

实验原理

将纯净的硅半导体材料经过一定的工艺制成单晶,称为本征半导体. 本征半导体中相邻原子形成具有极强结合力的共价键,常温下,仅有极少数的价电子由于热运动挣脱共价键的束缚在材料中产生电子空穴对,因此导电性能差. 在纯净的单晶硅中掺入五价元素(如磷),杂质元素可取代晶格中硅原子的位置. 由于杂质原子的最外层有五个价电子,因此除了与其周围硅原子形成共价键外,还多出一个自由电子. 此类杂质半导体称为 n 型半导体. 在纯净的单晶硅中掺入三价元素(如硼),杂质元素可取代晶格中硅原子的位置. 由于杂质原子的最外层有三个价电子,因此当它与其周围硅原子形成共价键时,就产生了一个空位,当周围硅原子的外层电子填补此空位时,其共价键位置则因失去电子而带正电,称为空穴. 此类杂质半导体称为 p 型半导体. 电子和空穴统称载流子,在电场作用下可做漂移运动从而形成电流.

当把 p 型半导体和 n 型半导体制作在一起时,在它们的交界面两边附近,两种载流子存在很大的浓度差,因此 p 区的空穴向 n 区扩散,n 区的自由电子向 p 区扩散,扩散到 p 区的自由电子与空穴复合,而扩散到 n 区的空穴与自由电子复合,所以在交界面附近的 p 区出现负离子区,n 区出现正离子区,此区域的离子是不能移动的,称为空间电荷区. 由于空间电荷区中自由电子与空穴的复合"耗尽"了其中几乎全部载流子,因此空间电荷区也称为耗尽区. 随着扩散运动的进行,耗尽区加宽,同时有内电场建立,其方向由 n 区指向 p 区,内电场阻止扩散运动的进行,如图 4-13-1(a) 所示. 当扩散与内电场对载流子的作用达到动态平衡时,交界面附近形成 pn 结. 这是各类晶体二极管的基本结构.

二极管具有单向导电性. 当 n 端接外电源正极、p 端接负极时,称为负向偏置,此时外电场和内电场方向一致,耗尽区变宽,电阻增大,只会形成极小的反向饱和电流,如图 4-13-1(b) 所示;当 p 端接外电源正极、n 端接负极时,称为正向偏置,此时外电场和内电场的互相抵消作用使耗尽区变窄,电阻减小,产生较大的正向电流,如图 4-13-1(c) 所示.

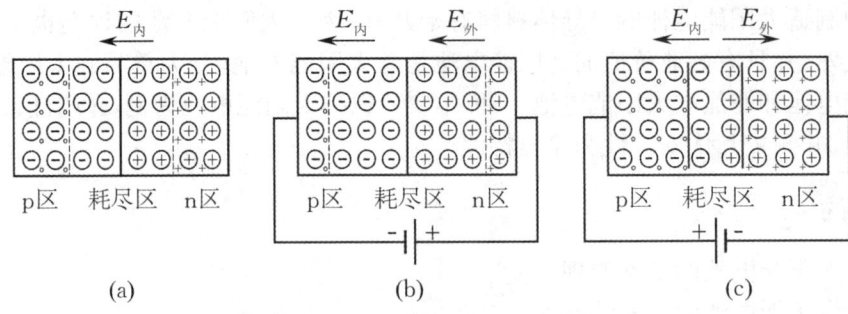

图 4-13-1 太阳能电池的基本原理

太阳能电池能量转换的基础是半导体的光伏效应. 当光照射到半导体光伏器件上时,由于光电导效应,在 n 区、耗尽区和 p 区中激发出光生电子空穴对. 耗尽区:光生电子空穴对在耗尽区中产生后,立即被内电场分离,光生电子被推进 n 区,光生空穴则被推进 p 区. n 区:光生电子空穴对产生以后,光生空穴便向 pn 结边界扩散,一旦越过 pn 结边界,便立即受到内电场作用而做漂移运动,越过耗尽区进入 p 区,光生电子则被留在 n 区. p 区:光生电子同样因扩散、漂移而进入 n 区,光生空穴则留在 p 区. 如此便在 pn 结两侧形成了正、负电荷的积累,使 n 区有过剩的电子,p 区有过剩的空穴,从而形成与内电场方向相反的光生电场,在 n 区和 p 区两端就产生了电动势,即制作出了太阳能电池器件. 当电池接上负载后,光电流就可以从 p 区经负载流至 n 区,负载中即得到功率输入.

太阳能电池在没有光照时可视为一个二极管,此时其正向偏压 U 与通过电流 I 的关系为

$$I = I_0(e^{\beta U} - 1), \tag{4-13-1}$$

其中,I_0 为反向饱和电流,β 为一常量. 当 U 较大时,由式 (4-13-1) 可得

$$\ln I = \beta U + \ln I_0. \tag{4-13-2}$$

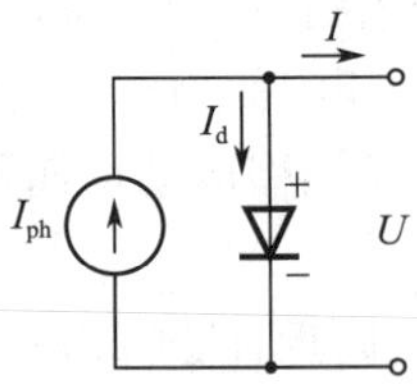

理想情况下(忽略材料电阻、电极节点电阻、漏电等耗散因素),太阳能电池可简化为图 4-13-2 所示的电路.

图 4-13-2 中,I_{ph} 为太阳能电池在光照时该等效电源的输出电流,I_d 为光伏电压正向偏置于 pn 结产生的电流. 结合式 (4-13-1) 可得

$$I = I_{ph} - I_0(e^{\beta U} - 1). \tag{4-13-3}$$

图 4-13-2 太阳能电池的等效电路

短路时,$U=0$,$I_{ph} = I_{sc}$,其中,I_{sc} 为短路电流;开路时,$I=0$,I_{sc} —

$I_0(e^{\beta U_{oc}} - 1) = 0$,其中,$U_{oc}$为开路电压.

在一定的光照条件下,改变负载电阻的大小,测量其输出电压U与输出电流I,可以得到太阳能电池的输出特性.太阳能电池的输出功率P为输出电流I与输出电压U的乘积.同样的电池及光照条件下,负载电阻大小不同,输出功率也不同.调节负载电阻R到某一值R_m时,对应的工作电流I_m和工作电压U_m之积最大,即输出功率$P_{max} = I_m U_m$最大.此时为该太阳能电池的最佳工作点(或称为最大功率点),I_m为最佳工作电流,U_m为最佳工作电压,R_m为最佳负载电阻,P_{max}为最大输出功率.

填充因子FF定义为

$$FF = \frac{P_{max}}{I_{sc} U_{oc}}. \tag{4-13-4}$$

填充因子是表征太阳能电池性能优劣的重要参数,其值越大,电池的光电转换效率越高.

硅太阳能电池(单晶硅、多晶硅、非晶硅太阳能电池各一块);光功率计为三位半数显,量程有$200\ \mu W$,$2\ mW$和$20\ mW$三挡,按挡位键切换;光功率计传感器采用高灵敏度光电二极管;太阳能电池基本特性测试仪的电压表有$2\ V$和$20\ V$两挡;电流表有$2\ mA$和$200\ mA$两挡;光源的电功率为$100\ W$;导轨长$75\ cm$.

1. 测量太阳能电池的伏安特性

测量电路如图4-13-3所示.在全暗的情况下(关闭光源,用遮光罩罩住太阳能电池),测量太阳能电池正向偏压下的电流I和电压U.电源接测试仪的电压输出,电压表和电流表分别接测试仪的电压输入和电流输入.电压表选择$20\ V$挡,电流表选择$2\ mA$挡,$50\ \Omega$电阻用于限流.记录相关实验数据.

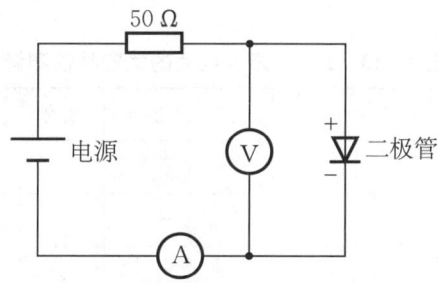

图4-13-3 太阳能电池伏安特性的测量电路图

2. 测量不同光照强度下太阳能电池的开路电压U_{oc}和短路电流I_{sc}

(1)标定光照强度分布.将光源架固定在导轨上的某合适位置(坐标不大于$10\ cm$),将光功率计传感器放置在样品架上,用光功率计上的专用连接线将光功率计与光功率计传感器连接起来.开启光源,电压表选择$20\ V$挡,电流表选择$200\ mA$挡,移动样品架,改变光功率计传感器到光源的距离,读取光功率计上相应位置对应的光功率数值,记录相关实验数据.

(2) 取下光功率计传感器,换上待测太阳能电池板.依次将样品架放置在光照强度标定时的各位置,按图 4-13-4(a) 所示电路将太阳能电池与测试仪的电压输入连接起来,记录不同光照强度下的开路电压 U_{oc};按图 4-13-4(b) 所示电路将太阳能电池与测试仪的电流输入连接起来,记录不同光照强度下的短路电流 I_{sc}.

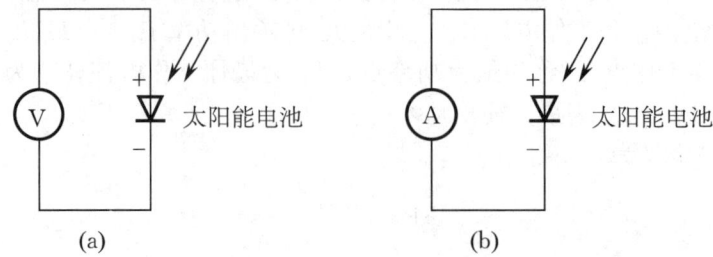

图 4-13-4　太阳能电池开路电压和短路电流的测量电路图

3. 测量特定光照强度下太阳能电池的输出特性

按图 4-13-5 所示连接电路,保持光源到太阳能电池的距离为 20 cm,改变负载电阻,记录输出电压和输出电流,计算对应的输出功率 $P=IU$,并求出最大输出功率 P_{max}、开路电压(负载电阻最大时的电压)U_{oc}、短路电流(负载电阻最小时的电流)I_{sc},由式(4-13-4)计算填充因子 FF. 记录相关实验数据.

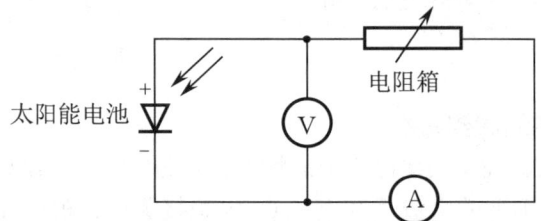

图 4-13-5　太阳能电池输出特性的测量电路图

表 4-13-1　太阳能电池的伏安特性测量

	U/V	0	0.5	1.0	1.5	2.0	2.2	2.4	2.6	2.8	3.0
单晶硅	$I/\mu A$										
	$\ln I$										
多晶硅	$I/\mu A$										
	$\ln I$										
非晶硅	$I/\mu A$										
	$\ln I$										

用坐标纸画出 I-U 伏安特性曲线和 $\ln I$-U 关系曲线,分析规律特征. 利用最小二乘法计算常量 β 和 I_0.

表 4-13-2　不同光照强度下太阳能电池的开路电压 U_{oc} 和短路电流 I_{sc} 测量（L 为样品与光源的距离）

L/cm		10	15	20	25	30	35	40	45	50	55
P/mW											
单晶硅	U_{oc}/V										
	I_{sc}/mA										
多晶硅	U_{oc}/V										
	I_{sc}/mA										
非晶硅	U_{oc}/V										
	I_{sc}/mA										

绘制 $U_{oc} - \ln P$ 和 $I_{sc} - P$ 曲线图，分析它们的规律特征.

表 4-13-3　特定光照强度下太阳能电池的输出特性测量

$L = 20$ cm

R/Ω	单晶硅			多晶硅			非晶硅		
	I/mA	U/V	P/mW	I/mA	U/V	P/mW	I/mA	U/V	P/mW
9 999									
8 999									
7 999									
6 999									
5 999									
4 999									
3 999									
2 999									
1 999									
999									
899									
799									
699									
599									
499									
399									
299									
199									
99									
89									

续表

R/Ω	单晶硅			多晶硅			非晶硅		
	I/mA	U/V	P/mW	I/mA	U/V	P/mW	I/mA	U/V	P/mW
79									
69									
59									
49									
39									
29									
19									
9									
7									
5									
3									
1									

绘制 I-U 关系图和 P-U 关系图,分析它们的规律特征.

单晶硅：$P_{\max}=$　　　（　　）$R_{\mathrm{m}}=$　　　（　　）$I_{\mathrm{m}}=$　　　（　　）
　　　　$U_{\mathrm{m}}=$　　　（　　）FF$=$

多晶硅：$P_{\max}=$　　　（　　）$R_{\mathrm{m}}=$　　　（　　）$I_{\mathrm{m}}=$　　　（　　）
　　　　$U_{\mathrm{m}}=$　　　（　　）FF$=$

非晶硅：$P_{\max}=$　　　（　　）$R_{\mathrm{m}}=$　　　（　　）$I_{\mathrm{m}}=$　　　（　　）
　　　　$U_{\mathrm{m}}=$　　　（　　）FF$=$

注意事项

1. 开启光源后,禁止用手触摸灯罩,以免烫伤.

2. 长时间测试时,请保证太阳能电池距离光源玻璃灯罩面大于 20 cm,防止太阳能电池过热影响性能或损坏.

3. 仅在实验时开启光源,实验结束后立即关闭光源.

4. 太阳能电池的输出特性随温度变化很敏感(特别是开路电压),所以当电池离光源较近时必须考虑温度因素的影响.

思考题

1. 填充因子可以描述太阳能电池哪方面的特性?

2. 如果实验中光不垂直照射太阳能电池表面,会对实验产生什么影响?

实验 4.14　光电效应和普朗克常量的测定

引　言

当光照在物体上时,光的能量一部分以热的形式被物体吸收,另一部分则转化为物体中某些电子的能量,使电子逸出物体表面,这种现象称为光电效应,逸出的电子称为光电子.在光电效应中,光显示出它的粒子性质,所以这种现象对于认识光的本性,具有极其重要的意义.

普朗克常量是 1900 年普朗克为了解决黑体辐射能量分布时提出的能量子假设中的一个普适常量,也是粗略地判断一个物理体系是否需要用量子力学来描述的依据.普朗克常量的发现,在物理学的发展史上具有划时代的意义,它是现代物理学中最重要的物理常量之一,在量子力学中占有重要的地位.

1905 年,爱因斯坦(Einstein)发展了辐射能量以 $h\nu$(ν 是光的频率)为不连续的最小单位的量子化思想,成功地解释了光电效应实验中遇到的问题.1916 年,密立根(Millikan)用光电效应法测定了普朗克常量 h,确定了光量子的能量方程.如今,光电效应已经被广泛地应用于现代科学技术的各个领域,利用光电效应制成的光电器件已经成为光电自动控制、电报及微弱光信号检测等技术中不可缺少的器件.

实验目的

1. 了解光电效应的基本规律,加深对光的量子性的认识.
2. 了解光电管的结构和性能,测定其基本特性曲线,为正确使用光电管提供依据.
3. 验证爱因斯坦光电效应方程,测定普朗克常量.
4. 学习用作图法和最小二乘法处理数据.

实验仪器

CF-GD-Ⅲ型光的量子性实验仪.

实验原理

1. 光电效应及其规律

金属物质(或金属化合物)受光照射而释放出电子的现象,称为光电效应,所释放出的电子称为光电子.实验表明,光电效应有如下基本规律.

(1) 只有当照射光的频率大于某一定值时,才有光电子产生,如果光的频率低于这个值,则不论光的强度多大、照射时间多长,都没有光电子产生.

(2) 光电子的能量与光的频率成正比,而与光的强度无关.

(3) 光电子数与光的强度成正比.

光电效应的这些实验规律是经典电磁理论无法解释的.

2. 光量子论与爱因斯坦光电效应方程

（1）光量子论．

光是由运动速度为 c、能量为 $h\nu$ 的粒子（光子）组成的，它被发射和吸收时也是以能量为 $h\nu$ 的粒子形式出现的，其中，h 为普朗克常量，ν 为光的频率．

（2）爱因斯坦光电效应方程．

按照光量子论，当光子照射到金属表面时，其能量被电子吸收，电子获得的能量中，一部分用作电子逸出金属表面所需的逸出功 W，另一部分则成为逸出后的电子的初动能 $\frac{1}{2}mv^2$．根据能量守恒定律有

$$h\nu = \frac{1}{2}mv^2 + W. \qquad (4-14-1)$$

式(4-14-1)即为著名的爱因斯坦光电效应方程．由此方程可完美地解释光电效应的实验规律．由此方程可见，只有当照射光的频率满足 $h\nu \geqslant W$，即 $\nu \geqslant \frac{W}{h} = \nu_0$ 时，才能产生光电效应，ν_0 即为实验规律中所指的某一定值，称为金属的截止频率，与金属材料的性质有关．光的频率低于 ν_0 时，不会产生光电效应．光电子的初动能与照射光的频率 ν 成正比．光的频率一定时，射向金属表面的光子数越多，从金属中逸出的光电子数也就越多，光电子数与照射光的强度成正比．

3. 光电管

光电管是利用光电效应原理制成的能将光信号转化为电信号的光电器件．

GD-28 型真空光电管的结构如图 4-14-1 所示．它的外形是一只球形真空玻璃泡，在约半个内壁上，涂有容易发射电子的锑、铯等金属材料，制成具半透明感光薄层的阴极．阳极制成小圆盘状，位于管的中央．

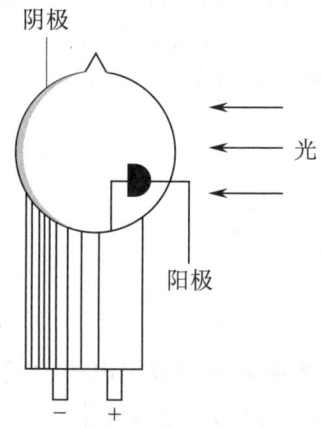

图 4-14-1 GD-28 型真空光电管的结构图

当阳极接正极、阴极接负极，且阴极受到适当频率的光照射时，阴极表面就会释放出光电子，这些光电子在电场的作用下飞向阳极，形成电路中的光电流 I，这个电流可用串联在电路中的电流计来测量．

从光电效应的基本规律可以看出，光电流 I 的大小与光电管本身的性质（阴极材料的性

能及外界条件)、照射光的频率和强度,以及两极间电压 U(两极间电压的高低反映了阳极收集光电子能力的大小) 有关. 在选用光电管时,必须知道光电流与这些条件的关系,也就是要了解光电管的一些特性. 其主要特性如下.

(1) 伏安特性.

当照射光的频率和强度一定时,光电流随两极间电压变化的特性称为伏安特性,其曲线如图 4-14-2 所示. 可以看出,当正向正向电压开始增大时,光电流也增大,当正向电压增大到某一数值后,光电流不再增大,达到饱和,称为饱和光电流,使光电流达到饱和的最小正向电压 U_b 称为饱和电压. 另外,饱和光电流 I_H 与光强 P 成正比. 从图 4-14-2 可知,两极间电压为零时光电流并不为零,这是因为有些光电子具有一定的初动能,即使没有电场作用,也能到达阳极而形成较小的光电流. 当光电管两端加反向电压时,光电流迅速减小但不立即降到零,直至反向电压达到 U_a 时,光电流才为零,U_a 称为截止电压. 这表明,此时具有最大动能 $\frac{1}{2}mv^2$ 的光电子也被反向电场所阻拦,应有

$$\frac{1}{2}mv^2 = eU_a. \tag{4-14-2}$$

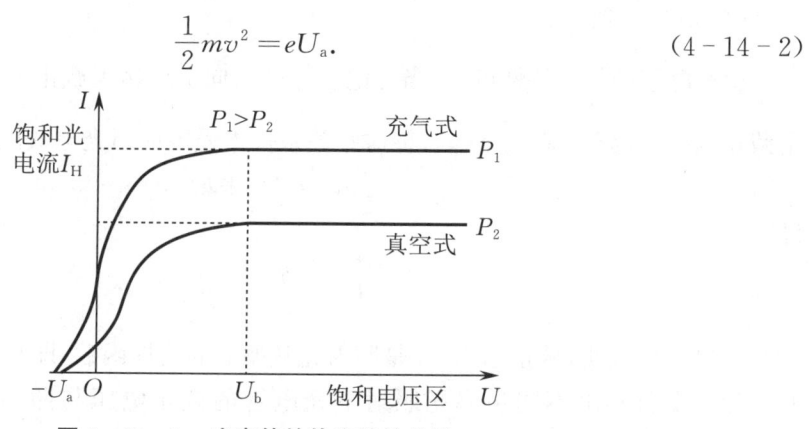

图 4-14-2 光电管的伏安特性曲线

(2) 光电特性.

当照射光的频率和两极间电压一定时,饱和光电流 I_H 随照射光光强 P 变化的特性称为光电特性. 对于真空光电管而言,此关系为线性关系,如图 4-14-3 所示.

(3) 积分灵敏度.

不同类型的光电管在规定工作电压下,对于同样的照射光光强,光电流的大小是不同的,描述光电管这一特性的参量称为积分灵敏度. 积分灵敏度定义为:在一定光强的光的照射下,每单位光通量所能产生的饱和光电流,其常用单位为 $\mu A/lm$. 一般在光电管说明书上都给出了这个参量,根据这个参量可以确定光电管适用的光强范围.

(4) 光谱灵敏度.

同一光电管对于光强相同而频率不同的照射光,所产生的饱和光电流是不同的,描述光电管这一特性的参量称为光谱灵敏度. 光电管的饱和光电流(或其与最大饱和光电流的比)随照射光频率变化的曲线称为光电管的光谱特性曲线,如图 4-14-4 所示. 图中横坐标为照射光的波长,纵坐标为饱和光电流的相对强度(即饱和光电流与最大饱和光电流的比). 光谱

特性曲线中饱和光电流不为零处所对应的波长范围称为光电管的光谱响应范围,饱和光电流最大处所对应的波长称为峰值波长.光电管所使用的阴极材料不同,光谱灵敏度也不同,根据光谱特性曲线可以确定光电管适用的光谱范围.

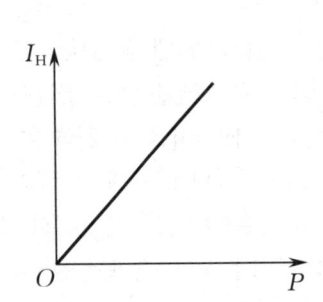

图 4-14-3　光电管的光电特性曲线

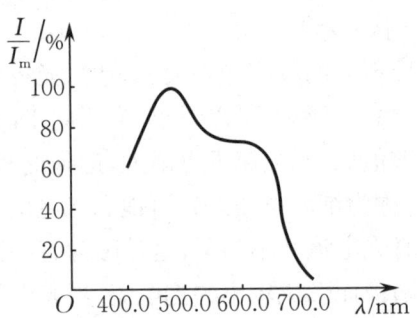

图 4-14-4　光电管的光谱特性曲线

4. 用光电效应测定普朗克常量

(1) 测量原理.

由光电管的伏安特性可知,当光电管上的反向电压达到截止电压时,有 $\frac{1}{2}mv^2 = eU_a$,而由截止频率的定义,有 $W = h\nu_0$,将这些关系代入爱因斯坦光电效应方程,则有

$$h\nu = eU_a + h\nu_0,$$

即

$$U_a = \frac{h}{e}(\nu - \nu_0). \tag{4-14-2}$$

式(4-14-2)表明,截止电压 U_a 是照射光频率 ν 的线性函数,即 U_a 与 ν 成线性关系.因此,只要根据实验测出不同频率光照射下光电管的截止电压与照射光频率的关系曲线(见图 4-14-5),则由直线的斜率即可求出普朗克常量 h,由直线的截距即可求出截止频率 ν_0.

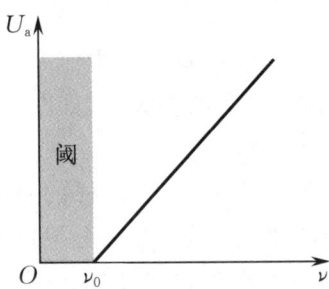

图 4-14-5　截止电压与照射光频率的关系曲线

(2) 实际测量中截止电压的确定.

实际测量所得的光电管伏安特性曲线要比图 4-14-2 复杂,主要有以下几个原因.

① 存在暗电流和本底电流.在完全没有光照射光电管的情形下,由于阴极材料本身的热电子发射及光电管管壳漏电等原因所产生的光电流称为暗电流.各种杂散光照射到光电管上所产生的光电流称为本底电流.这两种电流均随两极间电压的大小而变化,它们属于实

验中的系统误差,实验时可将它们测出,并在作图时消除其影响.

② 存在阳极反向电流.在制作光电管阳极时,阳极也会溅射上阴极材料,故光照射到阳极上亦会发射光电子,形成阳极反向电流.

因此实际的光电流是以上三种电流及阴极电流的叠加结果.为了准确找出截止电压,必须设法消除暗电流、本底电流及阳极反向电流的影响.暗电流和本底电流可通过从实际光电流中减去无光照射时的光电流来消除,消除了暗电流和本底电流后的伏安特性曲线如图 4-14-6 中的实线所示.阳极反向电流通常根据所使用的光电管的具体特性的不同,采用以下两种方法来处理.

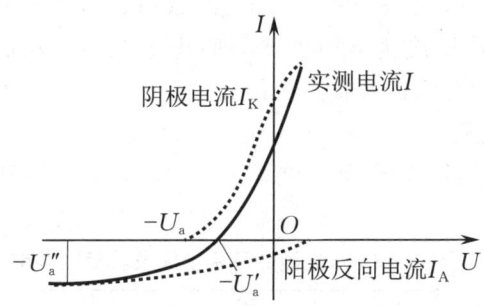

图 4-14-6　消除暗电流和本底电流后光电管的实际伏安特性曲线

交点法:如果光电管阳极用逸出功较大的材料制作,则制作过程中应尽量防止阴极材料蒸发,实验前应对光电管阳极通电,减少其上溅射的阴极材料,实验中应避免光直接照射到阳极上.这样可使阳极反向电流大大减小,其伏安特性曲线与图 4-14-2 十分接近,故实验所测得的伏安特性曲线与电压轴的交点 $-U'_a$ 即可近似为 $-U_a$.

拐点法:如果光电管的阳极反向电流虽然较大,但光电管的结构设计使伏安特性曲线具有陡直的形状,反向阳极电流又能较快饱和,则伏安特性曲线反向电流进入饱和段时有着明显的拐点,如图 4-14-6 所示.此拐点的反向电压 U''_a 即为截止电压 U_a.

实验中应根据伏安特性曲线的形状,选用适当的处理方法.

本实验仪器采用了新型结构的光电管,其特殊结构使得光不能直接照射到阳极,由阴极反射后照射到阳极的光也很少,加上采用新型的阴、阳极材料及制造工艺,使阳极反向电流大大降低,暗电流和本底电流也都很小.

由于本仪器的特点,在测量各谱线的截止电压 U_a 时,可不用难于操作的拐点法,用交点法即可.

交点法是直接将各谱线照射下测得的电流为零时对应的电压 U_{AK} 的绝对值作为截止电压 U_a.用交点法测得的截止电压与真实值相差很小,且各谱线的截止电压都相差 ΔU,对 U_a-ν 曲线的斜率无大的影响,因此对 h 的测定不会产生大的影响.

CF-GD-Ⅲ型光的量子性实验仪的结构如图 4-14-7 所示.

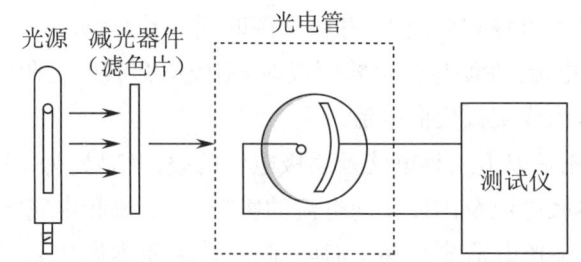

图 4-14-7　CF-GD-Ⅲ型光的量子性实验仪的结构示意图

1. 光电效应专用光电管及暗盒

光电管的光谱范围为 300.0～650.0 nm,峰值波长为(400±20) nm,光电管的最大工作电压为 20 V,此时积分灵敏度为 30 μA/lm、暗电流为 0.1 nA,光电管暗盒装有直径为 20 mm 的滤色片的旋转盘套架,内孔径为 8 mm.

2. CF-GD-Ⅲ型光源

灯管为高压汞灯,谱线范围为 302.3～872.0 nm,可用谱线及其相对强度如表 4-14-1 所示.

表 4-14-1　光源的可用谱线及其相对强度

波长/nm	365.0	404.7	435.8	546.1	577.0
相对强度	500	300	500	2 000	200

3. 滤色片

滤色片的材质为有色玻璃,直径为 20 mm,其选用波长及透过率如表 4-14-2 所示.

表 4-14-2　滤色片的选用波长及透过率

型号	NG365	NG405	NG436	NG546	NG577
选用波长/nm	365.0	404.7	435.8	546.1	577.0
透过率/%	48	40	20	30	25

4. 光阑(3 种)

光阑尺寸(直径)分别为 2 mm,4 mm,8 mm.

5. CF-GD-Ⅲ型微电流测试仪

电流量程有 10^{-7} A,10^{-8} A 两挡,光电管工作电源电压范围为 −5～+20 V,微电流测试仪与光电管用对接电缆相连,能连续工作 10 h 以上.

实验内容

1. 开机前准备

将暗盒上的转盘转至挡光位置,光源与光电管暗盒的距离 L 约设为 30 cm,并使两孔水平对齐.把暗盒上"K""A"端用屏蔽电缆与微电流测试仪面板上的"K""A"端连接.将汞灯电源与高压汞灯室用电源线相连.

先将汞灯电源开关打开,让汞灯预热 15～20 min,然后再打开微电流测试仪电源开关.

2. 测量伏安特性曲线

将 NG365 滤色片转至光电管暗盒光窗位置,将"电流量程"选择开关置于 10^{-7} A 或 10^{-8} A 挡,将直径为 2 mm 的光阑装在光电管暗箱光输入口上,顺时针旋转"电压调节"旋钮,使电压由 -2 V 逐渐升高到 20 V,每 2 V(或 1 V)记录一个电流值,这样记录下一组 I-U 值,并使用坐标纸绘制相应的伏安特性曲线.依次将其他的滤色片转至光电管暗盒光窗位置,重复以上测量步骤.

3. 测定普朗克常量 h

(1) 将 NG365 滤色片转至光电管暗盒光窗位置,将"电流量程"选择开关置于 10^{-8} A 挡,顺时针旋转"电压调节"旋钮,使电压由 -5 V 逐渐升高,同时观察电流表,当电流表显示由负值到零时记录此时的电压表示值的绝对值(即为截止电压).

(2) 依次更换其他滤色片,重复步骤(1),测出各滤色片对应的截止电压 U_a,在坐标纸上作截止电压 U_a 与照射光频率 ν 的关系曲线,并求出直线斜率 k.

求出直线斜率 k 后,可用 $h = ek$ 求出普朗克常量 h.

4. 测量光电管的光电特性曲线

(1) 移动暗盒的位置,使其与高压汞灯的距离不小于 24 cm(可以使照射到光电管的光强比较均匀,减小实验误差),把 NG577 滤色片转至暗盒光窗位置,使电压由 0 升到 20 V,记录下饱和光电流值和饱和电压区,此情况可视为透光率为 100% 的情况.

(2) 将电压固定在饱和电压区内的某一固定值,如 15 V,然后将直径分别为 2 mm,4 mm,8 mm 的光阑分别插在转盘的光孔上,测出对应的光电流,并使用坐标纸绘制相应的光电特性曲线.

数据处理

表 4-14-3 伏安特性曲线的测量

光阑直径:2 mm,$L=$ cm

NG365	U/V	-2	0	2	4	6	8	10	12	14	16	18	20
	$I/(10^{-8}$ A)												
NG405	U/V												
	$I/(10^{-8}$ A)												
NG436	U/V												
	$I/(10^{-8}$ A)												
NG546	U/V												
	$I/(10^{-8}$ A)												
NG577	U/V												
	$I/(10^{-8}$ A)												

表 4-14-4　普朗克常量的测定

$L=$　　cm

滤色片型号	NG365	NG405	NG436	NG546	NG577
频率 $\nu/(10^{14}$ Hz$)$	8.216	7.410	6.882	5.492	5.196
截止电压 U_a/V					

表 4-14-5　光电特性曲线的测量

饱和电压 $U=$　　V, $L=$　　cm

NG577	光阑直径 Φ/mm	2	4	8
	$I/(10^{-8}$ A$)$			

1. 滤色片是经精选和精加工的组合滤色片，更换滤色片时要注意避免污染，严禁用手触摸，以免除不必要的折射光带来的实验误差.

2. 光源与光电管暗盒的距离必须合适，从光源出光孔射出的光必须垂直照射光电管阴极.

3. 高压汞灯温度很高，请勿用手触摸.

4. 实验虽不必在暗室中进行，但在实验室安放仪器时，光电管入光孔请勿正对其他强光源，以减少杂散光干扰.

5. 仪器不宜在强磁场、强电场、强振动、高温度、带辐射物质的环境下工作.

1. 定性解释实际伏安特性曲线与理想伏安特性曲线偏离的原因.
2. 如何选择测量点才能使伏安特性曲线画得更准确？
3. 光电管的阴极和阳极之间存在接触电压，试分析这对实验结果有无影响.

拓展阅读

普朗克简介

一、人物经历

普朗克是近代伟大的物理学家，量子力学的奠基人之一. 1858 年，普朗克生于德国. 1867 年，其父应慕尼黑大学的聘请任教，从而举家迁往慕尼黑. 普朗克在慕尼黑度过了少年时期，1874 年进入慕尼黑大学. 1877 至 1878 年，普朗克转学到柏林大学，在著名物理学家亥姆霍兹（Helmholtz）和基尔霍夫（Kirchhoff），以及数学家魏尔斯特拉斯（Weierstrass）门下学习. 普朗克晚年回忆这段经历时说，这三位教授的人品和治学态度对他有深刻影响，但他们的讲课却不能吸引他. 在柏林期间，普朗克认真自学了克劳修斯（Clausius）的著作，使他立志去寻找像热力学定律那样具有普遍性的规律. 1879 年，普朗克在慕尼黑大学获得博士学位，此后他先后在慕尼黑大学和基尔大学任教. 1889 年基尔霍夫逝世后，柏林大学任他为基尔霍夫的继任人. 1900 年，他在黑体辐射研究中引入能量子概念. 由于这一发现对物理学发展做出的贡献，使得他获得了 1918 年的诺贝尔物理学奖.

自 20 世纪 20 年代以来,普朗克成了德国科学界的中心人物,与当时德国及国外的知名物理学家都有着密切联系. 1926 年,普朗克被选为英国皇家学会会员,他还担任过威廉皇家研究所所长. 在那时期,柏林、哥廷根、慕尼黑、莱比锡等大学成为世界科学的中心,是同普朗克、能斯特、索末菲(Sommerfeld)等人的努力分不开的. 1947 年,普朗克在格丁根逝世.

二、科学成就

普朗克早期的研究领域主要是热力学. 他的博士论文就是《论热力学理论的第二原理》. 此后,他从热力学的观点对物质的聚集态的变化、气体与溶液理论等进行了研究.

19 世纪末,人们用经典物理学解释黑体辐射实验的时候,出现了著名的所谓"紫外灾难". 虽然瑞利(Rayleigh)、金斯(Jeans)和维恩(Wien)分别提出了两个公式,试图弄清黑体辐射的规律,但是和实验结果相比,瑞利-金斯公式只在低频范围符合,而维恩公式只在高频范围符合. 普朗克从 1896 年开始对热辐射进行了系统的研究,他经过几年艰苦努力,终于导出了一个和实验结果相符的公式. 他于 1900 年阐述了自己最惊人的发现. 他说,为了从理论上得出正确的辐射公式,必须假定物质辐射(或吸收)的能量不是连续的,而是一份一份的,只能取某个最小数值的整数倍. 这个最小数值就叫能量子,辐射频率是 ν 的能量的最小数值 $\varepsilon = h\nu$,其中的 h,普朗克当时把它叫作基本作用量子,现在叫作普朗克常量. 普朗克常量是现代物理学中最重要的物理常量,它标志着物理学从"经典幼虫"变成"现代蝴蝶". 1906 年,普朗克在《热辐射讲义》一书中系统地总结了他的工作,为探索微观物质的运动规律提供了重要的基础.

实验 4.15　pn 结的物理特性及玻尔兹曼常量测定

pn 结作为最基本的核心半导体器件,得到了广泛的应用,构成了整个半导体产业的基础. 在常见的电路中,可以作为整流管、稳压管;在传感器方面,可以作为温度传感器、发光二极管、光敏二极管等. 所以研究和掌握 pn 结的特性具有非常重要的意义.

pn 结具有单向导电性,这是其最基本的特性. 本实验通过测量正向电流和正向电压的关系,研究 pn 结的正向特性;由可调微电流源输出一个稳定的正向电流,测量不同温度下的 pn 结正向电压,以此来分析 pn 结正向电压的温度特性. 通过这个实验可以测定玻尔兹曼(Boltzmann)常量,估算半导体材料的禁带宽度,以及通常难以直接测量的极微小的 pn 结反向饱和电流. 由此还可以学习到半导体物理的知识,掌握 pn 结温度传感器的原理.

实验目的

1. 测量同一温度下正向电压随正向电流的变化关系,绘制伏安特性曲线.
2. 学习直线拟合,并计算玻尔兹曼常量,估算反向饱和电流.
3. 在同一恒定正向电流的条件下测绘 pn 结正向电压随温度的变化曲线,确定其灵敏度.

pn 结物理特性综合实验仪.

p 型半导体和 n 型半导体结合后,在结合处形成 pn 结.由于空穴和电子的扩散,使得靠近 pn 结的 p 区部分带负电荷,而靠近 pn 结的 n 区部分带正电荷,形成了空间电荷区,空间电荷区里的电荷所形成的电场是从 n 区指向 p 区的,因此空间电荷区的建立阻碍了电子和空穴的进一步扩散.

如果将外部电压加在 pn 结上,p 区为正,n 区为负,则外部电场会削弱,甚至消除空间电荷区的电场对电子和空穴的作用,使得电子和空穴的扩散可以继续进行,从而可形成 p 区到 n 区的电流,这样的外部电压称为 pn 结的正向电压.

1. pn 结的正向特性

对于一个理想的 pn 结,正向电流 I_F 与正向电压 V_F 存在如下关系:

$$I_F = I_S \left[\exp\left(\frac{eV_F}{kT}\right) - 1 \right], \qquad (4-15-1)$$

其中,e 为电子电量,k 为玻尔兹曼常量,T 为热力学温度,I_S 为反向饱和电流.由于 $\exp\left(\frac{eV_F}{kT}\right) \gg 1$,因此正向电流 I_F 与正向电压 V_F 的关系可以近似为

$$I_F = I_S \exp\left(\frac{eV_F}{kT}\right). \qquad (4-15-2)$$

若设温度电压当量 $V_T = \frac{kT}{e}$,则正向电流 I_F 与正向电压 V_F 的关系可以表示为

$$I_F = I_S \exp\left(\frac{V_F}{V_T}\right). \qquad (4-15-3)$$

为了便于处理数据,对式(4-15-3)取对数可得

$$\ln I_F = \ln I_S + \frac{V_F}{V_T}. \qquad (4-15-4)$$

利用 pn 结正向电压温度特性测试仪,测量出 pn 结正向电压与正向电流,并记录下 pn 结的温度,以正向电流的对数 $\ln I_F$ 为纵坐标、以正向电压 V_F 为横坐标做直线拟合,若拟合直线方程为 $y=a+bx$,与式(4-15-2)和式(4-15-4)比较可知

$$I_S = e^a, \quad V_T = \frac{1}{b}, \quad k = \frac{e}{bT}.$$

2. pn 结温度传感器的灵敏度

当半导体材料被加热时,热能增大,通过 pn 结的电子空穴对的数量也增加,因而扩散电流也增大.所以通过 pn 结的电流既与正向电压有关,又与材料温度有关.可以证明,当温度变化范围不大时,相应的 V_F 的非线性误差比较小,所以在恒流供电条件下,pn 结的正向电压 V_F 几乎随温度 T 升高而线性下降,这就是 pn 结测温的依据.

由半导体理论可得,pn 结的正向电压 V_F 与热力学温度 T 的关系可以近似表示为

$$V_F = V_{g(0)} - \left(\frac{k}{e} \ln \frac{C}{I_F}\right) T = V_{g(0)} + ST, \qquad (4-15-5)$$

其中,S 为 pn 结温度传感器的灵敏度.用实验方法测出 V_F-T 关系曲线,其斜率即为灵

敏度 S.

必须指出,上述结论仅适用于杂质全部电离,本征激发可以忽略的温度区间(对于通常的硅二极管来说,温度范围约为 $-50 \sim 150\ ℃$).如果温度低于或高于上述范围,由于杂质电离因子减小或本征载流子迅速增加,$V_F - T$ 关系曲线将产生新的非线性.

温控仪与恒温炉的连线如图 4-15-1 所示.

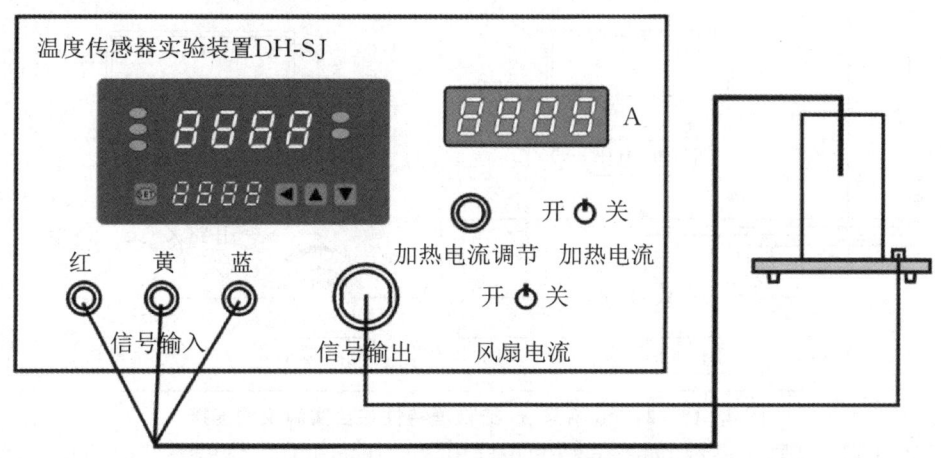

图 4-15-1 温控仪与恒温炉的连线

注 Pt100(温度传感器)的插头与温控仪上对应颜色的插座相连接:红 → 红;黄 → 黄;蓝 → 蓝.在实验中或做完实验后,禁止用手触摸传感器的钢质护套,以免烫伤.

1. 温控仪的使用方法

温度的测量以 Pt100 作为温度传感器,温控仪内部使用 PID 控制温度,其相应参数可以修改.

(1) 主控设定状态时,只要按"SET"键和三个方向功能键,调整好需要的温度即可,再按"SET"键即可返回正常的控制显示状态.

(2) 第二设定状态一般情况下不需要更改,也不建议自行更改,如确需更改,长按"SET"键 5 s,即可进入设置菜单.

2. 温度传感器实验装置的使用

(1) 将 Pt100 插入温度传感器实验装置的加热炉孔中.

(2) 将"加热电流"开关置于"关"位置,接上加热电源线和信号传输线,两者连接均为直插式.在连接和拆除信号线时,动作要轻,否则可能拉断引线而影响实验.

(3) 插上电源线,打开电源开关,预热几分钟,待温度传感器实验装置所示温度值稳定之后,此时显示即为室温 T_R,可记录下起始温度 T_R.

(4) 将"加热电流"开关置于"开"位置,根据需要的温度,转动"加热电流调节"旋钮,选择合适的加热电流大小.若目标温度高,则加热电流要适当大点;若目标温度低,则加热电流要小一点.

(5) 将 pn 结插入温度传感器实验装置的加热炉孔中.

（6）pn 结上有两组线共四个插头，将对应颜色的插头接入 pn 结物理特性综合实验仪上相应颜色的插孔中．

（7）实验结束后，或者需要降温时，将"风扇电流"开关置于"开"位置即可．

3. pn 结物理特性综合实验仪的使用

pn 结与 pn 结物理特性综合实验仪的连接如图 4-15-2 所示．

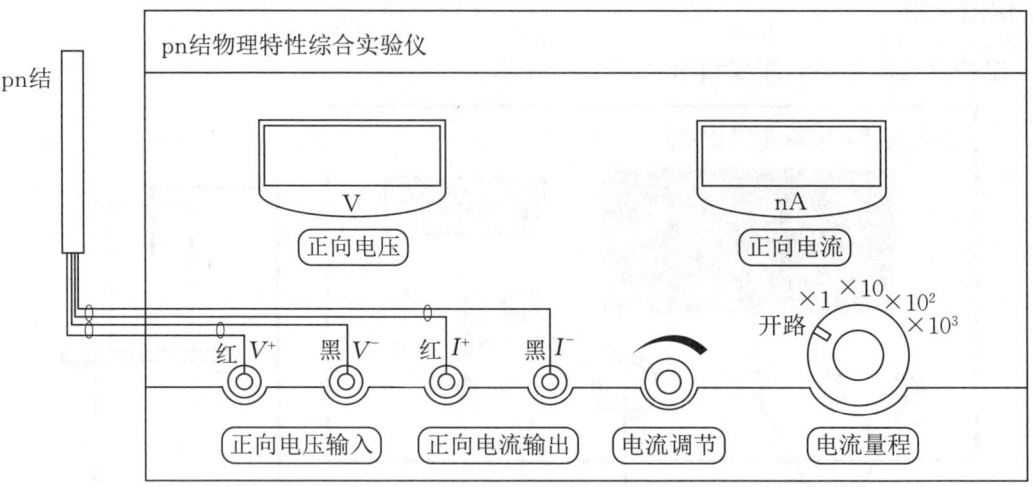

图 4-15-2　pn 结与 pn 结物理特性综合实验仪的连接

"正向电流"数显表显示的是 pn 结的正向电流．"正向电压"数显表显示的是 pn 结的正向电压．

微电流源的有效量程分为 4 个挡位，范围从 1 nA 到 1 mA 分段可调．开路挡时，微电流源输出为 0．电流量程挡位与正向电流大小的关系如下：正向电流＝正向电流表显示的数值×开关所处的挡位值．例如，若正向电流表此时显示 100，电流量程开关所处的挡位为×10，那么此时的正向电流 $I_F = 100 \times 10$ nA ＝ 1 000 nA，注意单位是 nA．电流表最大显示数值是 1 999，电流量程开关所处的挡位 ×1，×10，×10^2，×10^3 对应的最大值分别为 1.999 μA，19.99 μA，199.9 μA，1.999 mA．

实验前，将温度传感器实验装置上的"加热电流"开关置于"关"位置．将"风扇电流"开关置于"关"位置，接上加热电源线．插好 Pt100 和 pn 结两温度传感器，两者连接均为直插式，pn 结引出线分别插入 pn 结物理特性综合实验仪上的 V^+，V^- 和 I^+，I^- 插孔．注意插头的颜色和插孔的位置．

1. 测量同一温度下正向电压随正向电流的变化关系，绘制伏安特性曲线

（1）打开电源开关，仪器通电预热 10 min 后，温度传感器实验装置上将显示出室温 T_R，记录下起始温度 T_R，以室温为基准，测量整个伏安特性实验的数据．

（2）将 pn 结物理特性综合实验仪上的电流量程挡位置于×1 挡，再调整"电流调节"旋钮，观察对应的正向电压 V_F 值的变化．当正向电压 V_F 值等于 0.350 V 时，记录对应的正向电流 I_F 值．在调节电流的过程中按照电压每升高 0.010 V，记录下一系列电压、电流值．如果电流表显示值达到 1 000，可以改用大一挡量程．由于采用了精度较高的微电流源，这种测量方法可以减小测量误差.

2. 在同一恒定正向电流条件下测绘 pn 结正向电压随温度的变化曲线,确定其灵敏度

（1）选择合适的正向电流 I_F,并保持不变（一般选小于 $100\ \mu A$ 的值,以减小自身热效应）.

（2）将温度传感器实验装置上的"加热电流"开关置于"开"位置,根据目标温度,选择合适的加热电流. 在实验时间允许的情况下,加热电流可以取得小一点,如 $0.3 \sim 0.6\ A$ 之间.

（3）加热炉内温度开始升高时,开始记录对应的 V_F 和 T. 为了更准确地记数,可以根据 V_F 的变化,记录 T 的变化.

注 根据实际实验环境自行设计初始温度和正向电压变化间隔及测量组数,在整个实验过程中,正向电流应保持不变. 设定的温度不宜过高,必须控制在 $120\ ℃$ 以内.

数据处理

表 4-15-1 同一温度下正向电压与正向电流关系的测量

$T_R =\ \ ℃$

序号	1	2	3	4	5	6	7	8
V_F/V	0.350	0.360	0.370	0.380	0.390	0.400	0.410	0.420
$I_F/\mu A$								
$\ln I_F$								
序号	9	10	11	12	13	14	15	16
V_F/V	0.430	0.440	0.450	0.460	0.470	0.480	0.490	0.500
$I_F/\mu A$								
$\ln I_F$								
序号	17	18	19	20	21	22	23	24
V_F/V	0.510	0.520	0.530	0.540	0.550	0.560	0.570	0.580
$I_F/\mu A$								
$\ln I_F$								

绘制正向伏安特性曲线,并拟合出 $\ln I_F\text{-}V_F$ 关系曲线,求出玻尔兹曼常量.

表 4-15-2 同一恒定正向电流下正向电压与温度关系的测量

$I_F =\ \ \mu A$

序号	1	2	3	4	5	6	7	8
$T/℃$								
V_F/V								
序号	9	10	11	12	13	14	15	16
$T/℃$								
V_F/V								

续表

序号	17	18	19	20	21	22	23	24
$T/℃$								
V_F/V								

拟合出 pn 结正向电压随温度变化的曲线图,确定其灵敏度.

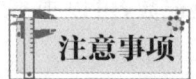

1. 在选择电流量程时(在保证测量范围的前提下),尽量选择小挡位,以提高精度.

2. 为了保证微电流源的准确性,仪器内部显示电路与微电流源是不共地的,所以与常规电流源不同的是:当负载开路时显示的电流信号不为零. 这是正常的,并且也有一个好处,即我们可以在不接负载时就能预先设定需要的电流.

3. 仪器出厂时已经校准. 请不要用普通的多用表或其他仪器,直接测量或比对 pn 结的正向电压和正向电流,否则会得到失准的结果,原因是 pn 结在实验时处于高阻状态.

4. 仪器的电压表量程仅为 2 V,请不要超量程使用或测量其他未知电压.

5. 仪器的连接线要注意有插口方向的要对齐插拔,插拔时不可用力过猛.

6. 加热装置升温不应超过 120 ℃,否则将造成仪器老化或故障.

7. 使用完毕后,一定要切断电源,并存放于干燥、无灰尘、无腐蚀性气体的室内.

1. 在测量正向电压和正向电流的关系时,为什么正向电压不从零开始？正向电压选取得过大或过小对实验结果有何影响？

2. 为什么实验中选择根据 V_F 的变化记录 T 的变化？反之有何影响？

玻尔兹曼是奥地利物理学家,热力学和统计物理学的奠基人之一,也是气体动理论的主要奠基人之一. 1844 年,玻尔兹曼出生于维也纳,幼年受到良好的家庭教育. 1863 年在维也纳大学学习物理学和数学,得到斯特藩(Stefan)和洛施密特(Loschmidt)等著名学者的培养和赞赏. 1866 年获博士学位后,在维也纳大学的物理研究所任助理教授,此后历任格拉茨大学、维也纳大学、慕尼黑大学和莱比锡大学的教授. 1899 年被选为英国皇家学会会员.

大学毕业后,玻尔兹曼当了斯特藩的助手. 1859 年,麦克斯韦(Maxwell)计算出了分子的麦克斯韦速度分布律. 1868 至 1871 年间,玻尔兹曼把麦克斯韦速度分布律推广到分子在任意力场中运动的情况,得出了有势力场中处于热平衡态的分子按能量大小分布的规律,即玻尔兹曼分布律,并进而得出气体分子在重力场中按高度分布的规律.

玻尔兹曼进一步研究气体从非平衡态过渡到平衡态的过程,于 1872 年建立了玻尔兹曼方程. 他引进由分子速度分布函数 f 定义的一个泛函数 H,证明 f 发生变化时,H 随时间单调减小,H 减小到最小值时,系统达到平衡状态 —— 这就是著名的 H 定理. H 定理与熵增加原理相当,都表征热力学过程由非平衡态向平衡态转化的不可逆性. 1877 年,玻尔兹曼建立了熵 S 和系统宏观态所对应的可能的微观态数目(即热力学概率 W)的联系:$S = \ln W$,揭示了宏观态与微观态之间的联系,指出了热力学第二定律的统计本质,即

H 定理或熵增加原理所表示的孤立系统中热力学过程的方向性,正对应于系统从热力学概率小的状态向热力学概率大的状态过渡,平衡态的热力学概率最大,对应于 S 取极大值或 H 取极小值的状态. 后来普朗克将玻尔兹曼的关系式改写为 $S = k \ln W$,其中,k 为玻尔兹曼常量. 玻尔兹曼的工作是标志气体动理论成熟和完善的里程碑,同时也为统计物理学的建立奠定了坚实的基础.

玻尔兹曼把热力学理论和麦克斯韦电磁场理论相结合,运用于黑体辐射研究. 1884 年,玻尔兹曼从理论上严格证明了空腔辐射的辐射出射度 M 和热力学温度 T 的关系:$M = \sigma T^4$,其中,σ 是一个普适常量,称为斯特藩常量,这个关系被称为斯特藩-玻尔兹曼定律. 1900 年,普朗克在利用玻尔兹曼的方法推导黑体辐射定律时,提出了作为现代物理学标志的能量子假设,掀开了量子时代的帷幕.

玻尔兹曼也是位很好的教师,讲课深受学生欢迎. 他常常主持以科学最新成就为题的讨论班,带动学生进行研究,培养了一大批物理学者.

附　录

附录A　中华人民共和国法定计量单位

我国的法定计量单位(简称法定单位)包括：(1) 国际单位制(SI)的基本单位(见表 A-1)；(2) 在国际单位制中具有专门名称的导出单位(见表 A-2)；(3) 国家选定的非国际单位制单位(见表 A-3)；(4) 由以上单位构成的组合形式单位；(5) 由 SI 词头(见表 A-4)和以上单位所构成的十进倍数和分数单位．

表 A-1　国际单位制的基本单位

量的名称	单位名称	单位符号	量的名称	单位名称	单位符号
长度	米	m	热力学温度	开[尔文]	K
质量	千克	kg	物质的量	摩[尔]	mol
时间	秒	s	发光强度	坎[德拉]	cd
电流	安[培]	A			

表 A-2　在国际单位制中具有专门名称的导出单位

量的名称	单位名称	单位符号	用 SI 基本单位表示	用 SI 导出单位表示
[平面]角	弧度	rad		
立体角	球面度	sr		
频率	赫[兹]	Hz	s^{-1}	
力	牛[顿]	N	$kg \cdot m/s^2$	
压强(压力),应力	帕[斯卡]	Pa	$kg/(m \cdot s^2)$	N/m^2
能[量],功,热量	焦[耳]	J	$kg \cdot m^2/s^2$	$N \cdot m$
功率,辐[射能]通量	瓦[特]	W	$kg \cdot m^2/s^3$	J/s
电荷[量]	库[仑]	C	$A \cdot s$	
电势(电位),电压,电动势	伏[特]	V	$kg \cdot m^2/(s^3 \cdot A)$	W/A

续表

量的名称	单位名称	单位符号	用 SI 基本单位表示	用 SI 导出单位表示
电容	法[拉]	F	$s^4 \cdot A^2/(kg \cdot m^2)$	C/V
电阻	欧[姆]	Ω	$kg \cdot m^2/(s^3 \cdot A^2)$	V/A
电导	西[门子]	S	$s^3 \cdot A^2/(kg \cdot m^2)$	A/V
磁通[量]	韦[伯]	Wb	$kg \cdot m^2/(s^2 \cdot A)$	V·s
磁通[量]密度,磁感应强度	特[斯拉]	T	$kg/(s^2 \cdot A)$	Wb/m^2
电感	亨[利]	H	$kg \cdot m^2/(s^2 \cdot A^2)$	Wb/A
摄氏温度	摄氏度	℃		
光通量	流[明]	lm	cd·sr	
[光]照度	勒[克斯]	lx	$cd \cdot sr/m^2$	lm/m^2
[放射性]活度	贝可[勒尔]	Bq	s^{-1}	
吸收剂量	戈[瑞]	Gy	m^2/s^2	J/kg
剂量当量	希[沃特]	Sv	m^2/s^2	J/kg

表 A-3 国家选定的非国际单位制单位

量的名称	单位名称	单位符号	换算关系和说明
时间	分	min	1 min = 60 s
	[小]时	h	1 h = 60 min = 3 600 s
	日(天)	d	1 d = 24 h = 86 400 s
[平面]角	[角]秒	″	1″ = (π/648 000) rad(π 为圆周率)
	[角]分	′	1′ = 60″ = (π/10 800) rad
	度	°	1° = 60′ = (π/180) rad
体积,容积	升	L,(l)	$1 L = 1 dm^3 = 10^{-3} m^3$
质量	吨	t	$1 t = 10^3 kg$
	原子质量单位	u	$1 u \approx 1.660 540 \times 10^{-27} kg$
旋转速度	转每分	r/min	$1 r/min = (1/60) s^{-1}$
长度	海里	n mile	1 n mile = 1 852 m(只用于航行)
速度	节	kn	1 kn = 1 n mile/h = (1 852/3 600) m/s(只用于航行)
能	电子伏	eV	$1 eV \approx 1.602 177 \times 10^{-19} J$
级差	分贝	dB	用于对数量
线密度	特[克斯]	tex	$1 tex = 10^{-6} kg/m$
面积	公顷	hm^2	$1 hm^2 = 10^4 m^2$

表 A-4 SI 词头

因数	词头名称 英文	词头名称 中文	符号	因数	词头名称 英文	词头名称 中文	符号
10^{24}	yotta	尧[它]	Y	10^{-1}	deci	分	d
10^{21}	zetta	泽[它]	Z	10^{-2}	centi	厘	c
10^{18}	exa	艾[可萨]	E	10^{-3}	milli	毫	m
10^{15}	peta	拍[它]	P	10^{-6}	micro	微	μ
10^{12}	tera	太[拉]	T	10^{-9}	nano	纳[诺]	n
10^{9}	giga	吉[咖]	G	10^{-12}	pico	皮[可]	p
10^{6}	mega	兆	M	10^{-15}	femto	飞[母托]	f
10^{3}	kilo	千	k	10^{-18}	atto	阿[托]	a
10^{2}	hecto	百	h	10^{-21}	zepto	仄[普托]	z
10^{1}	deca	十	da	10^{-24}	yocto	幺[科托]	y

注 1. 周、月、年(年的符号为 a)为一般常用时间单位.

2. 方括号内的字是在不致混淆的情况下,可以省略的字.

3. 圆括号内的字为前者的同义词.

4. 平面角单位度、分、秒的符号,在组合单位中采用(°),('),(″)的形式.例如,不用 °/s 而用(°)/s.

5. 升的符号中,小写字母 l 为备用符号.

6. r 为"转"的符号.

7. 人们在生活和贸易中,习惯将质量称为重量.

8. 公里为千米的俗称,符号为 km.

9. 10^4 称为万、10^8 称为亿、10^{12} 称为万亿,这类词的使用不受词头名称的影响,但不应与词头混淆.

附录 B 基本物理常量

基本物理常量如表 B-1 所示.

表 B-1 基本物理常量

量	符号	数值	单位	相对不确定度 $/10^{-6}$
真空中的光速	c	299 792 458	m/s	—
真空磁导率	μ_0	1.256 637 061 4…	10^{-6} H/m	—
真空电容率	ε_0	8.854 187 817…	10^{-12} F/m	—
引力常量	G	6.672 59(85)	10^{-11} m³/(kg·s²)	128
普朗克常量	h	6.626 075 5(40)	10^{-34} J·s	0.60

续表

量	符号	数值	单位	相对不确定度 $/10^{-6}$
约化普朗克常量	$\hbar = h/(2\pi)$	1.054 572 66(63)	10^{-34} J·s	0.60
元电荷	e	1.602 177 33(49)	10^{-19} C	0.30
电子质量	m_e	9.109 389 7(54)	10^{-31} kg	0.59
电子荷质比	$-e/m_e$	$-$1.758 819 62(53)	10^{11} C/kg	0.30
质子质量	m_p	1.672 623 1(10)	10^{-27} kg	0.59
质子荷质比	e/m_p	95 788 309(29)	10^{11} C/kg	0.30
质子-电子质量比	m_p/m_e	1 836.152 701(37)	—	0.020
中子质量	m_n	1.674 928 6(10)	10^{-27} kg	0.59
中子-电子质量比	m_n/m_e	1 836.683 662(40)	—	0.022
中子-质子质量比	m_n/m_p	1.001 378 404(9)	—	0.009
玻尔(Bohr)磁子	$\mu_B = \dfrac{e\hbar}{2m_e}$	9.274 015 4(31)	10^{-24} J/T	0.34
核磁子	$\mu_N = \dfrac{e\hbar}{2m_p}$	5.050 786 6(17)	10^{-27} J/T	0.34
玻尔半径	$a_0 = \dfrac{4\pi\varepsilon_0\hbar^2}{m_e e^2}$	0.529 177 249(24)	10^{-10} m	0.045
精细结构常量	$\alpha = \dfrac{e^2}{4\pi\varepsilon_0\hbar c}$	7.297 352 566 4(17)$\times 10^{-3}$	—	0.000 23
里德伯(Rydberg)常量	$R_\infty = \dfrac{m_e e^4}{8\varepsilon_0^2 h^3 c}$	10 973 731.534(13)	m^{-1}	0.001 2
阿伏伽德罗(Avogadro)常量	N_A, L	6.022 136 7(36)	10^{23} mol^{-1}	0.59
普适气体常量	R	8.314 510(70)	J/(mol·K)	8.4
玻尔兹曼常量	$k = R/N_A$	1.380 658(12)	10^{-23} J/K	8.5
斯特藩常量	$\sigma = \dfrac{\pi^2 k^4}{60\hbar^3 c^2}$	5.670 51(19)	10^{-8} W/(m^2·K^4)	34
法拉第常量	F	96 485.309(29)	C/mol	0.30

参考文献

[1] 全国法制计量管理计量技术委员会. 测量不确定度评定与表示: JJF 1059.1—2012[S]. 北京: 中国标准出版社, 2013.
[2] 李宝华, 张培峰. 物理应用技术简明教程[M]. 上海: 上海交通大学出版社, 2008.
[3] 赵军良. 物理测量技术[M]. 北京: 科学出版社, 2012.
[4] 杜保立. 大学物理实验[M]. 北京: 北京大学出版社, 2019.
[5] 史少辉, 东艳晖. 大学物理实验[M]. 北京: 北京理工大学出版社, 2020.
[6] 潘云, 朱娴, 杨强. 大学物理实验[M]. 重庆: 重庆大学出版社, 2021.
[7] 刘扭参. 大学物理实验教程[M]. 北京: 机械工业出版社, 2021.

图书在版编目(CIP)数据

大学物理实验 / 李晓华主编. —北京:北京大学出版社,2024.1
ISBN 978-7-301-34764-5

Ⅰ. ①大… Ⅱ. ①李… Ⅲ. ①物理学—实验—高等学校—教材 Ⅳ. ①O4-33

中国国家版本馆 CIP 数据核字(2024)第 014445 号

书　　　名	大学物理实验 DAXUE WULI SHIYAN
著作责任者	李晓华　主编
责 任 编 辑	班文静
标 准 书 号	ISBN 978-7-301-34764-5
出 版 发 行	北京大学出版社
地　　　址	北京市海淀区成府路 205 号　100871
网　　　址	http://www.pup.cn
电 子 邮 箱	zpup@pup.cn
新 浪 微 博	@北京大学出版社
电　　　话	邮购部 010-62752015　发行部 010-62750672　编辑部 010-62754271
印 刷 者	长沙雅佳印刷有限公司
经 销 者	新华书店
	787 毫米×1092 毫米　16 开本　13.75 印张　326 千字 2024 年 1 月第 1 版　2024 年 1 月第 1 次印刷
定　　　价	55.00 元

未经许可,不得以任何方式复制或抄袭本书之部分或全部内容。
版权所有,侵权必究
举报电话:010-62752024　电子邮箱:fd@pup.cn
图书如有印装质量问题,请与出版部联系,电话:010-62756370